★讓你的腦子動起來！★

張祥斌・主編

科學思維訓練遊戲

魔術師的精彩魔術×科學大師的經典實驗×不法分子的神祕騙術・

透過遊戲訓練你的思考力

目錄

前言

第 1 章　生活科學

★目錄

★目錄

第 4 章　生物科學

★ 目錄

★目錄

第6章　密碼科學

第 7 章 魔術解密

★目錄

第 8 章 騙術揭祕

★目錄

前言

很多人從小就立志當一名科學家，但是否思考過這樣一個問題：科學是什麼？其實，科學並不是遙不可及的事物，既不是書本中死板的思想，也不是虛無縹緲的夢想，只要你細心觀察，就會發現它就在我們身邊，生活中的許多小事都蘊含著科學道理。有人或許認為科學既枯燥又乏味，其實它可以妙趣橫生，甚至就藏在一些老少皆宜的遊戲當中。科學可以啟發人的智慧，遊戲會帶來心靈的愉悅，當科學與遊戲撞出智慧的火花時，科學遊戲就誕生了。

本書精選了一些實用而有趣的科學思維訓練遊戲，參照通行的科學分類體系，根據科學思維訓練遊戲的實際情況，把全書分為 8 章，分別是生活科學、自然科學、地理科學、生物科學、偵探科學（涉及社會科學、人文科學）、密碼科學、魔術解密和騙術揭祕，其中有生活味十足的科學趣事，有歷史上科學大師們當年做過的經典實驗，有魔術師經常登臺表演的魔術，也有不法分子常用的騙術，我們都做了詳細的分析、講解及揭祕。

本書集科學性、知識性、實用性和趣味性於一體，引人入勝，可讀性強，能使讀者在遊戲中學習科學，在遊戲中收穫樂趣，成為「科學達人」。興趣是最好的老師，大家一定可以從這些輕鬆有趣的遊戲中找到學習的樂趣，在不知不覺中增加知識、提高能力、開發智力、培養創造性思維、激發大腦潛能，全面提升觀察力、想像力、創造力和分析解決問題的能力。

編者

★ 第 1 章　生活科學 ★

有這樣一句話：「不懂遊戲的人就不懂生活。」遊戲源自生活，益智遊戲中的科學思維遊戲更是深深根植於生活土壤中。日常生活中的許多例子，完全可以作為測試你的 IQ 的問題。不要覺得科學思維遊戲高深莫測，本類別遊戲中列舉了許多日常生活中的問題，類型多種多樣，包括衣食住行、學習生活、歷史地理、文化娛樂等。這些問題說簡單也簡單，說複雜也複雜，可以簡單到用無師自通的生活常識就能找到答案，也可以複雜到需要運用各種知識來解答，而且這些知識涵蓋面廣，涉及諸多生活常識、自然科學、社會科學知識。認真做完本章的訓練題，你會對科學思維訓練遊戲有個整體認識，在後面分門別類的章節訓練中就會駕輕就熟。把問題當成一種遊戲，把思考當成一種快樂，懂得生活科學，就能科學的生活，你的生活 IQ 就會越來越高。

001 外星人的描述

外星人在觀察了地球人的日常活動之後，說了這樣一番話：「在紙上打個眼，而且為了便於知道這個眼在什麼地方，就在它周圍用線圈起來，這真是神奇的工具呀……」你知道外星人到底在描述什麼東西嗎？

答案 就是圓規呀！日常生活中即使是非常熟悉的東西，如果換個角度看就會有意外的發現。

002 奇怪的比賽項目

有個外星人正參觀人類的奧運，因為他是個觀察員，因此有義務做出報告。當他看到跳遠比賽時報告說：「這是一種跳起來後，直到腳跟著地為止，可前進 8 公尺左右的競賽。」當看到三級跳時他報告說：「這是踏地彈起後中途落地兩次，就可前進 18 公尺左右的競賽。」接著報告：「還有跳一次就可前進 100 公尺的競賽。」地球上有這種競賽嗎？

答案 有，是百米游泳比賽。大家可以多想幾種運動項目，用淘汰的方式篩選出正確的答案。

003 舉重冠軍

有一位體重 52 公斤的舉重冠軍，他可以抓舉起 110 公斤重的槓鈴。現在有一個固定在訓練室房梁上的定滑輪，上面掛了一條繩子，繩子一端拴有一塊 70 公斤重的石頭。請問：舉重冠軍用力拉繩子的另一端，能不能把 70 公斤重的石頭拉上去呢？

答案 舉重冠軍不能把石頭拉上去，這與他的臂力無關，因為石頭比他

重，所以，舉重冠軍用盡力氣，也只能兩腳騰空，掛在繩子上，石頭不會動。

004萬能溶液

一個年輕人想到大發明家愛迪生的實驗室裡去工作。愛迪生接見了他。這個年輕人滿懷信心的說：「我想發明一種萬能溶液，它可以溶解一切物品。」「真的嗎？」愛迪生聽完以後，笑了笑，接著向那個年輕人提了個有關「萬能溶液」的問題，問得那個年輕人啞口無言。愛迪生提的是什麼問題呢？

答案 愛迪生向這個年輕人提了一個問題，即你想用什麼器皿放置這種萬能溶液呢？它不是可以溶解一切物品嗎？

005能點燃嗎

在一次宇宙飛行中，太空船降落到一個奇怪的星球上，這裡只有一種氣體——氫氣。因為沒有一點光亮，無法觀察地形地貌。於是，太空人點燃了打火機照明。請問：太空人能點燃打火機嗎？

答案 不能。因為沒有氧氣。

006變胖的佛像

東晉末年，大將劉裕篡位，滅東晉，建立宋國，史稱劉宋，這是南朝（宋、齊、梁、陳）的開始。劉裕的兒子劉義符，為了向稱帝的父親表示祝賀，召集了許多能工巧匠，製造了一尊約 1.7 公尺高的銅佛像。將佛像豎立起來以後才發現，佛像的臉顯得瘦了，與身軀不相稱。如何使佛像的臉變得胖一些？大家想了不少辦法。但在當時那樣的技術條件下，想出來的辦法都行不通，劉義符急得不知如何是好。一位著名的雕刻家看了以後說有辦法補救，但要給他三天時間。三天過後，佛像的臉果然不再顯得瘦了，變得和身軀相稱了。雕刻家是怎樣使佛像的臉變得與身軀相稱的呢？

答案 雕刻家採取了「倒過來想」的思路，不加寬佛像的臉，而削窄佛像的肩。因為佛像的臉看起來是顯得胖還是瘦，這與佛像肩的寬窄相關。肩寬臉就顯得瘦，肩窄臉就顯得胖。加寬臉與削窄肩，兩種做法方向相反（一個加寬、一個變窄），可是兩者殊途同歸，可以達到同一種效果。把佛像的肩削窄，比把佛像的臉加寬容易得多了。

007 觀音

有一年，竹禪和尚雲遊北京，被召到宮裡去作畫。那時宮裡畫家很多，各有所長。一天，一名宦官向畫家們宣布：「這裡有一張 5 尺宣紙，慈禧太后要畫一幅 9 尺高的觀世音菩薩像，誰來接旨？」畫家中無一人敢應命，因為 5 尺紙怎能畫 9 尺高的佛像呢？這時，竹禪和尚想了想就說：「我來接！」說完，他磨墨展紙，一揮而就，大家一看，無不驚奇嘆絕，心悅誠服。

此畫傳到了慈禧手中，慈禧也連連稱奇，甚至表示自願「受法出家」，並讓竹禪和尚擔任「承保人」呢。據說後來慈禧被稱為「老佛爺」，就是由此開始的。

竹禪和尚是怎樣畫的呢？

答案 竹禪和尚畫的觀音和大家常畫的沒有多大差異，只是把觀音畫成了彎腰在拾玉淨瓶中的柳枝，如果觀音直起腰來則正好 9 尺。

008 酒罈子

梅蘭芳是靠發奮苦學才登上「四大名旦」之一的寶座的。在他早年的書房裡，靠近書櫥旁邊放著一個1公尺多長的木架子，架子上橫躺著一個小號的紹興酒罈子。「這玩意是做什麼用的？」初來梅家的朋友走過罈子時，總要提出這樣的問題。梅蘭芳呢，也總是先請客人們猜，可是毫無例外沒有一個人能猜對。你能猜出來嗎？

答案 這是梅蘭芳練嗓子的工具。他每天除了早晨出外散步、吊嗓子之外，白天，也要在家提高調門，反覆練習唱腔和道白。但又怕妨礙鄰居們的安寧，便站在木架子前面對著罈子口練唱。

009 一碗兩味

有家王潤興飯店，雙間店面，很不起眼。它備菜不多，「當家菜」只有兩樣：一樣是家鄉鹽肉，這道菜，鹹淡適口，香氣撲鼻，肥肉不膩，瘦肉不韌，一碟一塊，要肥要瘦要五花，全憑客便。另一樣是魚頭豆腐羹，選料考究，現煮現吃，一鍋一碗。特別使人感到神奇的是，這豆腐羹每碗的味道隨客而異，四川人會嘗出川菜味，廣東人會嘗出粵菜味，蘇州人吃起來覺得有甜味，湖南人吃起來有辣味。

為什麼這兩樣「當家菜」能適合不同顧客的胃口呢？原來，王老闆親自點菜，他使出渾身解數，先弄清顧客的愛好。對老顧客的口味，他心裡自然有本帳；對第一次來店的新顧客，他眼觀神色，耳聽口音，口問食性，費盡心機，做到不弄清情況不喊菜。他和掌勺的大師傅有個默契，在喊菜時拖得老長的尾聲裡，夾進別人聽不懂的「行話」，而掌勺的一聽就知道這菜該是什麼味。所以端上來的菜，顧客吃後人人適口，個個滿意。漸漸的，小餐館出了名，名氣越來越大。

一天，來了兩位老顧客，點吃魚頭豆腐羹。王老闆一思索，知道一個喜歡吃得清淡，一個喜歡吃得鹹些，就喊掌勺的用「一鍋兩開」的辦法，同鍋燒成，分裝兩碗，其中一碗多放些鹽。兩位顧客吃完後說：「味道不錯，但還有點美中不足。魚頭豆腐羹用小碗分裝，容易冷。明天中午我們倆想合吃一碗羹，喜鹹的吃起來鹹，喜淡的吃起來淡。辦得到嗎？」王老闆眉頭一皺，思索片刻，回答道：「好，明天中午，保證您二位吃到一碗兩味的魚頭豆腐羹。」

第二天，兩位老顧客果然準時來了。王老闆拿出兩支紫砂羹匙，在兩人面前一擺，然後端出一碗魚頭豆腐羹來。愛鹹的顧客舀羹一嘗，「鹹得入味！」愛淡的顧客舀羹一嘗，「清淡適口！」奇了，一碗羹真的燒出兩個味道來了！這奇聞一傳開，王潤興餐館的生意就越加興隆了。這是什麼道理呢？

答案 這碗羹本身是燒得清淡的，只是愛吃鹹的顧客所用的紫砂羹匙，被王老闆在鹽湯裡足足煮了半天，用它來舀羹，吃起來自然鹹了。

010 別具風味的凍豆腐

很多人喜歡吃別具風味的凍豆腐菜。因為煮熟的凍豆腐裡面有無數個小孔，很入味，和鮮豆腐完全不一樣。你知道為什麼嗎？

答案 豆腐中的水結冰後，體積膨脹，把豆腐中原來的小孔撐大。當冰融化後，水從一個一個的小孔中流出來，豆腐裡就留下了無數個小孔，整塊豆腐呈泡沫塑膠狀，這樣，凍豆腐經過烹調後，小孔裡盛滿了湯汁，吃起來味道就非常鮮美。

011 為什麼新鮮雞蛋會沉底

新鮮雞蛋在水中會沉底，如果變了質就會浮起來，人們可以用這個辦法來檢查雞蛋是不是新鮮的。為什麼新鮮雞蛋會沉底？

答案 用浮力定律來說明，就是因為它的重量大於所排開的水的重量。

012 井中撈簪

有一個非常聰明的孩子，叫童輝。有一天，童輝跟著媽媽去井邊打水。當他媽媽彎腰去提那裝滿水的桶時，不留神，頭上的金簪子就掉到井裡去了。媽媽忙找來一根長竹竿，一頭繫上笊籬，伸到井裡去撈。但簪子那麼小，井又那麼深，井裡黑漆漆的，什麼都看不見，撈了很久，也沒撈上來。

媽媽急得眼淚都快流下來了，童輝趕忙安慰：「媽媽，不用急，我們想想辦法。」他歪著腦袋，想了一會，說：「媽媽，妳看妳看，這太陽光多亮。我們要是讓太陽光照到井裡，不就能看見簪子了嗎？看見了，就好撈多了。」「傻孩子，那還用說！」媽媽嗔怪道，「可誰有本事把太陽搬過來照到井裡呢？」「不用搬，我有辦法！」接著他說了一個辦法，居然取出了金簪。他想了什麼辦法呢？

答案 童輝拿來兩面鏡子，用反光的原理，他真的把陽光照到了井裡，取出了金簪。

013 盲人點燈

一個盲人，為了感謝鄰居平日對他的照顧，在除夕夜，一手端著一碗剛煮熟的餃子，一手提著燈籠，送去給鄰居。鄰居覺得很奇怪，盲人點燈，豈不是白費蠟燭嗎？盲人為什麼要點燈呢？

答案 除夕晚上沒有月亮，盲人點上燈籠為的是照亮自己，以免被人撞翻那碗餃子。

014 哪種燈靠燈絲直接發光

小紅問：「我們常見到的電燈有白熾燈、高壓水銀燈、高壓鈉燈和霓虹燈，其中哪種燈是沒有燈絲的？哪種燈是靠燈絲直接發光的？」有的同學說都有燈絲。有的說只有霓虹燈沒有燈絲，有燈絲的全靠燈絲直接發光。那麼，哪種燈靠燈絲直接發光呢？你弄懂了嗎？

答案 只有白熾燈靠燈絲直接發光。

015 取硬幣

在一次宴會上，有一位商人想當著眾人的面讓莎士比亞出醜。他向莎士比亞喊道：「人們都在讚揚你，別以為你自己多麼了不起，我看你的智力也平常得很，不信我們試試！」莎士比亞知道對方是想奚落自己，但為了維護自己的聲譽，他答應了。於是那個商人讓僕人提來半桶葡萄酒，輕輕的在酒面上平放了一枚硬幣。硬幣浮在酒面上一動也不動。商人對莎士比亞說：「不准向桶內吹氣，不准向桶裡扔石頭之類的物體，也不准用東西撥弄硬幣，更不准左右搖晃酒桶，請問莎士比亞先生，您能在桶邊把硬幣取到手嗎？」許多客人見了直搖頭，都認為沒有辦法把硬幣取到手。莎士比亞想了一會，想出了一個辦法，就解決了這個難題。莎士比亞想的是什麼辦法呢？

答案　莎士比亞想的辦法是叫人再拿半桶酒，順著有硬幣的桶壁慢慢的往裡倒酒，等到桶裡的酒滿後，硬幣就自動浮到桶邊，並隨著溢出的酒流出來，莎士比亞伸手便把硬幣接到了手中。

016 時間刻度

當鐘錶上的指針指到 3 點和 9 點的時候，長針和短針形成直角（90°）。而長針和短針呈相反方向，形成一條直線（180°），並且短針正好指向時的刻度的情況，一天只有兩次。你知道分別是幾點嗎？

答案　上午 6 點和下午 6 點。

017 與氣溫成反比的東西

在我們的身邊，因為四季的變化，有的東西隨著氣溫的下降而增多，隨著氣溫的升高而減少，而且，以非常嚴密的數值與溫度相對應。這到底是什麼東西呢？

答案　水銀柱式溫度計的空白部分。事物總有表和裡，當你為一個問題發愁的時候，這種逆轉思維法可以幫助你。

018 鋁釘和鐵釘

盒子裡混雜形狀、大小一樣的鋁釘和鐵釘，現在需要用鋁釘，你能把它們找出來嗎？

答案　用一塊磁鐵。相吸的，是鐵釘；不相吸的，是鋁釘。

019 巧辨金屬棒

有兩根外觀一模一樣的金屬棒，其中一根是磁鐵，另一根是金屬棒。只能用它們本身，你能分辨出磁棒來嗎？

答案 因為磁鐵的中間幾乎沒有磁性，所以用中間就不會吸住金屬棒。利用這點很容易分辨出磁鐵和金屬棒。

020 變形木材

一個人有一些木材。星期一，這些木材的形狀是立方體；星期二，這個人把這些木材的形狀弄成了圓柱體；星期三，他又把這些木材弄成了錐形體。雖然木材的形狀變來變去，但這個人並沒有對木材進行切割或雕琢。那麼，他是怎麼做的呢？

答案 這些木材是鋸末，放在什麼樣的容器裡就有什麼樣的形狀。

021 蹺蹺板的方向

某個夏日，在水平的蹺蹺板上進行以下的實驗：一邊放一個西瓜，另一邊放一塊冰，使兩者保持平衡。經過一段時間後，蹺蹺板的方向變成何種情形？

答案 將恢復水平狀態。當冰塊稍微溶解後，蹺蹺板將傾向西瓜的那一側，使西瓜滾落，蹺蹺板再向冰塊那側降下去，過一會，冰塊會滑落或溶化成水，蹺蹺板便恢復了水平狀態。

022使乒乓球跳起來

一個乒乓球放在桌面上，不許用手或任何東西觸碰它，也不許搬桌子，你能令球跳起來嗎？

答案 用力一拍桌子，乒乓球就會跳起來。

023滴水不減

如果讓你用手把裝滿水的杯子倒轉過來，一直拿著，杯中的水一滴也不會減少，你能做到嗎？當然，杯子上沒有加蓋子，而杯中一定是液態的水，而非冰或水蒸氣。

答案 只要在一個盛滿水的盆中將裝滿水的杯子倒過來即可。

024智取網球

打網球時，球滾進了地面的洞穴裡，這個洞形狀古怪，向裡彎曲，口徑狹窄，直徑大約20公分，人無法爬進去。而且，洞口的黏土土質非常堅硬，很難挖開。在不損壞網球的情況下，如何將球取出來呢？

答案 往洞裡灌水。由於洞周圍是黏土，不會滲水，球會隨水浮出地面。

025購買什麼

李明因為長期不注意用眼習慣，經常躺在床上看書，時間一久就變成一拿掉眼鏡，幾乎看不見東西的高度近視眼。雖然平時他戴有框眼鏡的次數多於戴隱形眼鏡，但是只有購買某件物品的時候，他覺得還是戴隱形眼鏡比較合適。你知道李明購買的是什麼物品嗎？

答案 李明購買眼鏡架時，還是戴隱形眼鏡比較好，既能看得清，又不影響試戴鏡架。

026 書為何發黃了

三年前的一本漫畫書被靈靈不小心翻了出來，書上的內容還是依舊有趣，只是書頁已經變黃了。靈靈心想：書也和人一樣會變老嗎？

爸爸告訴靈靈：「因為書中有纖維，纖維是會老化的。」

「可是，纖維如何老化的呢？」靈靈的問題讓爸爸感到頭疼，不知道該如何回答女兒的問題。

媽媽走過來說：「其實書和報紙一樣，放置時間長了就會變成那樣！」接著媽媽又跟靈靈講了其中的道理，靈靈終於明白書為何會發黃了。

如果你是靈靈的媽媽，你會如何解釋給靈靈聽呢？

答案 其實報紙是用木漿製成的，是需要經過乾燥工序把水分趕走，然後留下木漿中的纖維素，才能得到新鮮的紙張。新的紙之所以有韌性，完全是依靠纖維素的支持，但是空氣中的氧氣會和紙裡的纖維素發生反應，這樣紙就慢慢變成了黃顏色，而書中的紙張也是一樣的道理，日子一長，就會變軟、變脆。

027 複寫名字

在兩張紙的中間夾上一張單面複寫紙，然後，想像把這疊紙上下對折，將下半部折向後面。如果你在第一張紙的上半部分寫下你的名字，那

麼，你的名字將會複寫出幾份？它們會在哪裡出現（正面、反面；上部、下部；第一張、第二張）？是朝什麼方向的？你能否不用畫圖就可以解這道題？

答案 首先，複寫的名字只會出現在第二張紙的正面，因為不管你怎樣折疊，複寫紙的油墨面只能接觸第二張紙的正面。其次，在上面會出現兩份複寫的名字，一個在上半張，另一個在下半張，為倒置的反寫字。

028盲人分衣

有兩個盲人一起去買衣服，每個人各自買了一件黑衣服和一件白衣服。他們把四件衣服放在一起，回家後才發現衣服已經混了，而且黑衣服和白衣服的質地大小都是一樣的，所以他們無法區分，你能想到一種方法，可以區分分開黑衣服和白衣服，讓他們每個人都各有一件嗎？

答案 把四件衣服放在太陽下面晒一段時間，因為黑衣服吸光，所以摸起來要比白衣服熱，這樣就可以分出黑衣服和白衣服了。

029哪一顆上升得快些

有兩顆大小相同的氣球，裡面裝了同樣質量的氫氣，一顆是白色的，一顆是黑色的。在晴朗的白天，把它們同時放出去，請問哪一顆上升得快些？

答案 黑色氣球上升快些。因為在陽光照射下，黑色氣球吸熱能力強，膨脹出的體積大，浮力就大，升得就快些。

030冬天的鐵器與木器

在冬天的早晨，走出屋子，用手去拿鐵桶和扁擔，你會覺得鐵桶比扁擔溫度低得多。是不是在相同的氣溫下，鐵器比木器溫度低呢？

答案 不是。因為金屬是熱的良導體，木頭比金屬導熱差，所以才感覺鐵器比木頭涼。

031艾菲爾鐵塔的謎團

享譽世界的艾菲爾鐵塔，是法國首都巴黎的代表性建築。它高300公尺，總重量達7,000多噸。但是在它建成之初，有三個謎團困擾了人們很久：

1. 這座鐵塔只有在夜間才是與地面垂直的。
2. 上午，鐵塔向西偏斜100公釐；到了中午，鐵塔向北偏斜70公釐。
3. 冬季，氣溫降到零下10°C時，塔身比炎熱的夏季時矮17公分。

當有人問鐵塔的設計者艾菲爾時，他合理的解釋了這些問題。你知道其中的奧妙嗎？

答案 艾菲爾鐵塔是鋼鐵結構的，由於熱脹冷縮，它必然要隨著溫度的冷暖而變化。白天，由於光照的角度和強度是變化的，塔身各處的溫度也是不一樣的，熱脹冷縮的程度因此也是不一樣的，所以上午和下午不僅出現了傾斜現象，而且傾斜角度也不一樣。夜間，鐵塔各處的溫度是相同的，所以就恢復了垂直狀態。冬季氣溫下降，塔身收縮，所以就變矮了。

032簡易測量法

這裡有一個有 100 毫升刻度的藥瓶，裡面裝有 100 毫升的藥水。我們不知道瓶中的空隙還能裝進多少藥水。請問，不借助任何工具，怎樣才能知道藥瓶還能裝入多少藥水？

答案 只要把蓋著瓶塞的藥瓶倒轉過來，再看看刻度便一目瞭然。

033防雷擊

一天放學回家時，突然下起瓢潑大雨，還夾著電閃雷鳴。力力和平平正走到一棵大樹下，他倆就靠著大樹避起雨來。這時，過來一位老爺爺，急忙將他們拉到人行道上，對他們說：「在樹下避雨是十分危險的，有的人就是在樹下和高牆下避雨被雷擊死的。以後千萬記住不要再這樣避雨了。」他們連忙謝過老爺爺，然後冒雨向家裡走去。

第二天，上物理課時，他們向老師講述了下學避雨的情況。老師說：「老爺爺說得對。雷電是自然界中一種大規模的放電現象。它可以在雲塊和地面之間產生。當帶電的雲塊接近地面時，地面會因靜電感應而帶上異種電，於是雲塊和地面之間可以產生劇烈的放電現象。而這時的電最容易透過什麼放出呢？放出的電可將觸電的物、人、畜燒毀，這就是雷擊。」他們兩人想了想說：「明白了。」

到底這種放電最容易透過什麼放出呢？你也想明白了嗎？

答案 最容易透過樹和高牆放電。

034急煞車

飛快騎自行車的人，當遇到緊急情況，突然用前閘煞車時，車身後部會跳起來，甚至整個車身會以前輪為支點向前翻倒。這是因為前輪雖已停止運動，但是後輪和人由於慣性卻還繼續向前運動的結果。那麼，煞住後輪，為什麼前輪向前衝的慣性不會使車子翻倒呢？

答案 因為這時整個車身以後輪為支點，由於車身受到地面的阻礙，要想往前翻，是翻不過去的。

035木船遇雨

一位船工把小木船停泊在河邊就回家了。沒多久，下了一場暴雨，河水漲得很快。船工的妻子讓船工去河邊看看，她擔心船會沉入河內或被水沖走。但是，船工卻坦然的說：「放心吧，不會出事的。常言道『水漲船高』，不但船沒危險，甚至船的吃水線也不會變。」你認為船工說得對嗎？

答案 船工說錯了。因為下雨時雨水會打進船艙，船重量增加，吃水線會加深。

036漲潮

一艘船的繩梯懸掛在船的一側，正好觸及水面，這繩梯為每級梯磴 20 公分，那麼當水位上升 10 公分時，水下將會有幾個梯級？

答案 當水位上升 10 公分時，船和繩梯都將隨之上升，所以不會有水漫出梯級的。

037 水有多少

有一個標準的立方體盒子，立方體的頂面就是盒子的開口。這個盒子裡裝有一些水。

甲說：「這個盒子裡的水超過盒子容積的一半。」

乙說：「這個盒子裡的水不到盒子容積的一半。」

現在，在不把水倒出來，也不使用其他工具的前提下，請你想想看，怎樣才能判斷出盒子裡的水有沒有一半呢？

答案 把盒子傾斜，使水面剛好到達邊緣，看底下邊緣在水面上或下。

038 蓄水池中的科學

一蓄水池有兩個出水口用來放水，一個口在池的底部，另一個口則連在靠近池頂部的位置，但出水口和先前那個在相同的水平面上。不考慮諸如摩擦等複雜因素，你知道哪個出水口水流的速度快一些嗎？

答案 水流出的速度取決於出水口離水面多深。兩個出水口的深度一樣，所以水從兩個出水口流出的速度也是一樣的。

039 水裡的學問

1. 杯子裡裝有水，水上放一塊冰，水已滿杯。冰融化後水會溢到外面來嗎？
2. 水池裡有一艘裝滿鉛塊的船，如果把鉛塊從船上拿出來，丟進水池，池水高度是否會發生變化？

答案

1. 水結冰後，體積要增加，而浮在水上的冰所排去的水的重量，正好等於冰本身的重量，是同樣多的水結成的冰。所以當冰融化變成水後，杯中的水不會溢到外面來。
2. 當鉛塊放在船上時，浮力等於船和鉛塊的總重，即有相當於船和鉛塊總重的水量被排開而使水位升高；將船上的鉛塊丟入水中後，只排開與鉛塊同體積的水重。由於鉛塊的密度比水大得多，所以池水將下降。

040 哪邊重

天平的一個盤子上放著一個盛滿清水的水桶。另一個盤子上也放了一個一模一樣的水桶，也同樣盛滿清水，只是水上浮著一塊木塊。試問：天平的哪一邊會向下落呢？

答案是不同的。有些人說有木塊的那一邊一定向下落，因為「桶裡除水之外還多了一塊木塊」。另外一些人卻提出相反的意見，認為應該是沒有木塊的那一邊落下去，因為「水比木塊更重」。你說呢？究竟應是哪一邊重？

答案 一樣重。在第二桶裡，雖然水要比第一桶裡少一些，因為那塊浮著的木塊要排去一些水。而木塊的質量就等於此木塊浸在水裡的部分體積所排開水的質量，因此它們一樣重。

041 汽水瓶與冰塊

走在街上，常常看到賣冰鎮汽水的小販把汽水瓶放在冰塊上。請問科學方法應該是放在冰塊上面，還是冰塊下面？這是什麼道理？

答案 根據對流時溫度高的空氣上升，溫度低的空氣下降的道理，被冰鎮

的東西應放在冰的底下。

042毛巾包冰棒

夏天天氣很熱，洋洋從外邊回家又熱又渴，他向姐姐要錢買冰棒。家裡沒有寬口保溫瓶，拿什麼裝呢？姐姐給了他一條乾毛巾，讓他用來包冰棒。洋洋心想，冰棒怕熱，毛巾最好要冷卻一下，於是將毛巾放在冷水中浸溼了。姐姐見了說：「溼毛巾包冰棒化得更快。」但洋洋不服，可姐姐又說不出道理。你說到底什麼毛巾包冰棒化得快？

答案 溼毛巾包冰棒容易化，是因為冰棒溫度在零度以下。溼毛巾貼著冰棒，外面的熱量很快會傳到冰棒上，所以化得快。用乾毛巾包，中間有空氣，起隔熱作用，所以化得慢。

043夏日冰水

夏日氣溫很高，一位過路人走到一個農家小院時，見一農婦正在院子裡工作。於是他提出想要一些涼開水喝。農婦取來一瓦罐水，又用溼毛巾把瓦罐包起來，放在太陽底下曝晒。這位過路人心想，我明明要的是涼開水，她怎麼替我加溫呢？過了一會，農婦把瓦罐取來了，過路人一喝，果然非常涼。你能說出其中的道理嗎？

答案 溼毛巾包瓦罐時，由於太陽照射，水在不斷的蒸發，水蒸發時，溼毛巾會吸走大量熱。所以很快把瓦罐裡水的熱吸走，因此水變涼了。

044 冰與水

在我們很小的時候，就明白了「熱脹冷縮」的道理；但是有一種很特別的物質卻並不遵循這個道理，那就是水，有時候它是「冷脹熱縮」。經過多次的實驗得出結論：當水結成冰時，其體積會增長十一分之一，以這個為參考，你知道如果冰融化成水時，其體積會減少多少嗎？

答案 當冰融化成水的時候，體積就會減少十二分之一；因為當體積為 11 的水結成冰時，體積會增加為 12 的冰，而體積為 12 的冰融化後會成為 11 的水，也就會減少十二分之一。

045 誰會贏

一個大力士和一個小孩，在定滑輪上舉行爬高比賽，他們哪一個先到達頂點而獲勝？

答案 小孩獲勝。因為大力士的重量大於小孩的重量，大力士越用力，就越快的透過滑輪把小孩拉向頂端。

046 銼刀趣題

你能用一把平銼刀，在薄鐵皮上銼出圓形、正方形和長方形的孔嗎？

答案 將鐵皮敲成半球，銼掉後敲平，就可以得到一個圓形孔。把鐵皮折疊成四折，夾在老虎鉗裡，銼去一角，展開敲平，得到正方形孔。把鐵皮對折，夾在老虎鉗裡，銼去邊緣，展開敲平，得到長方形孔。除此之外，你還可以想想有沒有其他方法。

047巧分混合物

有一堆由黃豆、細沙、鐵屑、木屑、食鹽組成的混合物，你怎樣用最簡潔的辦法把這五種物質各自分開呢？

答案 第一，用篩子把黃豆篩出來（分離黃豆）。第二，用磁鐵吸附鐵屑（分離鐵屑）。第三，把混合物倒進水裡，把浮在水上的木屑分離出來（分離木屑）。第四，把水倒進一個敞口容器，留下底下的細沙（分離細沙）。第五，把容器裡的水放到太陽下晒乾或加熱，把溶化在水裡的鹽重新分離出來（分離食鹽）。

048巧分小麥和稻米

張阿姨去糧店買5公斤稻米，替李奶奶代買5公斤小麥。因為只拿了一個布袋，她便把小麥裝在布袋下半截，中間紮一根繩，在上半截裝稻米，準備回家先倒下稻米，然後再把小麥給李奶奶送去。誰知回家的路上，碰見李奶奶拿了一個布袋來接她。可是，小麥裝在下半截，不好倒。她倆正在犯愁，來了一個學生，就用她倆的布袋倒來倒去，把小麥和稻米分別倒入了她倆各自的布袋裡。請問，他是怎麼倒的？

答案 倒法如下。第一步，先把李奶奶的布袋翻過來。第二步，把稻米倒入李奶奶的布袋，紮上繩子。第三步，再把李奶奶布袋的上半截翻過來，倒入小麥。第四步，解開李奶奶布袋的繩子，把稻米倒回張阿姨的布袋。

049 如何帶走雞蛋

有一位籃球運動員。一天，他只穿了一條短褲，戴了一支手錶，在球場上練習投籃。有個人給了他 20 顆雞蛋，這個人把雞蛋散放在球場邊的地上就走了。練習結束後他發現球場邊沒有任何可以用來裝雞蛋的東西，也找不到可以幫忙的人，但是最後他還是巧妙的將雞蛋帶走了。你知道他想出了什麼好辦法嗎？

答案 這位籃球運動員想出的辦法是：用隨身攜帶的氣針把籃球裡的氣放掉，並且把籃球弄成盆狀，然後把雞蛋放在裡面端著回去了。

050 貨車過橋洞

有一輛裝滿貨物的大貨車要過一個橋洞，可是貨車上的物品裝得太多了，頂部高出了橋洞 1 公分，怎麼也過不去。有什麼辦法能讓這個貨車順利的通過橋洞呢？

答案 把貨車四個輪胎的氣放掉一部分，車的高度就會下降，就能通過橋洞。

051 如何鎖門

生活中，常常遇到這樣的情況，即多人共同走一個門，鑰匙少，怎麼辦？下面有兩個解決辦法，你看行不行？

1. 平平家的大門鎖只有兩把鑰匙。可是全家有四口人，而且回家的時間又不一致，鑰匙該怎麼拿呢？爸爸媽媽都有些發愁。平平忽然說：「我想到了一個好主意，門上同時鎖上兩把鎖，不就每個人都有一把鑰匙了嗎？這樣不管誰先回來，只要開一把鎖就行了。」聽了平平的話，爸爸、媽媽都明白了。唯獨小弟弟仍不明白，於是平平實際操作了一回，小弟弟也明白了。親愛的讀者，你也明白了吧？

2. 三個同學住在一間團體宿舍裡，他們各自有自己的鎖和鑰匙，他們外出時，就用三把鎖把門鎖上。他們三個人不同時回來，但不論誰先回來，都能開門進屋。

你知道他們的鎖怎麼用嗎？

答案

1. 只要把吊扣分開，兩把鎖鉤在一起，然後再每把分別套在吊扣一端，只打開一把鎖，門就可以開了。
2. 與前一項相同，只是用第三把鎖鉤住兩側的鎖，同樣打開一把鎖門就開了。

052瓶子做樂器

用普通的汽水瓶子能做成兩種樂器：一種是打擊樂器，一種是吹奏樂器。在兩張椅子上，橫放兩根竹竿，上面分別懸掛 8 個普通的瓶子。自上而下，自左而右，第一個瓶子幾乎裝滿水，第二個瓶子裡的水比第一個瓶子略少一點，依照次序，一個比一個少一點，最後一個瓶子裝的水就是最少的一個。

用乾燥的木棍敲擊瓶子，就會發出高低不同的聲音。水越少的瓶子，發出的聲音越高。仔細調整瓶子中的水量，就能使它們發出的聲音組成兩組八度音階。然後，就可以用這些樂器演奏一些簡單的打擊樂曲。如果你不用木棍敲擊瓶子，而把瓶子放在桌子上，用嘴對著瓶口吹氣，瓶子會像螺號一樣發出低沉的嗚嗚聲。而且你會發現，瓶子裡的水越少，發出的聲音越低；瓶子裡的水越多，發出的聲音越高，正好和敲擊瓶子的順序相反。

為什麼？

答案 這是由於發聲的原理不同。打擊瓶子的時候，聲音是由於玻璃瓶和水的振動產生的；而吹瓶子的時候，聲音是玻璃瓶的空氣振動產生的。這就是吹奏樂器和打擊樂器的區別。

053 鏡子闖禍

美國加州洛斯加托斯市一棟 3,300 平方公尺的住宅突然起火，在很短時間內便將整棟建築及兩輛汽車付諸一炬，損失達 30 萬美元。消防隊員趕到現場查看火災原因時，驚訝的發現，惹禍的竟是一面鏡子。鏡子怎麼會惹禍呢？

答案 這家主人在住宅後院放了一個並不大的凹面鏡，那天天氣很好，陽光照到鏡子上後，正好被鏡子聚焦成一道光束，反射到院中一把木椅上，到下午木椅就燃燒起來了。當時，房主人正在午睡，沒及時發覺，所以鏡子「闖了大禍」。

054 鏡子中的影像

想像你在鏡子前，請問，為什麼鏡子中的影像可以顛倒左右，卻不能顛倒上下？

答案 因為照鏡子的時候鏡子的擺放是縱向的，而鏡子是對稱面，所以在縱向上不會顛倒，只在橫向上會顛倒。試想若鏡子平鋪在地板上，人站在上面，鏡中的人就是大頭朝下而左右正常了。

055哈哈鏡

當你走進哈哈鏡陳列室就會看到，人們都對著鏡子哈哈大笑。你如果擠過去，站在鏡子跟前，看到自己的模樣是那樣滑稽，也會笑個不停。你知道哈哈鏡為什麼能把人照成那副模樣嗎？

答案 你不妨先湊近光亮的鈕扣、電鍍的小勺、燈泡、錶殼、罐頭盒等，你的鼻子可能被照得很大，也可能被照得很小，這就要看上述物體表面是凹的還是凸的了。哈哈鏡的表面是凹凸不平的。如果你在肥皂水中加些甘油或糖，吹起一個大的肥皂泡，調整你和肥皂泡的距離，你會從前部的凸面上，看到自己正立的像，而在肥皂泡後部的凹面上看到自己倒立的像。

056氣球能飛多高

節日時，你能在小販的手裡買到充了氫氣的氣球。賣氣球的小販隨身帶著一個裝有氫氣的鋼瓶。把氣球的口套在鋼瓶的嘴上，一轉開氣瓶的開關，氣球就撐大了。你一定會小心的抓住繫氣球的繩子，一旦鬆手，氣球就會徐徐上升，越飛越高。你的心也會隨氣球飛去，氣球的命運如何呢？氣球能不能越飛越高，飛出地球去呢？

答案 不能。氣球飛到一定的高度就停止了，在大氣層中就像有一塊無形的天花板擋住了它一樣，更不能飛離地球。

氫氣球上升的原因是，氫氣比同體積的空氣輕，空氣的浮力使它上升。浮力的大小等於氫氣球排開的那塊空氣的重量。所以空氣的密度越大，浮力也就越大。氣球越向上飛，空氣稀薄了，浮力就減小了。到了一定的高度，氣球的重量正好和浮力相等的時候，氣球就不再上升，好像碰到天花板一樣。有的氣球來不及到達「天花板」

就會脹破。這是因為，高空中越來越稀薄的空氣，對氣球的壓力越來越小，氣球內部的氣壓較大，氣球會不斷的膨脹，最後把自己脹破了。

057 蒼蠅拍上的學問

有人統計過，用有孔的蒼蠅拍 A 和無孔的蒼蠅拍 B 拍打相同數量的蒼蠅後，發現 A 拍中蒼蠅的機率大約是 80%，而 B 拍中蒼蠅的機率只有 20%。實驗顯示，蒼蠅拍上有小孔，可以更容易打到蒼蠅，這是為什麼呢？這些小孔發揮著怎樣的作用呢？

答案 蒼蠅的身上長有許多細毛，在蒼蠅停留的瞬間，這些細毛既能「品嘗」佳餚的美味，又能感應到周圍環境溫度、溼度和氣流的變化。當用無孔的蒼蠅拍拍打蒼蠅時，拍子在空中運動過程中，會帶動周圍的空氣形成一股氣流，蒼蠅透過身上的細毛覺察到這一變化後，便很快的飛跑了。

如果用有孔的蒼蠅拍拍打，情況就不同了。拍子在空中運動時，下方的空氣可以從小孔中透過去，不會產生強大的氣流，於是蒼蠅不易發現危險的降臨，我們就可以很容易的打死牠了。

058 誰把瓶子打破

嚴寒的冬天，要是有人向你要一瓶冰，你大概會以為這是一件容易辦到的事。找個瓶子灌上水，放在室外凍上一夜，一瓶冰就到手了。然而事情並不是這麼簡單。冰是弄到了，瓶子卻破裂了。為什麼？

答案 水結成冰以後，體積增大了十分之一左右。體積增大產生的力量足夠把瓶子撐破的。結冰不僅使塞著瓶口的瓶子破裂，就是敞著口的瓶子也會破裂。這是因為瓶口的水最先結冰，也就是說，結冰過程一開始，就有一個冰塞子把瓶子堵上了。冬天嚴寒可以使自來水管爆裂。而爆裂的地方往往不是發生在水結成冰的地方，而是另一個沒有結冰的地方。當冰結在自來水管的內壁上的時候，冰不斷的延伸把水壓回到主水管內，水管不會爆裂。如果被冰壓回的水受到阻礙，例如，遇到了水龍頭，水沒有地方去了，水的壓力會因為冰的延伸而增大（結冰的時候體積增大），最後使這段水管在最薄的地方爆裂。

059 滾動比賽

兩支同樣的圓柱形瓶子，一支裝滿水，一支裝滿泥沙、木屑等雜物，它們的重量一樣。把兩支瓶子放在斜板的頂部，讓它們同時向下滾。哪一支瓶子滾得快呢？

答案 裝水的瓶子。這是因為瓶子向下滾的時候，水是不滾動的，而泥沙會隨著瓶子一起滾動，瓶子要帶動泥沙一起滾動，所以也就滾得慢了。

060 混凝蠟

用牛皮紙捲兩個相同的小紙筒（高約 100 公釐、直徑約 10 公釐）。在一個紙筒中倒入熔蠟，另一個紙筒中倒入放有木屑的熔蠟。等蠟液凝固之後，剝去紙皮，就得到一根純蠟棒和一根充滿木屑的蠟棒。用這兩根蠟棒分別去吊重物，可以證明，含木屑蠟棒的強度比純蠟棒的強度大。為什麼呢？

答案 這是因為木屑本身的強度比蠟大，它在蠟中產生了「骨架」的作用。人們在水泥中加進沙石製成混凝土，不但節省水泥，而且還能提高強度，道理完全相同。

061 哪一塊水泥硬

某工廠自製了一批水泥，需要試驗一下這批水泥的硬度。有人說只要有一個小鐵球就可以做這個實驗。你知道怎樣做這個實驗，才能夠測出水泥的硬度嗎？

答案 測水泥硬度的辦法有兩個：①讓小鐵球從相同高度自由落下，檢查鐵球落在每塊水泥磚上的深度，深度淺的硬度大。②讓水泥磚成 45 度角安放，小鐵球從相同高度下落，看鐵球滾動多遠。硬度越大，小鐵球滾得遠些。

062 小窗戶開在哪裡好

為了調節溫度，通風換氣，許多房子除了要有大窗戶外，還要有小窗戶。那麼，小窗戶安裝在什麼地方好呢？是安裝在大窗戶的上方好還是下方好？

答案 有的人家為了開關小窗戶方便，把它安裝在大窗戶下面。這樣對整個房間的通風換氣卻沒有多大好處。這是因為，冬天室外空氣比室內空氣冷些、重些，它從小窗戶進來以後是向下流動的，室內的空氣溫度比較高，這樣冷空氣會把室內的空氣從小窗戶的上部分排擠出去。如果小窗戶安裝得很低，冷熱空氣的交流只限於低於小窗戶的室內空間，對於小窗戶上部的空間，這種交流是不能進行的。所

以小窗戶應安裝在大窗戶的上方。為了預防瓦斯中毒，風斗也要安裝在窗戶的上部。

063橫著拴的繩子為什麼拉不直

晾衣服的繩子，用多大的力量才能把它拉直，中間一點也不會下垂呢？無論用多大的力也不可能做到這一點。為什麼？

答案 這是因為繩子本身有重量。重力垂直向下拉繩子，如果繩子一點也不下垂，那麼拉它的力就應該是完全水平的。水平方向的拉力和垂直方向的拉力是無論如何不能相平衡的。只要繩子有一點下垂，拉力的方向就不再是水平的，而微微向上傾斜。在這種情況下，拉力和重力就能平衡。不過拉力本身的數值要比繩子受的重力大得多。不信，你試一試，不管用多麼大的力都不能把繩子繃得筆直，就是把繩子拉斷了也做不到。反過來，如果一個繃得十分緊的細鐵絲，用手指在中心猛的一彈，鐵絲就會斷裂，別人還以為有什麼「氣功」呢！實際上是物理學規律。豎直向上的一個小小的力需要極大的拉力才能平衡，這個拉力會大到把鐵絲拉斷。冬季電話線因為冷縮而繃緊，這時候，電線上的一個冰坨就能把電話線壓斷。

064冰箱不能當冷氣

炎熱的夏天，當你打開冰箱門的時候，一股涼氣向你襲來，十分舒服。那麼總把冰箱門開著，屋子裡是不是會涼決一些呢？不會，過一段時間以後，屋子裡會更熱。為什麼？

答案 冰箱不會產生冷氣，冷藏室裡的食物越來越冷的原因是由於不斷的被吸熱。冰箱的作用就是把從冷藏室裡吸來的熱送到冰箱後面的散熱片上，透過散熱片把熱量散到空氣裡。冷藏室裡的溫度比室溫要低好多，熱量怎樣從低溫傳到高溫呢？這就要靠冰箱裡的壓縮機消耗一定的電能來完成。電能完成了這些熱量搬運工作以後，就變成熱能散失在空氣中。打開冰箱門後，冰箱的作用是把熱量從前面搬到後面的散熱片上，這就像我們不停的把一些東西從屋子的這頭搬到屋子的另一頭一樣。對整個屋子來說熱量沒有傳到室外，溫度不會下降。但是冰箱中的壓縮機在搬運這些熱量的時候，耗費了大量的電能，這些電能最後變成熱量使屋子的溫度上升。

065汽車和曳引機

汽車和曳引機都去採石場拉築橋用的石塊。當汽車響著喇叭從曳引機旁開過去的時候，坐在曳引機拖車上的裝卸工人真有點羨慕汽車上的工人。曳引機到達採石場的時候，汽車裡的石頭已經裝得滿滿的，但是為什麼還沒有開走？工人們為什麼又忙著把石頭卸下來？原來汽車的後輪陷到泥坑裡，引擎發怒般的吼著，車輪在泥巴裡飛轉，可是汽車在原地紋絲不動。汽車駕駛見曳引機就像見了救命恩人一樣，請曳引機幫忙把汽車從泥坑裡拖出來。這可真是小馬救大馬，曳引機的功率只是汽車的一半，為什麼能把汽車從泥水裡拖出來呢？

原來曳引機有兩個強大的後輪，上面有著寬大的表面和很深的花紋。曳引機的特殊本領全來源於這兩個大輪子。兩個輪子和地面接觸面積很大，分散了曳引機對地面的壓力，所以曳引機能在鬆軟的土地上行駛。另外，大輪子不害怕地面上的坑坑窪窪。如果你推過小輪子的兒童車和大輪子的手推車，就會有體會。路面上很小的坑就能使小輪子陷進去，大輪子卻不會陷進去。曳引機的大輪子比汽車的輪子大好多，汽車無法過去的坑，曳引機卻可以輕鬆的通過。

曳引機的車速慢，看上去是個缺點，但實際上這是特意設計的。耕地的時候，速度不用太快，但是遇到的阻力很大。根據物理學原理，一部引擎，功率一定的時候，速度低拉力大，速度高拉力要減小。速度和拉力的乘積等於引擎的功率。曳引機的速度比較低，但是牽引力常常比汽車要大。因為汽車通常是在平坦的道路上行駛，要求速度高，牽引力可以小一點，汽車的功率大主要是用於提高速度。

曳引機和汽車用途不同，設計製造的方法不一樣，在不同的地方各自發揮著自己的特長。

066計算容積

曾經有這樣一個故事，一名畢業於知名大學數學系的學生，因為他是學校的佼佼者，所以十分傲慢。一位老者很看不慣，就向他出了一道求容積的題，老者只是拿了一個燈泡，讓他計算出燈泡的容積是多少。傲慢的學生拿著尺計算了好長時間，記了好多數字，也沒有算出來，只是列出了一個複雜的算式來。而老者只是把燈泡中注滿了水，然後用量筒量出了水的體積，很快就算出了燈泡的容積。

現在如果你手中只有一把直尺和一個啤酒瓶子，而且這個啤酒瓶子的下面三分之二是規則的圓柱體，只有上面三分之一是不規則的圓錐體。以上面的範例做參考，怎樣才能求出它的容積呢？

答案 先把啤酒瓶底的直徑測量出來，這樣就可以計算出瓶底的面積。再在瓶中注入約一半的水，測出水的高度，做好紀錄。蓋好瓶口後，把瓶子倒過來測量出瓶底到水面的高度，做紀錄。將兩個做好的紀錄相加再乘以瓶底的面積，便可知啤酒瓶的容積了。

067 和尚撈鐵牛

西元 1066 年，北宋英宗年間，黃河發洪水，沖垮了河中府（今山西省永濟市）城外的一座浮橋，就連兩岸用來拴住鐵橋的每座有 1 萬多斤（1 斤 = 0.5 公斤）重的 8 隻鐵牛，也被沖到了河裡。洪水退去以後，為了重建浮橋，需要將這 8 隻大鐵牛打撈上來。這在當時可是一件極為困難的事，河中府府衙為此事貼了招賢榜。後來，一個叫懷炳的和尚揭了招賢榜。懷炳經過一番調查和反覆思考，指揮一群船工將 8 隻大鐵牛全都撈上了岸。你知道懷炳是怎樣將鐵牛撈上岸的嗎？

答案 懷炳的辦法是指揮一群船工，將兩艘大船裝滿泥沙，並排的靠在一起，同時在兩艘船之間搭了一個連接架。將船划到鐵牛沉沒的地方後，他叫人潛入水中，把拴在木架上的繩索的另一端牢牢的綁在鐵牛上。然後船上的船工們一面在木架上收緊繩索，一面將船裡裝的泥沙一鏟一鏟的拋入河中。隨著船裡泥沙的不斷減少，船身一點一點的向上浮起。當船的浮力超過船身和鐵牛的重量時，陷在泥沙中的鐵牛便逐漸浮了起來。

068 浮沉娃娃

科學家笛卡兒（René Descartes）發明過一個曾受到兒童喜愛的浮沉玩具。找一個高一點的玻璃杯（在學校裡最好使用量筒）向裡面注入清水。再找一個可以在水裡漂浮的塑膠娃娃（用一個小藥瓶代替也可以），在娃娃的下面打一個小洞，裝進一些能進不能出的長圓形的小石子，一面裝石子一面放在水裡試，要讓塑膠娃娃剛好在水裡浮起（只露出一個頭頂，不要把小孔封死）。把小娃娃放在水杯裡，杯裡的水要灌得滿滿的。用手掌蓋住杯口，一點氣也不要漏。手向下一壓，小娃娃就沉下去；減輕壓力，小娃娃就會浮上來。這是一個非常聽話的小娃娃。如果你的手蓋不嚴杯口，可以用一個破氣球的橡皮膜蓋在杯口，用繩子牢牢的捆住，一點氣也不要漏。用手壓一下橡皮膜，小娃娃就會沉下去；鬆開的時候，小娃娃就會浮起來。你知道其中的原理嗎？

答案 浮沉娃娃的原理是：手向下壓橡皮膜的時候，杯內的空氣被壓縮了，壓縮空氣把一部分水壓到小娃娃的肚子裡，娃娃肚子裡的空氣體積變小，因此浮力變小，使小娃娃下沉；鬆開手的時候，小娃娃肚子裡的水量減少，空氣體積變大，小娃娃上浮。

069香檳酒的泡沫

倫敦泰晤士河的底下有一個過河的隧道。據說在慶祝隧道通車的時候，發生過這樣的趣聞：喝了大量香檳酒的客人在走出隧道的時候，突然感到酒在肚子裡翻騰，禮服頓時被撐得鼓起來。一些客人又被迅速的送回地下，肚子裡的香檳酒才平息下來。這是怎麼一回事呢？

答案 汽水、啤酒、香檳酒中都溶解有大量的二氧化碳氣體。瓶內的氣壓高，二氧化碳不會跑出來，打開瓶蓋的時候，瓶內的氣壓突然減小，二氧化碳氣體形成大量的氣泡從瓶口衝出來，非常有趣。由於隧道低於地面幾十公尺，大氣壓力較高，溶在香檳酒裡的二氧化碳氣體沒能全部跑出來而隨著酒進入人的肚子裡。到達地面的時候，氣壓減小，二氧化碳氣體從酒裡跑出來把客人的肚子撐圓。返回地下由於氣壓升高，這種現象又停止了。所以解決這個問題的最好辦法是非常緩慢的走出隧道，讓二氧化碳氣體一點一點的散發出去。

070 地板圖案

許多地面用瓷磚拼接成美麗的圖案，使人們的生活環境變得更加優美舒適。地板磚的形狀必須便於拼接，不留間隙。你知道滿足這種要求的基本條件是什麼嗎？

答案 要使地板磚拼接起來，不留間隙，它的基本條件是：幾塊相拼接的地板連接在一起的角度和是 360°。例如，正方形地板，四塊相接每個角都是 90°，恰好是 360°。正六邊形地板，三塊相接，每個角都是 120°，它們接在一起也沒有間隙，因為三個角的和也是 360°。正三角形也可以拼滿地面而不留間隙。正三角形的每個內角是 60°，必須 6 塊相拼。正方形、正六邊形、正三角形，它們的一個內角度數分別是 90°、120°、60°，這些數都是周角 360°的約數，因此都可以拼滿地面而不留間隙。如果採用兩種或更多的圖形相拼接，那麼地板的圖案便更加絢麗多姿了。下圖就是分別由正方形、正六邊形和正三角形三種圖形拼成的。

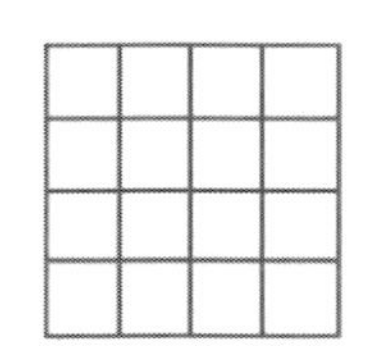
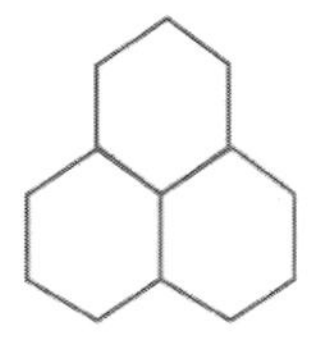

071 草原失火

在大草原上，有一天，一群旅客正頂著大風在草原上行走。突然，有人發現前方不遠處濃煙滾滾。「不好！大草原失火了！」風助火威，大火迅速向他們逼近。大家拚命掉頭往回跑。但是大火跑得可比他們快。人的體力畢竟有限，火與人的距離越來越近，而前面還是一片茫茫的草原。驚

慌、絕望，人們再也跑不動了，紛紛跌倒在乾草地上。

正在萬分危急時，一位老獵人趕來了。他看了一下火勢，果斷的說：「聽我指揮！大家馬上動手割掉面前的一片乾草，清出兩丈見方的地方。」大家懷著生還的希望，沒多久就清出了一塊不大的空地。老獵人讓大家集中在空地的一邊。大火越來越近了。這時，只見老獵人不慌不忙的把一束燒著的乾草扔到迎著大火那面的乾草叢裡，然後走到空地中央，對大家說：「現在你們可以看看火怎麼跟火『作戰』了。」

奇怪的事發生了，老獵人放的火，並沒有向人們燒來，反而迎著風，向大火方向燒去，這兩股火相遇，「打」起「架」了。幾分鐘以後，大火繞過這塊空地，向前面奔去了。

人們得救了，旅客們圍著老獵人激動得眼淚直流。放的火怎麼會頂風撲向大火呢？你能說說是什麼道理嗎？

答案 因為在火海的上空，由於空氣受熱變輕迅速上升，而附近還沒有起火處上空的空氣較冷，於是就會朝大火方向流去，填補那裡較稀薄的空氣，形成一股與風向相反的氣流，於是就發生了一場「火戰」。

072 能在水面上跳躍的炸彈

第二次世界大戰的時候，英國人想轟炸德國人的沿海工事。但是飛機很難接近有高射炮保護的海岸。於是一名工程師利用「打水漂」的原理設計了一種炸彈。當飛機從距海岸較遠的地方投下這種炸彈後，炸彈能夠在水面上一蹦一蹦的接近海岸。到了岸邊由於海岸的阻擋，就貼著岸邊沉入水中。到達距水面 10 公尺深的地方，水的壓力就引爆了炸藥。

為什麼 5 噸重的炸彈能在水面上跳躍呢？

答案 5 噸重的炸彈能在水面上跳躍，道理和打水漂類似。石片在水面高速運動的時候，就像飛機在空中飛一樣。石片和水面的相對速度越大，石片得到的升力越大。打水漂的時候石片應該旋轉，旋轉可以增加石片的穩定性以及和水面的相對速度。炸彈扔下來的時候是高速旋轉的，正是這種旋轉才使炸彈不會下沉。

滑水運動員不下沉也是這個道理。腳著寬大的滑水板的運動員在摩托快艇的拖曳下，和水面之間有極高的相對速度，水產生的外力和繩子的牽引力合起來足以支持滑水運動員的體重。衝浪和滑水運動的原理一樣，只是需要有更多的勇敢精神。衝浪運動員沒有摩托艇的牽引，怎樣能得到較高的速度呢？衝浪的速度是靠「坐滑梯」獲得的。衝浪運動員從幾公尺甚至幾十公尺高的浪尖上滑下來，速度很大，正是這種速度使他不會下沉。所以驚濤駭浪正是衝浪運動者的天堂。

073 外科醫生

在熱帶叢林深處的一家醫院裡有三名外科醫生 —— 瓊斯、史密斯和羅比森。

當地的部落首領被懷疑患有一種極易傳染的古怪疾病，責令這三名外科醫生為他動一次手術。麻煩的是，這三名外科醫生隨便哪一位在檢查這個首領時，都可能感染上這種怪病。

動手術時，每一名醫生都必須戴上橡皮手套，假使他傳染上這種怪病，病菌將會感染到他戴的任何手套的裡面；而如果首領患有這種疾病，就將感染到醫生所戴手套的外面。

就在要開始動手術時，護士克利妮小姐跑進手術室說：「諸位醫生，我帶來了不幸的消息給你們。我們只有兩副消毒的手套，一副為藍色，另一副為白色。」

瓊斯醫生說：「只有兩副！假如我先施行手術，我的手套兩面都可能弄

髒的。假如史密斯接下去動手術，他的手套兩面也可能弄髒。這樣一來，羅比森就拿不到無菌手套了。」

突然，史密斯醫生提了個建議：「假如我戴兩副手套，藍手套戴在白手套的外面，每副手套有一面可能玷汙了，但是每副手套的另一面仍然是無菌的。」瓊斯醫生立即明白了：「我知道了。我可以戴藍手套，無菌的一面在裡，而羅比森可以把白手套翻過來戴，也是無菌的一面在裡。這樣我們就不會有從首領那裡感染疾病或者相互感染的危險了。」

護士克利妮提出反對：「這對你們醫生是沒有問題了，但首領將會怎樣呢？假如你們當中任何人感染了，而首領沒有這種疾病，他會從你們之中某個人那裡得病的。」

一經提醒，外科醫生們被問住了，他們該怎麼辦呢？過了一會，克利妮小姐喊了起來：「我知道你們三個人應該怎樣才能既施行手術，又不會讓你們或者首領去冒感染疾病的風險。」

醫生們沒有一個能想出克利妮小姐的想法，但當她做了解釋以後，他們都同意這辦法是可行的。

你能想出這個辦法嗎？

答案 在解釋克利妮小姐想出的聰明辦法之前，讓我們首先找到只能保證醫生們不受傳染的那個辦法。

我們用 W1 代表白手套的裡面，W2 代表其外面；B1 代表藍手套的裡面，B2 代表其外面。

史密斯醫生動手術時，把這兩副手套都戴上，先戴白手套，後戴藍手套。W1 可能被他弄髒，而 B2 一面可能被首領弄髒。

接著，瓊斯醫生動手術時，戴上藍手套，無菌面 B1 和他的手相接觸；羅比森醫生動手術時則把白手套的一面翻出，然後戴上，使無菌面 W2 和他的手相接觸。

現在來介紹一下克利妮小姐的辦法。

輪到史密斯醫生做手術時，可以和上述辦法一樣戴上兩副手套，則 W1 和 B2 可能被弄髒，但 W2 和 B1 仍保持無菌。

瓊斯醫生做手術時，戴上藍手套，B1 與他的手接觸，使 B2 朝外。

羅比森醫生做手術時，把白手套的 W1 翻出後戴上，使 W2 和他的手接觸。然後他再戴上藍手套，把它套在白手套的外面，使 B2 也朝外。

在三位醫生幫首領做手術的時候，都只有 B2 與患者接觸，所以患者不會有從任何一位外科醫生那裡感染疾病的危險。

074 汽車過身

「汽車過身」屬於大型氣功表演，一般在廣場進行。氣功師仰臥在地上，身體左右各有一塊坡式木板。然後，又由兩人抬一塊大活木板蓋在表演者的身上。表演時，一輛載滿男女老少的大卡車，開動起來。從氣功師身上橫向軋過。這麼大的重量竟然從人身上軋過而無傷害，除了氣功以外，還能有何解釋？

答案

1. 首先是身上那塊大木板，沒有這塊大木板是不能表演的。在大木板的左右邊緣還必須各有一個支撐的側木邊，高度要與表演者的胸部基本相同，這是成功的關鍵。當汽車軋到身上這塊木板時，從左到右，先把右邊落地，使左右懸起，由於左板撐力的作用，代替了人身的壓力。當汽車軋到正中時這是壓力最大的時刻，然而也是最短的時刻，將一瞬間的重量壓力移向了左邊，這時左邊的側板馬上貼地，造成了支撐力的作用。這是整個借助力的關鍵。
2. 表演者的雙手小臂在木板下立撐著，在汽車沒過之前，暗將木板頂起，使兩邊的側木板離開地面懸在身胸上，讓觀眾看到這兩塊側木板

要比身胸矮 —— 其實並不矮。當汽車軋過來時，暗中用雙小臂或別的物體支撐護胸，這一招也產成一定的支撐作用。

3. 司機配合也很重要。在開車過身的過程中，要掌握好車速，即兩邊慢中間快，這一招需要司機多次練習才行。這種借力的配合技術，非一般司機所能為，是可靠人選經過專門訓練的。除上述三個方面的借助力量，便是表演者的真功夫了。真功夫的練成，也有一套不尋常的練習法，簡而言之，從輕到重、從淺到深、循序漸進，增強氣力。沒有強壯的身體，沒有堅強的毅力和苦練的精神，是絕對做不到的。

075「輕功」表演

用各種表演手段來表現身輕如燕，如「踩紙」、「踩氣球」、「踩雞蛋」、「踩燈泡」、「吊紙環」等，均屬「輕氣功」，即通常所說的「輕功」。

「踩紙」的表演，是氣功師拿一張白紙，用兩支日光燈管將紙的兩端捲起，留出一部分在架上固定。然後，兩腳踩在懸空的白紙上，使整個人體托在紙面上，而紙不破。如果不是用氣將身體提起，薄薄的一張紙能經得起人體的重量嗎？然而經過一番特殊設計和處理，看似不可能的事情，卻變成了可能，於是就感到驚奇，「踩紙」也好，「踩氣球」、「踩雞蛋」也好，或是紙環吊人也好，實際上人身的重量並沒有絲毫減輕。你知道其中的奧妙嗎？

答案 一個物體給予另一個物體力的作用時，有幾種方式。例如，你想把一袋25公斤的貨物放上架板，可以把貨物分散成許多細小部分，一點一點的放上架；也可以把袋子一下子放上架；還可以把袋子扔上架。第一種方式的作用效果最弱，架板的變形最小；第二種方式的作用效果就要強得多；至於第三種方式，效果就更劇烈了。氣功師正是用了第一種方式踩到紙上去的。他先踏上一隻腳，然後再踏上另一隻腳，小心翼翼的把自己的體重一點一點的從地上轉移到紙上去，這樣，紙便慢慢的被拉長，是可以承受得了的。如果不信，請你不妨用巧克力糖的包裝紙拉拉試試，感受一番。雖說是普通的一張紙，但也絕不是隨便一拉就破的。氣功師選的紙，恰到好處，但這種紙給我們，我們也不行，原因就在氣功師運用氣功施加靜荷重的本領。「踩氣球」、「踩雞蛋」、「走刀山」等道理也大致相同。

除了上述科學原理之外，還有一些祕密的「門道」。「踩紙」用的紙，要選擇比較厚、硬、韌性強的，最好在兩張紙的中間糊裱上生絲。生絲要順著長度方向擺，把距離擺均勻，然後將兩張紙糊裱在一起，最後熨平。當眾撕紙時，切記不要橫撕，要順撕；橫著是撕不開的。紙的兩邊所以要用日光燈管來捲，作用在於紙的張力要撐均勻；若稍有不勻，就會破裂，這是很關鍵的一環。在踩的技巧上也要掌握好穩定性，不能搖晃。若稍一晃動，紙就會破裂。

至於「踩氣球」，球有兩種：一種是普通的氣球；另一種是特製的氣球。普通氣球一個，特製氣球兩個，三個氣球用三種顏色。踩球前，先把普通氣球交給觀眾檢查，當場將球捅爆。人們會以為其他兩個也是一般的氣球。特製的氣球是用優質膠，加上一定的厚度；吹起時，不要將氣吹得太足，而且要吹得與普通氣球同樣大小，真假混合，魚目混珠。在兩個特製的氣球上面放塊玻璃板，最好是用輕量的透明塑膠板。表演時，始終要掌握住中心力的均衡，絕對不能偏斜。

「踩雞蛋」不能穿著鞋踩，要光腳或穿襪，而且每隻腳踩兩顆雞蛋，位於腳掌和腳跟部。雞蛋放在一塊刻成槽的木板上，立放在槽內；槽內黏有絨布，蛋在槽內一半，外露一半。槽與蛋要貼緊，不鬆不緊，不大不小，正好才行，使槽內部分的蛋造成一定保護和支撐的作用。要選擇「本地雞」的蛋，因為蛋皮厚而硬，再把它用鹽水醃鹹，這樣就不易被壓碎。踩時也要掌握中心力的均衡，必須穩定，不要搖晃。

「紙環吊人」的關鍵在於把堅韌的寬紙條做成兩個小紙環。環的大小不得相差分毫，銜接的餘頭處也要一樣，然後將紙環掛在固定的日光燈管兩端。兩端的位置也要均衡。在下面再套上另一支日光燈管。表演者雙手握著下面的日光燈管，握的位置也要均衡，不得偏左偏右。在懸身時，更要掌握好平衡，不能偏輕偏重，以免偏重一方承受不住拉力而斷裂。總之，從道具到動作，自始至終都要在平衡中完成；如果一處失去平衡，就會失敗。這說明，這套表演雖然沒有減輕體重，但也需要經過一番細心的練習才行。

★ 第 2 章　自然科學 ★

通俗的講，自然科學是研究大自然中事物和現象的科學，其認知對象是整個自然界，即自然界物質的各種類型、狀態、屬性及運動形式，顯示自然界發生的現象以及自然現象發生過程的實質，進而掌握這些現象和過程的規律性，以便解讀它們，並預見新的現象和過程，為在社會實踐中合理而有目的的利用自然界的規律開闢各種可能的途徑。自然科學的最重要的兩個支柱是觀察和邏輯推理，由對自然的觀察和邏輯推理，自然科學可以引導出大自然中的規律。

自然科學有很多分支學科，對於普通讀者而言，自然科學類的科學思維訓練遊戲主要是涉及高中階段的物理、化學知識的益智類遊戲。物理、化學知識還有很多相通之處，所以本書將這兩類知識合併為一章講解。自然科學的其他分支，本書會有獨立的章節講解。物理是研究物質結構、物質相互作用和運動規律的自然科學，各式各樣的物理現象，像一個個謎，等待我們去破解。化學是研究物質的組成、結構、性質以及變化規律的學科，從開始用火的原始社會，到使用各種人造物質的現代社會，人類都在享用化學成果。人類的生活能夠不斷提高和改善，化學的貢獻在其中有著重要的作用。請跟隨我們精選的科學思維訓練遊戲，在物理、化學的世界裡盡情遨遊吧！

076 會動的鉛筆

聰聰和靈靈正在一起寫作業，突然，聰聰的手臂不小心碰到桌子上的一枝鉛筆，鉛筆滾落到地板上，聰聰不情願的撿起來，說：「這個可惡的鉛筆，還自己會跑了！」一聽這話，旁邊的靈靈樂了，說：「聰聰，你就說是自己不願意撿鉛筆吧，還埋怨鉛筆會跑了！」

聰聰不高興的說：「就是嘛，本來寫得好好的作業，一下子就讓這枝鉛筆打亂了！」靈靈撇撇嘴說：「你說得不對，你根本就沒有專心的寫作業！不過，我有一個辦法會讓鉛筆自己動！」

只見靈靈把一枝有稜角的鉛筆放置在桌子上，然後在它的上面再放一枝圓形鉛筆，使其在上面保持平衡。再用一塊強力磁鐵小心接近鉛筆尖，只見鉛筆轉動了起來。

親愛的讀者，你知道鉛筆為何會轉動嗎？

鉛筆中含有石墨，石墨被磁鐵所吸引，鉛筆就會轉動了。

077 如何加強磁性

找兩段約 50 公釐長的鋼鋸條，讓它們吸在磁鐵的同一磁極上，用錘子把其中一段猛擊幾下（鋼鋸條不能離開磁極），然後取下鋼鋸條，分別來吸小鐵釘。結果，經過敲擊的鋼鋸條，磁性明顯增強。

另取兩段鋸片，也吸在磁鐵的同一磁極上，將其中一段（不離開磁極）放在蠟燭火上加熱半分鐘，然後移開。用這兩段鋼鋸條來吸小鋼釘，顯然，加熱磁化的鋸條，磁性大大加強。你知道為什麼嗎？

答案　加熱、敲擊，都能使分子「活躍」，因而在磁化時更容易在外強磁場作用下排列整齊，所以磁性就增加了。

078 立體磁針

找一個廢舊刮鬍刀片，中心塞入一小塊軟木，軟木中垂直插入一枚縫衣針，要求插在重心上，用一個剪出缺口的火柴盒架起刀片，刀片應在任何角度都能平穩。把刀片兩端分別在磁鐵的兩極上摩擦幾下，放回火柴盒套上，再把火柴盒套立在瓶蓋內，瓶蓋就浮在水面上了。這樣刀片就成了一個能指向空間任意方向的立體磁針了，它不但指出了南北，而且顯示出了磁傾角。你知道為什麼嗎？

答案 因為刀片既能在水平面上任意轉動，又能在垂直面對上任意轉動，所以它必然最終靜止在當地的磁力線方向上。

079 有趣的磁力船

你聽說過磁力船嗎？聽起來似乎很神祕。磁力船確實有吸引人的神祕之處，因為至今還沒有一艘有實用價值的磁力船在航線上航行呢！不過，20世紀初，在阿姆斯特丹曾經展出過一艘小船，裡面沒有任何動力裝置或推進系統，也沒有線牽引它，可它能在水池裡不停的轉圈，令參觀者感到驚訝萬分。是什麼力量使得這艘小船不停的轉動呢？

答案 這艘船是用鐵做的，而小船游動的水池子下面有一塊放在大平底盤子裡的強力磁鐵。這個大盤子用一個馬達帶動，慢慢的轉動著，小船就跟著磁鐵移動的路線游動。現在，我們也可以玩這個小遊戲了。只要找一塊軟質的木材，削幾艘不超過 4 公分長的小船，在每艘小船背面釘進一根2.5公分長的鐵釘;船上面打個小孔插進一根火柴，再折一個紙三角做「帆」，小船就算做好了。把做好的小船放進一個臉盆裡，慢慢移動臉盆下面的強力磁鐵（可用耳機、廣播喇叭裡的磁鐵代替），小船就可以在你的「導航」下，自由航行了。如果幾個人

各拿一塊磁鐵，各自指揮自己的小船，就可以進行各種有趣的「海戰」遊戲了。

080還是慣性

一直生活在鄉下的龍南從沒坐過汽車，這一天他進城，坐上了公車。路上，公車為了不撞上一隻橫穿馬路的小貓，來了個急煞車。龍南往前一跌，把額頭碰傷了。後來，他問別的乘客這是怎麼回事，別的乘客告訴他：「這是慣性。」

從城裡返回時，龍南在公車上又碰痛了後腦勺，他問別的乘客是怎麼回事，得到的回答仍然是「這是慣性」。

「怎麼還是慣性？」龍南生氣了，「慣性不是會碰傷額頭嗎？怎麼這一次是碰了後腦勺？這兩次坐車，我都是臉朝車開的方向坐的，為什麼碰撞的地方會一前一後呢？」你能判明情況，為龍南解釋一下嗎？

答案 龍南第二次碰撞是因為公車猛然啟動。汽車猛然啟動和猛然煞車，車上的乘客由於慣性，不能立刻隨著汽車速度的突然改變而改變，所以就容易跌倒或碰傷。當靜止的車猛然啟動時，靜止的乘客不能馬上從靜止狀態變為前進狀態，就會向後傾倒；而當車高速行駛時，車上的乘客也以同樣的速度前進，這時如果突然煞車，乘客不能隨著車一起立刻停下來，就會向前傾倒。

081把冰水煮熱

這個遊戲中說的冰水是指把冰塊放在裡面的水。取一口鍋、一支測量氣溫的溫度計、一把勺子、一些冰塊和水。在鍋內放 13 ～ 15 公分深的水和冰塊，然後用溫度計充分攪拌，直到溫度計的溫度達到 0℃。注意要使溫度計上的小球全部沒入冰水中，但不要靠著鍋邊或鍋底。

把鍋放在小火上煮一分鐘，端下鍋把冰水徹底攪拌一下，看看溫度計是攝氏多少度。如果溫度沒有上升，再把冰水加熱，直到冰塊幾乎全部融化為止，再測一次溫度，溫度上升了嗎？

答案 只要水裡有冰，溫度總是保持在0℃，你用來替鍋加熱的熱能並沒有消失，而是都用來融化冰了，一點也沒有用來加熱鍋裡的水。當冰融化完後，再繼續加熱，熱能就會使水溫提高了。

082鐵圈下蛋

把一個沒吹足氣的小氣球，放入鐵圈，氣球會落下來。把這個氣球放進一盆熱水中，泡一下後，再放在鐵圈上，卻掉不下來了。可是，過了一會，球又掉了下來。這個氣球由小變大再變小，你知道是什麼原理嗎？

答案 這是熱脹冷縮的原理。氣球裡的空氣受熱後膨脹使球變大，後來空氣慢慢變冷，球就又變小了。

083無齒鋸

找一根細鐵絲和一塊冰。把冰架起來，用兩隻手拉著鐵絲在冰上像拉鋸似的來回鋸，看著鐵絲從冰塊的一端切進去，又從另一端脫離出來！你知道為什麼嗎？

答案 原來，鐵絲和冰的摩擦在這裡發揮著重要的作用。摩擦產生的熱量，使冰塊在被切割的地方融化成水，因而鐵絲能在冰塊中緩慢的移動。

084硬幣陀螺

取一枚硬幣，在它背面貼上一小塊膠布，用鉛筆尖在中心處膠布上戳一個小坑。然後讓小坑頂在圓規尖上，兩指一扭，硬幣就在圓規尖上慢慢的轉動起來。用嘴順著旋轉方向吹氣，就能使硬幣越轉越快。你不再吹氣，硬幣還會旋轉很久才掉下來。你知道為什麼嗎？

答案 因為轉動的硬幣，就像是一個陀螺，陀螺具有穩定性，只要它旋轉著，就不會倒下來。

085自己會走的杯子

找一塊玻璃板，放在水裡浸一下，然後一頭放在桌上，另一頭用幾本書墊起來（高度為5～6公分）。將一個玻璃杯，杯口蘸些水，倒扣在玻璃板上。這時，手拿點著的蠟燭去熏燒杯子的底部，你就會驚奇的發現：咦！玻璃杯竟會自己往下走。這是怎麼回事呢？

答案 原來，當燭火熏燒杯底的時候，杯內的空氣漸漸受熱膨脹，要往外擠。但是，杯口是倒扣著的，又有一層水將杯口封閉，熱空氣跑不出來，只能將杯子頂起。在自身重量的作用下，就自己下滑了。

086熏黑的溫度計

把一個表面光亮的金屬盒，放在蠟燭的火焰上熏黑一部分。然後裝上熱水（最好是剛煮開的水），放在桌面上。再將預先校準的兩支溫度計（看看它們在同樣環境下顯示的度數是否相同），用細線拴好，掛在金屬盒的兩側，各距金屬盒5公釐左右，但不要和金屬盒接觸。一支溫度計的玻璃泡對著熏黑的面，另一支溫度計的玻璃泡對著未熏黑的面。過 3 ～ 5 分鐘，觀察溫度計，你會發現，對著黑面的那支溫度計的顯示數字比另一支的高。為什麼？

答案 人們都知道冬天穿著黑色衣服較暖，黑色物體吸收熱的本領最強。這個實驗告訴我們，黑體輻射熱的本領也最強。這是自然界一個普遍的規律。

087 乾溼溫度計

拿兩支溫度計，用棉花球把其中一支的下端液泡包住，再用水或酒精把棉花球浸溼，過一會，你會看到裹溼棉花的溫度計顯示的溫度比另一支低。為什麼？

答案 液體會蒸發變成氣體，溫度降低說明蒸發時從周圍吸收了熱量，可見蒸發有製冷的作用。你在皮膚上擦一些酒精，覺得特別涼，就是因為酒精蒸發時帶走了那個地方的熱量。

088 影子是怎麼來的

晚上，明明和爸爸媽媽一起去公園裡散步，公園裡有好多的人，有的在唱戲，有的在跳舞，有的在拉二胡，還有的提了個水桶在地上練字，好不熱鬧啊！

明明突然看到了自己的影子，而且隨著距離燈光的遠近，她的影子在不斷的變化著。她又看看旁邊的爸爸媽媽的影子，也是一樣的在變化著。於是，明明問旁邊的媽媽：「媽媽，為什麼我們會有影子呢？」媽媽說：「影子是我們生活中再熟悉不過的朋友，它常常像一條或大或小的尾巴跟著我

們。這是因為光的作用，妳試著用自己學過的物理學上的光的原理來解釋一下這個問題吧。」

明明想了一會就明白了，你知道這是什麼原理嗎？

答案 其實，影子的由來是因為光是沿著直線傳播的，當遇到不透明的物體時，光線被擋住了，這時它也絕不會從物體旁邊繞到後面去，因此物體背光的一面沒有光線，形成了黑暗的一片。這樣就形成了影子。影子的形狀和大小不是固定不變的，它會隨著光源的位置不斷變化。在燈光下，離燈越遠，影子越小；離燈越近，影子越大。

089不會下沉的木塊

聰聰和靈靈在放學回家的路上，路過一片水池子，看到裡面好多的木塊漂浮在上面。然後聰聰就說：「你看，水上面有很多的木塊在漂浮著！」靈靈順著聰聰所指的方向看去，真的有好多木塊在水中漂浮著，就像一艘艘小船一樣，隨著風向飄動著。

靈靈說：「可是，你知道為什麼木塊能浮在水面上嗎？」

聰聰動腦筋想了想，說：「我記得老師曾經說過，好像是……」

你知道木塊為什麼會浮在水面上而沉不下去嗎？

答案 木塊能浮在水上，是因為受到水對它向上的托力。同樣，放在其他液體中的物體也會受到液體對它向上的托力，我們把浸在液體中的物體受到液體向上托的力叫做浮力，浮力的方向總是豎直向上的，所以木塊不會沉底。

090 奇妙的氣泡運動

取一支透明玻璃瓶裝入一些自來水，拿在手上一搖晃，產生的氣泡紛紛上浮。你仔細觀察，會發現大氣泡上升得快，小氣泡上升得慢，有些極小的氣泡要過很久才能浮到水面。這是因為氣泡越大，它所受到的水的浮力也越大，所以大氣泡自然上升得快。

在一段玻璃管中裝入水，搖晃使水中產生氣泡，你會發現小氣泡比大氣泡上升得快。這又是什麼原因呢？

答案 原來由於管子細小，小氣泡上升時反而阻礙了水的流動，水流動慢，大氣泡的上升也就變得很難了。

091 煙灰是什麼

用鑷子夾住一個大頭針，放到燭火中燒一下拿出來，針上馬上就蓋上了一層煙灰，變成一個黑色針。再把黑色針直立的放入火中，燒一會移出，這時我們就會看到，針上的煙灰不見了，針又恢復了原狀。為什麼？

答案 這說明烏黑的煙灰是可以燃燒的碳。產生煙灰表示燃料燃燒得不充分。

092 筆直的煙

輪船以每小時 10 公里左右的速度航行，輪船煙囪冒出的煙是筆直上升的。你認為這種情況可能嗎？

答案 有可能。如果風與船既同向又同速，對於船來說，就和沒有風船停著不動時冒煙一樣，煙會筆直上升。

093自製熱氣球

買的氣球一不小心，就會飛上高高的藍天。這種氣球裡裝了比空氣要輕的氫氣。我們自己也可以動手做一個氣球，不過，我們不容易弄到氫氣。這沒關係，我們做個熱氣球，也能讓它飛上天。

找一個紙質較輕的紙袋或6張薄棉紙；再準備好膠水（或漿糊）、鐵絲（或膠帶）、棉花、酒精（或度數較高的酒）。先用鐵絲編一個簡單的小筐，筐的上口和紙袋的口大小相同，再用幾截短鐵絲或幾條膠帶把小筐掛在紙袋下面。筐裡放一個罐頭盒蓋（或其他鐵蓋），裡面放一團用酒精（或酒）浸溼的棉花，並把它點燃，也可以找一塊點燃了的固體燃料。這時，這個熱氣球就可以升空了。

為了注意安全，這個遊戲必須拿到野外去做。千萬要注意防火。儘管這裡只有一小團酒精棉花，即使沒有風，氣球也能升得很高。你知道其中的原理嗎？

答案 熱氣球能飛上天，是因為熱空氣比冷空氣要輕，所以熱空氣會帶著氣球升上天去。

094自製「氣槍」

許多孩子都喜歡玩槍。現在，我們自製一支「氣槍」，然後用它來進行比賽。

先準備一根金屬管或玻璃管（如果實在找不到金屬管或玻璃管，用竹子代替也行），管的直徑為8～10公釐，長度為6～8公分；再準備一枝木棍或鉛筆，長度約為 15 公分。這些東西準備好了，「氣槍」也就有了，剩下的問題，就是尋找「子彈」了。這個問題也很容易解決，只要找一個馬鈴薯或蘋果就行 —— 把馬鈴薯或蘋果切成一片一片的，備用。

你一定會對這支「氣槍」大失所望，唉！這算什麼槍呀？可是，當你把管子兩端都插進馬鈴薯片裡，馬鈴薯就會嵌進管子裡，把管子兩頭堵住了。這時，你只要拿木棍或鉛筆把一端的馬鈴薯片慢慢推進管子裡，另一端瞄準你想射擊的目標，你手中的這支「氣槍」就會「啪」的一聲，一塊馬鈴薯「子彈」就會射向目標。你知道為什麼嗎？

答案 原來，你手中的這支馬鈴薯槍，是一支名副其實的「氣槍」。當你把馬鈴薯推向管子裡時，管裡的空氣被壓縮，壓縮空氣就從另一端衝出去，把堵在管口的馬鈴薯高速頂出去了。注意！用木棍推時要小心，要敏捷。只要你瞄得準，你一定能射中靶心的。有了「氣槍」，幾個小朋友就可以在一起玩射擊遊戲了。但要注意安全。

095 汽車輪胎上的花紋

週末的時候，聰聰的爸爸帶著他去郊區的奶奶家玩。可是路上得走一段高速公路。在高速公路上面，來來往往的都是一些車輛，讓聰聰覺得很無聊。於是聰聰就把眼睛看向汽車的輪胎上面，看著那些飛快轉動的車輪，聰聰的眼睛也覺得好像要轉出來了。

突然，聰聰想起以前曾經注意觀察過車胎上面的花紋，每一個輪胎上面都有很多的花紋，就想問問爸爸那是為什麼呢？

爸爸告訴聰聰，其實汽車輪胎上都有各種花紋，主要是為了保證車輛行駛的安全。因為如果汽車只在非常乾燥的路面上行駛，輪胎上沒有花紋也十分安全。可是遇到雨天，沒有花紋的輪胎很容易打滑。

可是，為什麼會這樣呢？聰聰思考著……

你知道為什麼汽車輪胎上面有很多的花紋呢？

答案 這是因為在路面和輪胎之間有一層薄薄的水膜，水膜使輪胎和路面的摩擦力減小。這時候車子開起來會搖搖晃晃，想停卻停不下來。但是如果輪胎上有花紋，水會從花紋的溝裡排出去，輪胎和地面仍然緊緊的貼在一起，因此不容易打滑。另外，在野外行駛的車輛的輪胎上的花紋又深又寬，能緊緊的「咬」住地面，即使是在雪地上行駛，也不容易打滑。

096 你能用嘴啣起地上的手帕嗎

雙腿蹲下，拿一根木棒或竹棍夾在膝蓋彎內，然後用手臂把棍子從相反方向夾住。在你面前的地上放一塊手帕。身體向前傾斜，雙手著地以保持平衡，你可以用嘴把地上的手帕啣起來嗎？

答案 當你身體向前傾斜，打算啣起地上的手帕時，身體的重心就由原來的腿部上方向前移動，一旦移得太遠，人體便會失去平衡而跌倒。如果你求勝心切，硬要啣起手帕，就非摔個狗吃屎不可。

097 你能拾起放在你面前的硬幣嗎

兩腿併攏，腳跟靠牆站著，在你腳前 33 公分遠的地上放一枚硬幣，你能腳不動膝蓋不彎拾起這枚硬幣嗎？

怎麼樣？我想你是沒法拾起這近在咫尺的硬幣的。這是什麼緣故呢？

答案 當你靠牆站直時，身體的重心就在你的雙腿以上，當身體向前傾斜時，重心也就跟著向前移動。為了保持身體的平衡，你的腿必須向前邁，否則人就會跌倒。但是遊戲規則規定了不能邁腿，你只能眼睜睜的看著唾手可得的東西而無法把它拿到手。

098 頂紙條

先每人準備一張紙條。紙條的長度為 30 公分左右，寬度為 4 公分左右。參加這個遊戲的人可多可少，也可以分為幾個小組進行對抗賽。參加者準備好紙條以後，聽到裁判發出「開始」的口令以後，就可以想辦法把這張紙條拉直豎立著頂在自己的鼻梁上。誰先頂起紙條，並能讓它在自己的鼻梁上持續 10 秒鐘以上，就成為優勝者。如果是分組比賽，就看哪個組頂紙條的累計時間最長，也就是把頂起紙條的人頂紙條的時間一一加起來，累計時間多的那一組為優勝組。

請你試試看，這張紙條可不是那麼好頂的，如果沒有掌握小竅門，無論如何你是頂不起紙條的 —— 等你把紙條拉直了，放在鼻梁上，剛一撒手，紙條又軟綿綿的垂下來，怎麼也立不起來。

頂紙條的小竅門，就是事先把準備好的紙條拉直以後，按長度的中心線對折一下，再鬆開。對折以後的紙條就能直立不倒了。但是，頂紙條的功夫還得練，不練是不容易把紙條頂起來的，即使你把紙條進行了處理，也不能輕而易舉的頂起來。對折以後的紙條為什麼就能不再垂下來呢？

答案 這是因為紙經過折疊，形成一個「梁」，可以造成「加固」作用。經過多次折疊的紙，它的承受力可以增大許多倍。

099 報紙上的空氣壓力

明明吃完飯，坐在飯桌前，不知道該做些什麼呢，這時，爺爺走過來，說：「明明，過來看看爺爺做的好玩的遊戲！」

只見爺爺拿來一根木條橫向放在平滑桌面邊上，一半放在桌上，一半放在桌面之外。然後再把一張完整的報紙覆蓋在上面，展平並壓實在木條和桌面上。用拳頭猛擊伸出桌面的那部分木條的時候，出現了意想不到的結果，木條被擊斷了。可是這張報紙還是完好無損的。明明很驚訝，報紙是不是有神奇的力量所以才不動呢？

爺爺神祕的笑了：「這其中的道理，你自己猜吧！」

親愛的讀者，你知道這其中都有什麼道理嗎？

答案 在重力的打擊下，木條上只是留下細微的斜切面。木條、報紙和桌面之間形成的空間裡，因為空氣無法很快流通。所以形成低壓，而上面正常的大氣壓，卻像一個螺旋夾鉗一樣固定住木條。

100 紙蜘蛛

剪下一張筆記本大小的報紙，豎向剪出8個窄條，上部相連。把剪好的報紙豎向貼在牆壁上，用塑膠袋從上至下摩擦幾次，你發現報紙貼在牆壁上了嗎？把報紙撕下，你會發現8個窄條向外伸開並來回擺動，就像一隻蜘蛛。你知道為什麼嗎？

答案 紙片一經摩擦便帶上了電荷，因為每個窄條所帶的電荷相同，所以它們表現出相互排斥並盡可能分開。

101 你能在瓶中吹氣球嗎

選一個很容易吹起來的氣球，把它放入一個空汽水瓶裡，把氣球嘴的橡皮套在瓶口上。你能把氣球吹得充滿整個汽水瓶嗎？

答案 你以為這樣做很容易嗎？其實這是辦不到的事。你要想把汽水瓶中的氣球吹起來，就必須壓縮關在氣球和瓶子之間的空氣。壓縮空氣需要很大的力，用嘴吹氣是無法做到這一點的。

102 浮球之謎

在一些遊樂園裡，有種表演是海獅將一個球吹起浮在空中。這個球既不落下也不飄走，是什麼原因呢？我們做個實驗來揭開這個謎。

用紙捲一個細長的筒，把一個乒乓球放在筒口上舉起來，你在下端吹氣，就能把球吹浮卻不會吹飛。你知道為什麼嗎？

答案 乒乓球被氣流頂起來後，氣流便沿球與紙管之間的空隙向四周擴散，由於氣流速度快，氣壓會變低，而乒乓球背著氣流一面的氣壓相對較大，上部氣壓控制乒乓球不被吹走。

103 吹不出來的乒乓球

聰聰和明明商量著週末該去哪裡玩，明明提議道：「我們去打乒乓球吧，我都好長時間不打乒乓球了！」聰聰想了想，自己好像也很長時間沒有打了，就說：「嗯，好的，我也好長時間沒打了，這次正好再練習練習！」

好不容易熬到了週末，兩個人拿著乒乓球和球拍就去了體育館。打了好長時間，兩個人都累了，休息的時候，明明拿著一個乒乓球對聰聰說：「你拿一個乒乓球放在漏斗裡，仰著頭，往漏斗裡吹氣，看看能把乒乓球從漏斗中吹出來嗎？」聰聰想都沒想就回答：「那還不容易啊，肯定能吹出來！」

可是事實上，聰聰卻怎麼也吹不出來！

你知道是什麼原因嗎？

答案 其實這是因為當氣流從漏斗中衝出來時，衝擊乒乓球的表面，氣流繞著乒乓球往上湧，這時球下部的壓力比大氣的壓力小，因而使球無法跳出漏斗。而且越是使勁吹，球下面的氣流速度越快，壓力也越低，大氣的壓力就會把球死死的壓在漏斗裡。

104 乒乓芭蕾

在水龍頭上連一段塑膠管，手捏塑膠管口，打開水龍頭，調整水流大小，使管口噴出直徑約 10 公釐豎直向上的水柱。把乒乓球放在水柱上，它不會被沖走，而是在水柱頂端不斷翻騰、旋轉，像在跳水上芭蕾。只要水流的大小和壓力適當，乒乓球可以長時間在水柱上表演「舞蹈」而不會跌落。這是為什麼呢？

答案 原來，噴到乒乓球的水流有較快的流速，所以相對於周圍靜止的空氣來說，水流處是低壓區。乒乓球始終受到周圍指向水流中心的壓力，這樣乒乓球就被水柱「吸」住了。

105 沖天水柱

在半顆乒乓球裡裝滿水，使它平著掉到地上，這時，濺起的水形成了一根水柱，這根水柱比乒乓球落下時的高度還高呢！你知道為什麼嗎？

答案 原來水落到地面時，會被地面反彈回去。又由於乒乓球殼是有彈性的，撞擊到地面時，底部被擠成了扁平狀，它要恢復原來的樣子，也會把水向上擠出去。所以形成的水柱很高。

106 吹不掉的紙

找一個縫紉機上用的線軸，裁一張手掌大小的方形硬紙片，中間釘入一枚大頭針（或圖釘），用手掌托住紙片，使針尖對準線軸的孔。你從線軸的上方使勁往下吹氣，同時移開托紙片的手，你會發現紙片不會往下掉反而會自由的漂浮。你知道為什麼嗎？

答案 當你用力吹氣時，氣流急速的從線軸下端和紙片中間的空隙中通過，空隙間的氣壓相對小於紙下面的正常氣壓，紙便被下面的空氣托住。飛機上天的原理也是如此。機翼設計成上面為拱形，下面為平直，當飛機前進時，機翼上面的氣流速度要大於機翼下面的氣流速度，飛機便得到了較大的升力。

107 筷子折斷了嗎

快要吃飯了，媽媽叫聰聰洗手吃飯，可是聰聰就是不願意洗手。媽媽看到聰聰不洗手就來拿筷子吃飯，威脅說如果不洗手就不讓聰聰吃飯，聰聰看著一桌子好吃的飯菜，想吃的聰聰只得乖乖的去洗手了。

誰知，沒過多久，聰聰就對媽媽喊：「媽媽，快過來看，我拿的筷子折斷了！」媽媽趕緊過去看了看，原來聰聰把筷子插進水裡面了，看上去就像折斷了一樣。

媽媽笑著說：「那不是折斷了，是一種正常的物理現象！」

聰聰調皮的說：「媽媽跟聰聰講講吧。」媽媽高興的摸著聰聰的腦袋就講了起來。你知道媽媽都跟聰聰講了哪些道理嗎？

答案 原來筷子在水中，光進出水時會拐彎，這就是光的折射。水中那部分筷子反射出來的光拐了彎後再進入我們的眼睛，所以看上去就像斷了似的。其實這就類似於我們能看見東西，是因為光照在這物體上，再反射過來，進入我們的眼睛，我們就看見了這個東西。

108 分開黏在一起的杯子

正在忙著做飯的媽媽需要兩個玻璃杯來盛放食物。於是，就叫正在看電視的巧巧：「巧巧，快過來，幫媽媽拿兩個杯子過來，好嗎？」巧巧愉快的答應著。

可是等到巧巧趕到廚房的時候，發現有兩個杯子嵌套在一起，同時杯子和杯子之間有一些水膜，這些水膜就好像黏性極大的膠水一樣，把杯子黏得牢牢的，巧巧怎麼用力拔也拔不開。

於是，巧巧著急的對媽媽說：「媽媽，這杯子怎麼分不開呀？」媽媽看到巧巧很用力的樣子，也沒有分開。微笑著說：「這是因為水分子之間有聚合在一起的內聚力，水和玻璃之間有相互吸引的附著力。兩個溼杯子疊在一起，使這兩個力結合在一起，在杯子之間形成一種強有力的黏合力，因此，杯子拔也拔不開。」

只見媽媽往套在裡面的杯子裡倒入一些冰水，再把外面的杯子放在熱水裡浸一下，兩個杯子很容易就被分開了。

聰明的讀者，你知道巧巧的媽媽利用了什麼原理將杯子分開的嗎？

答案 原來這是因為熱脹冷縮，裡面的杯子收縮，外面的杯子膨脹，而這個極小的變化，能夠破壞那層薄水膜在兩個杯子之間形成的黏合力，杯子就可以分開了。

109 醃鹹蛋

外殼完好的蛋，埋入食鹽中醃製一段時間，可以製成一顆鹹蛋。雖然蛋殼仍然完好，但連內部的蛋黃都變鹹了。你知道為什麼嗎？

答案 因為物質的分子間存在間隙，而且分子不停的做無規則運動，所以食鹽分子擴散到蛋黃中，使蛋黃也變鹹了。

110 燙手的雞蛋

把剛煮熟的雞蛋從鍋內撈出，直接用手去拿時，雖然較燙，但還可以忍受。過一會，當蛋殼上的水乾了以後，感到比剛撈上來時更燙了。這是為什麼？

答案 因為剛剛撈上來的蛋殼上附著一層水膜，開始時，水膜蒸發吸熱，使蛋殼的溫度下降，所以並不覺得很燙。經過一段時間，水膜蒸發完畢。由雞蛋內部傳遞出的熱量使蛋殼的溫度重新升高，所以感到更燙手。

111 泡過涼水的水煮蛋殼更好剝

星期天的早上，小明起床之後，對媽媽說:「媽媽，我想吃水煮蛋了！」媽媽說:「啊，好的，等等媽媽幫你煮啊！」

過了一會，雞蛋就煮好了，小明趕緊撈出來一個放涼。而一旁的媽媽卻說:「小明先別著急，剛煮好的雞蛋應該泡過涼水才會更好剝殼呢！」

小明不相信，於是拿了兩顆雞蛋，一個放進涼水裡面，一個就直接撈出來放涼。結果發現，還真是泡過涼水的水煮蛋更好剝一些！

可是，小明不明白這是為什麼。你明白嗎？

答案 雞蛋是由蛋殼、蛋白、蛋黃構成的。蛋殼的主要成分是碳酸鈣。在蛋殼和蛋白之間，有一層很薄的蛋殼膜，這是蛋白質的明膠。在雞蛋內部還有氣室（氣泡）。越是新鮮的雞蛋，氣室越小，放的時間久了，這個氣室就漸漸變大。看上去蛋殼像是密封的玻璃球似的，但是實際上它是可以透少量的氣的。其實在水煮蛋時，氣室內的空氣就會膨脹，有一部分氣要跑到蛋殼外面來。雞蛋煮好後立即浸入涼水裡時，因氣室內減壓，水會進到蛋殼內。因為水進到了蛋殼和蛋白之間，所以蛋殼就好剝了。

112 捏不碎的蛋

雞蛋殼很薄，一敲就破，現在請你挑一個新鮮的雞蛋放在掌心，用你的五根手指去握住並用力捏碎它，看你能不能做到。害怕蛋清濺出的話，可用塑膠袋把手套住。結果是，你儘管費了很大的力氣，也沒有把雞蛋捏碎。

你還可以用蛋殼來做實驗，把半個蛋殼放在桌子上，凸面向上，然後用一枝鉛筆來戳它。鉛筆的筆尖不要太尖。把鉛筆舉到離蛋殼 5 ～ 10 公分高處時放手，讓鉛筆自由落下。瞧，蛋殼並沒有被戳壞。然後，把蛋殼翻過來，讓它凹面向上，下邊墊一個小酒杯，再用同樣的辦法一戳，蛋殼竟然破碎了！你知道為什麼嗎？

答案 原來橢圓形的蛋和凸面向上的蛋殼，能把外來的力沿著表面分散開，所以能承受住較大的壓力。拱形橋梁就是利用這個原理。

113 蛋殼飛輪

用剪刀把雞蛋殼的大頭剪成碗形，雞蛋殼飛輪就做成了。把它放在一塊表面沾上一層水的滑的板上。把板慢慢傾斜，蛋殼飛輪就會旋轉起來。

如果不斷的變換板的傾斜角度，飛輪就像飛車走壁那樣，表演起令人驚嘆的「雜技」來。你知道為什麼嗎？

答案 原來板面上的水把它黏住了，又由於蛋殼的重心低於蛋殼的球心，所以，當板傾斜時，它不會翻倒過來，而只會旋轉。

114 會旋轉的口袋

在塑膠袋兩個底角處，各剪一個黃豆大小的噴水孔。用一根長60公分的線，兩端分別繫住袋的上兩角，線中間打個結，使兩股線合成一股。然後在一個水盆裡，把塑膠袋裝滿水，用手提起袋子，它就會一邊噴水，一邊飛快的沿噴水的反方向旋轉起來。你知道為什麼嗎？

答案 塑膠袋之所以會朝噴水的反方向旋轉是由於噴水的反作用，當水柱受到壓力從孔中噴出時，水柱對塑膠袋同時有一個反作用力，由於反作用力是作用在塑膠袋邊上的，所以塑膠袋就會發生旋轉。

115 用兩根吸管喝汽水

口含兩根吸管，一根插到一個裝有汽水的杯子裡，另一根露在杯子外面，你能從吸管中喝到汽水嗎？(**注意：不要用舌頭堵住露在杯子外面的那根吸管，也不要用手指堵住這根吸管的另一頭，否則算犯規。**)

答案 按照上面的方法喝汽水，你就是使出渾身解數也無法喝到一滴汽水。在一般情況下，我們用吸管來喝飲料時，嘴就好比一個真空幫浦，吸氣時口腔的氣壓就降低了，由於空氣壓力要保持平衡，外面的氣壓比口腔內的氣壓大，大氣壓壓迫飲料的表面，就把飲料沿著吸管壓到口腔裡來了。

如果我們口含兩根吸管，那根露在杯子外的吸管使你的口腔無法形成「真空幫浦」，換句話說，你的口腔這臺「真空幫浦」漏氣，這樣你口腔中的壓力和外面的大氣壓一樣，飲料依然原封不動的留在杯子裡，當然你就喝不到飲料了。

116 你能從瓶裡喝到水嗎

拿一個帶蓋子的瓶子，在瓶蓋上鑽一個孔，孔的大小可以插進一根吸管。在瓶蓋上插進一根吸管，用蠟封嚴接口處，然後將瓶子灌滿水，再用插有吸管的瓶蓋蓋緊瓶口。試試看，你能從吸管中喝到水嗎？

答案 當你把吸管放在嘴裡吸氣時，口腔裡可以形成部分真空，但是水卻吸不上來。為什麼呢？因為瓶裡的水被蓋子密封住，和大氣不接觸，大氣壓就不能把水壓到你的口腔裡了。在這種情況下，你就是使出吃奶的力氣，也無法從瓶中吸出水來。

117 聽話的火柴

取一根木梗火柴，在火柴頭上包上橡皮泥，仔細調節橡皮泥的重量，使火柴能豎直懸浮於水中。把火柴放入盛滿水的細口瓶中，用拇指按住瓶口，保持拇指與水之間不留氣泡。當拇指稍用力下壓時，火柴就沉入水底；減輕拇指的壓力，火柴又從水底徐徐上升。控制拇指壓力的大小，可以讓火柴反覆上升下降。你知道為什麼嗎？

答案 這是一個簡單的沉浮實驗。木梗火柴是多孔的，其中吸附著一定量的空氣，隨著瓶口拇指作用於水上的壓力的改變，火柴中吸附的空氣體積也隨著增大或減小，使火柴的密度減小或增大，從而在水中出現浮沉的變化。

118 為什麼很難分開

聽聽幫忙爸爸替窗戶安裝玻璃時，發現兩塊玻璃髒了，就端來了一盆水，用抹布擦了擦，然後把兩塊玻璃靠在一起，平擺在地上。然而，當爸爸讓聽聽拿來一塊玻璃時，聽聽無論如何也無法把這兩塊玻璃分開。你知道為什麼嗎？

答案 一方面，當沒有沾水的玻璃靠在一起時，兩片玻璃表面的分子間距離很大（相對分子的大小），其分子間引力可以忽略不計，於是此時玻璃就很容易分開。而沾水後的情況就不同了，水分子填補了兩塊玻璃間的空隙，此時水分子和玻璃物質分子間的距離很小，它們之間的分子間引力就比較大，這樣就相當於它們拉住了兩塊玻璃，所以就比較難分開了。

另一方面，沾水後，用水代替兩塊玻璃中間的空氣，中間形成了假「真空」，要垂直打開，須費很大力氣，與半球實驗原理一樣。

119 你能從線軸中把一張紙吹走嗎

取一張長為 5 公分的正方形紙片、一根大頭針、透明膠帶和一個木線軸。把大頭針從紙中間穿過，用膠帶把大頭針固定，然後把大頭針插到木線軸的孔中。仰著頭從木線軸的另一個開口吹氣，你能把紙從木線軸上吹走嗎？

答案 你是不可能把紙從木線軸上吹走的。你越使勁吹氣，紙和木線軸頂部就吸得越牢。這是因為當空氣從木線軸的孔中吹出時，在紙和線軸當中擴散，這就降低了紙和線軸之間的空氣壓力。紙上方的大氣壓力比紙下方的大氣壓力大，大氣壓力就把紙固定在木線軸上方。所以你不可能把紙從木線軸上吹走。

120 你能把對手推倒嗎

雙手平拿一根棍子，拇指朝上，手握棍子中間，當中留出33公分左右的距離。另一個人握住棍子的兩頭，看他能把你推倒嗎？

答案 當對手的雙手向前用力時，你就把棍子向上抬，這樣就使推力偏移了方向，對手也就不可能把你推倒。手握棍子的當中或兩頭都可以，只要掌握了這個訣竅，你一定贏。

121 三人抵擋不過一人

這是一個四人遊戲。找一根長棍或竹竿，再用紙做一個靶子放在地上。三人握住棍子，把棍子豎著舉起，一端對準紙靶子，保持50公分的距離。另一個人趴在地上，手掌對著棍子的下方。現在各就各位：手握棍子的三個人齊心協力直搗靶心；趴在地上的那個人在其他三個人使勁時，把棍子輕輕往旁邊推。最後誰贏了呢？是握棍子的那三個人嗎？不是。他們三個人不管怎麼使勁，也抵不過趴在地上的那個人，力氣用得再大也無法使棍子頭碰到紙靶子。為什麼呢？

答案 這個遊戲說明不同方向的力發揮著不同的作用。把棍子往旁邊推的力和把棍子往下搗的力是相互獨立的。趴在地上的人用的力的方向，與其他三個人用的力的方向並非相反，也不在同一條直線上，所以他只要輕輕的一推就能使棍子遠離目標。而其他三個人無論使多大的勁，也無法達到目標。

122 哪一個洞眼的水流噴得最遠

參加這個遊戲的人數可以不限，大家都可以同時參加，不過，參加以前，每個人先得準備一個大小差不多的罐頭盒。

比賽的要求是這樣的：各人在自己的罐頭盒的側面，鑽出一個洞眼。洞眼的位置可以隨便選擇，但必須盡可能做到在罐頭盒裡裝滿水以後，從這個洞眼裡流出的水流射得越遠越好。想想看，這個洞眼是開在罐頭盒的上端合適？還是開在罐頭盒的下端合適？或者，是開在中間的某個位置合適？如果你已經考慮好了，就可以在罐頭盒上鑽眼了。當大家都完成了鑽眼工作以後，裁判就可以讓大家先用手指堵住洞眼，然後在每個罐頭盒裡裝滿水。隨後，聽到裁判的一聲口令，大家同時把手拿開，看看哪一個罐頭盒噴射出來的水流最遠，從而獲得比賽的勝利。如果你的洞眼開在罐頭盒的上端，你一定會得到最差的名次 —— 因為上端洞眼噴射出來的水流距離最短。而誰在罐頭盒的最下端開洞眼，誰就會成為優勝者，因為最下面洞眼裡噴射出來的水最遠。

你知道獲勝的祕訣嗎？

答案 水從洞眼裡噴射出來，是由於洞眼上面的水施加了一個壓力。洞眼上面的水柱越高，水就越重，水所施加的壓力就越大，自然噴射出來的水就越遠。在這裡，「站得高，跳得遠」的「經驗之談」可就不管用了！

123 瓶子吞雞蛋

選一支口徑略小於雞蛋的瓶子，在瓶底墊上一層沙子。先點燃一團酒精棉投入瓶內，接著把一個去殼雞蛋的小頭朝下堵住瓶口。火焰熄滅後，雞蛋被瓶子緩緩「吞」入瓶中。這是為什麼？

答案 酒精棉燃燒使瓶內氣體受熱膨脹，部分氣體被排出。當雞蛋堵住瓶口，火焰熄滅後，瓶內氣體由於溫度下降，壓力變小，低於瓶外的大氣壓。在大氣壓作用下，有一定彈性的雞蛋便被壓入瓶內。

124 會自己剝皮的香蕉

做這個遊戲以前，先準備一根香蕉、一個酒瓶、一些度數比較高的酒（有酒精更好）。我們知道，在水果裡，香蕉是比較容易剝皮的，所以，如果我們這個遊戲做得成功，我們就可以親眼看到香蕉皮是怎樣「自行」脫落的。拿一根稍微熟過頭的香蕉，把末端的皮剝開一點後備用。找一個瓶口能足以讓香蕉肉進到裡面去的酒瓶（當然是選擇能滿足這個條件的香蕉更容易一些 —— 也就是說選一根能進到瓶內的香蕉），在瓶內倒進少量的酒（或酒精），用一根點燃的火柴或燃燒的紙片把瓶內的酒點燃，然後立即把香蕉的末端放在瓶口上，使瓶口完全被香蕉肉堵住，讓香蕉皮搭在瓶口外面。

這時，你會驚奇的看到一個有趣的現象：瓶子像是具有了魔力，拚命的把香蕉往裡吞吸，還發出吵嚷聲。最後，香蕉肉被瓶子吸進去了，而香蕉皮卻「自行」脫落，留在了瓶口。你知道其中的原理嗎？

答案 原來，這是因為燃燒的酒耗盡了空氣中的氧氣，瓶子裡的壓力比外面的壓力小了，因此，外面的空氣推著香蕉進入了瓶中。如果放上香蕉以後，瓶口沒有被完全堵死，這個遊戲就不容易成功了。另外，如果是因為香蕉不太熟，遊戲沒有成功，你可以預先在香蕉皮上豎著劃兩三個切口，再做時，就會容易一些。

125 自動小船

剪幾艘珍珠板或硬卡紙的小船，在小船尾部再開出一個小缺口，往小船尾部塗上一點原子筆油，放到臉盆的清水中，小船會自己往前航行。

小船會向前航行，完全是水的表面張力在產生作用。原子筆油會使水的表面張力變小，小船前邊的水的表面張力便把小船拉了過去，直至原子筆油把水的表面張力全部破壞了，小船才會停滯不前。

再來做一個實驗。把一小段棉線的兩頭打結，投到盆中的水面上，棉線一定是個不規則的圖形。現在拿一根火柴在肥皂上擦幾下，再插進棉線圈中，你發現了什麼？

答案 線圈自覺的變成了圓形。原來肥皂也會破壞水的表面張力，線圈中的水的表面張力被破壞以後。線圈外水的表面張力依然存在，從各個方向拉線圈，直至線圈變圓為止。

126 看誰先成功

這個科學遊戲是這樣的：裁判先向每個參加者各發一份用品，其中包括一個空的玻璃罐頭瓶、一顆雞蛋、一份鹽和水。接著，裁判宣布要求：先將瓶內裝滿水，然後利用現有的這些東西，想辦法使雞蛋既不沉入瓶底，又不浮在水面上。誰先做到這一點，誰就是優勝者。

要讓一個東西懸浮在水中可不是那麼容易的。只有當這件東西的重量和它排開水的重量相等時，才能出現這種現象。如果要我們這些小朋友去計算雞蛋的體積，再去比一比與雞蛋體積相同的水是不是跟雞蛋的重量相同，真是太為難大家了。怎麼辦呢？

答案 同樣多的鹽水和淡水相比，鹽水要比淡水重。也就是說，鹽水的相對密度比較大。一顆雞蛋在很濃的鹽水裡能夠漂起來，而在淡水中卻會沉下去。現在，你知道了這個道理，能想出辦法了嗎？只要在罐頭瓶裡裝進一半溶解了大量鹽的水，只要水裡的鹽足夠多，不管雞蛋是大是小，都會浮在鹽水上。這時，你再小心的、慢慢的把淡水沿著罐頭瓶壁倒進去，直到水裝滿為止。這時，你就能達到裁判提出的要求，讓雞蛋懸浮在水中了。做這個遊戲千萬別圖快，要心細手巧。

127 在熱水裡不融化的冰

把一小塊冰丟到裝滿水的試管裡去，由於冰比水輕，要想不讓冰塊浮起，再投進去一粒鉛彈、一個銅圈等去把冰塊壓在底下；但是不要使冰跟水完全隔離。現在，把試管放到酒精燈上，使火焰只燒到試管的上部。不久，水沸騰了，冒出了一股一股的蒸汽。但是，多奇怪呀，試管底部的那塊冰卻並沒有融化！我們好像是在表演魔術：冰塊在開水裡並不融化。你知道為什麼嗎？

答案 試管底部的水根本沒有沸騰，而且仍舊是冷冰冰的，沸騰的只是上部的水。我們這裡並不是什麼「冰塊在沸水裡」，而是「冰塊在沸水底下」。原來，水受熱膨脹，就變得比較輕，因此不會沉到管底，仍舊留在管的上部。水流的循環也只在管的上部進行，沒有影響到下部。至於下部的水，只能經過水的導熱作用才能受熱，但是，水的導熱係數是很小的。

128 萬花筒

我們找來兩塊平面鏡 M1 和 M2，改變它們之間的夾角，這時你就會看到，兩塊平面鏡之間的物體可以成很多個像。這是因為，物體在平面鏡 M1 中所成的像又可以在平面鏡 M2 中再成像；而平面鏡 M2 中的像也可以在平面鏡 M1 中再成像；M1 與 M2 又都可以把對方鏡中像的像再成像……如果有可能，你站在兩大塊相對的平面鏡之間，往一塊平面鏡中看去，會看到無數個你的像，且由近及遠的排列在鏡中，而且越往遠處，像的亮度也越小，直到辨不清楚為止。你知道為什麼嗎？

答案 上述現象就是利用了兩塊平面鏡多次反射成像的原理。萬花筒就是根據在兩塊平面鏡間多次反射成像原理而製成的玩具。常見的萬花筒是用三塊長條形的平面鏡圍成的三稜柱體，各鏡面間的角為 60°。根據理論計算，這樣的結構，兩個鏡面間的物體可以成 5 個像。而三個鏡面間的物體至少可以成 12 個以上的像。在萬花筒中，通常放有形狀與色彩各不相同的碎片。這些碎片的多次反射像構成了美麗的對稱圖案。轉動萬花筒時碎片的位置一改動，反射像形成的圖案立即隨之變動。因此，在萬花筒中，我們可以看到千差萬別、令人驚訝和美不勝收的圖案。

129 抓子彈

在一次空戰中，一名法國飛行員碰到了一件不尋常的事：當這名飛行員在 2,000 公尺高空飛行的時候，發現臉旁有一個什麼小玩意在游動著。飛行員認為這是一隻小昆蟲，就敏捷的把它一把抓了過來。他仔細一看，抓到的竟是一顆德國子彈。

你能說說飛行員抓到子彈的道理嗎？

答案 這顆子彈一開始是以每秒 800 ～ 900 公尺的速度飛行的。由於空氣的阻力，子彈速度逐漸降低，到終點時，每秒只有 40 公尺了。這個速度是普通飛機可以達到的。因此，如碰到飛機跟子彈飛行方向和速度相同，那麼，這顆子彈對飛行員來說，就相當於靜止不動，或者略有移動，那麼抓住它當然就沒有困難了。這就是這名飛行員能抓到子彈的道理。

130 奧運中的化學知識

看奧運比賽過程中，有些細節涉及化學知識，你知道其中的原理嗎？

1. 運動會上用的發令響炮發令時為什麼會產生大量白煙？
2. 為什麼游泳池裡的水是湛藍色的？
3. 為什麼舉重運動員在舉重前將雙手伸入盛有白色粉末的盆中，然後摩擦手心？
4. 為什麼體操運動員在做單槓運動前雙手也塗上白色粉末？

答案

1. 運動會上用的發令響炮，發令時會產生大量白煙。這是因為發令響炮是用氯酸鉀和紅磷混合製成的，發令時這些藥品受到撞擊，氯酸鉀迅速分解，產生的氧氣立即與紅磷反應生成五氧化二磷，五氧化二磷為白色粉末，分散到空氣中會形成大量白煙。
2. 為什麼游泳池裡的水是湛藍色的？那是因為工作人員在游泳池裡撒了適量膽礬（化學式為 $CuSO_4 \cdot 5H_2O$）的緣故，硫酸銅可以產生殺菌、消毒的作用，從而確保運動員的身體健康。
3. 舉重運動員在舉重前將雙手伸入盛有白色粉末的盆中，然後摩擦手心。此白色粉末為碳酸鎂，俗稱鎂粉。它有很好的吸水性，能增大器械與手掌間的摩擦力，使運動員能牢固的握住槓鈴。
4. 體操運動員在做單槓運動前雙手也塗上白色粉末，但這種白色粉末是滑石粉，主要成分為矽酸鎂，具有滑膩感，能減小手心與單槓間的摩擦力，使運動員做動作時靈活自如。

131 波耳巧藏諾貝爾金質獎牌

波耳（Niels Bohr）是丹麥著名的物理學家，曾獲得諾貝爾獎。第二次世界大戰中，波耳被迫離開將要被德國占領的祖國。為了表示他一定要返回祖國的決心，他決定將諾貝爾金質獎牌溶解在一種溶液裡，裝於玻璃瓶中，然後將它放在櫃面上。後來，納粹分子闖進波耳的住宅，那瓶溶有獎牌的溶液就在眼皮底下，他們卻一無所知。這是一個多麼聰明的辦法啊！戰爭結束後，波耳又從溶液中還原提取出金，並重新鑄成獎牌。新鑄成的獎牌顯得更加燦爛奪目，因為它凝聚著波耳對國家無限的熱愛和無窮的智慧。

那麼，波耳是用什麼溶液使金質獎牌溶解的呢？

答案 原來他用的溶液叫王水。王水是濃硝酸和濃鹽酸按 1:3 的體積比配製成的混合溶液。由於王水中含有硝酸、氯氣和氯化亞硝酰等一系列強氧化劑，同時還有高濃度的氯離子。因此，王水的氧化能力比硝酸強，不溶於硝酸的金，卻可以溶解在王水中。這是因為高濃度的氯離子與金離子形成穩定的絡離子 $[AuCl_4]^-$，從而使金的標準電極電位減少，有利於反應向金溶解的方向進行，從而使金溶解。

132 讓大骨湯的營養更易吸收

週末休息的時候，是否想過為家人煮一鍋香噴噴的溫暖心靈的大骨湯呢？上乘的大骨湯不但味美，而且極具營養成分。既可以幫助孩子長高，也可以幫助老人強健骨質。你知道如何才能讓大骨湯的營養更容易讓人吸收嗎？

答案 在湯裡加少許的醋，還會使骨頭裡的磷、鈣溶解在湯內，這樣熬的湯不但味道更鮮美，而且更有利於人體吸收。

133 為什麼有小孔

一次，老師出了下面幾個問題讓大家討論。即日常食品中的饅頭、凍豆腐、蛋糕、油條都很鬆軟，是因為它們都含有許多小孔。然而，造成小孔的物質卻各不相同。這些物質是明礬、水、小蘇打、二氧化碳。請同學們想一想，再回答問題。

同學甲說：「饅頭是用經過發酵的麵粉蒸成的。麵粉在發酵過程中，酵母菌產生了大量二氧化碳，二氧化碳受熱以後，就進一步膨脹，使饅頭鬆軟。同學乙說：「豆腐裡有水，受凍以後，豆腐裡的水形成一些小冰粒。冰粒比原來的水體積大，就把豆腐壓擠開來。所以，當冰粒化成水後，就留下了許多小孔。」

對於蛋糕為什麼也有氣泡，有的說蛋糕也是發麵，和饅頭的原理一樣。老師說：「油條裡有明礬、蛋糕裡有小蘇打，要知道為什麼都產生氣泡，我跟大家講講……」同學們聽完老師的解答才懂得了其中的原因。親愛的讀者，你知道是怎麼回事嗎？

答案 明礬和小蘇打受熱時，都會分解產生氣體，使油條和蛋糕產生大小氣泡。

134 麵包為何變硬了

聰聰的早餐是麵包，媽媽每天都起得很早，把麵包放進微波爐裡面熱好了，然後再叫聰聰起床吃飯，所以聰聰每次都能吃上可口、鬆軟的麵包。

可是，有一天媽媽因為有事，提前出門了，臨出門之前，媽媽還叮囑聰聰：「記得把麵包熱一熱再吃啊！」聰聰因為沒有媽媽來叫起床，所以晚起了幾分鐘，也就顧不上加熱麵包了，只好抓起一個塞進書包，就打開門奔向學校了。等到了學校，聰聰拿出麵包來吃，結果發現麵包很硬，一點也不像是媽媽為他準備的麵包。

你知道為什麼麵包會變硬嗎？

答案 其實隨著時間的推移，麵包的含水量高於一般室內環境的溼度，而且麵包中的直鏈澱粉部分的直鏈慢慢締合，而使柔軟的麵包逐漸變硬，這種現象叫做「變陳」。所以麵包越放越硬。

135 牆上「出汗」

春天到了，聰聰同學家的屋牆用白灰剛剛粉刷一新，可是兩天以後，聰聰好奇的指著牆問爸爸：「牆怎麼『出汗』了？」爸爸笑了笑把問題回答了。誰能猜到聰聰爸爸是怎麼回答的嗎？

答案 聰聰的爸爸回答說，刷牆用的白灰是氫氧化鈣，刷到牆上之後，又和空氣中的二氧化碳發生化學反應而生成堅硬的碳酸鈣和水，所以牆上所出的「汗」，就是經過化學反應生成水的結果。

136 區分液體

在化學課上，老師把兩種透明而又不相混的無色液體同裝在一個燒瓶裡，由於兩種液體的折射率不同，所以能看到明顯的分層現象。老師問學生：「已知其中一種是水，但不知道是在哪一層，誰能想一個簡單的辦法來分辨？」

小明馬上就想到了一個辦法，很快就分辨了出來。你知道是什麼辦法嗎？

答案 繼續往燒瓶裡加水，看哪一層的液體增加，就知道哪一層是水。

137 神奇的水果抹布

小米吃米飯的時候，總是喜歡把菜放進米飯裡面拌著吃，但是每次吃完飯，小米的碗裡總是一層油。小米每次都很懂事，幫忙媽媽把洗碗精擠進碗裡，幫媽媽洗碗，可是這樣的話，手上也弄上很多油，黏糊糊的。

一天上課的時候，老師向小米班上的同學介紹的是「神奇的水果」，老師說這水果還有抹布的功能，同學們都不相信，可是老師當場做了實驗，讓同學們心服口服。

小米回到家中，就告訴媽媽這種「神奇的水果抹布」，媽媽試著用了一下，還真好用，誇小米是個聰明的孩子，小米調皮的做個鬼臉，說：「這還是我們老師教的呢！」

你知道水果是如何變成神奇的抹布嗎？

答案 是用一片蘋果，來擦整個碗中有油的地方。沒多久，就把這個油碗都擦乾淨了。這是因為水果中含有蘋果酸，而剛剛切開的蘋果裡面的蘋果酸含量較多，而用蘋果切片在油碗上面抹擦，蘋果酸會和碗裡的油汙發生化學反應，生成可溶於水的物質，從而使得碗裡的油汙被蘋果抹去，而碗也就變得光亮如新了。

138 汽水上方燃燒著的火柴

夏天的天氣很熱，聰聰和巧巧在家裡玩耍，儘管有風扇吹著，可是兩個人還是感覺很熱。這時，巧巧說：「要是能喝上一瓶爽口的汽水，就可以馬上解渴和解熱。你說是吧，聰聰？」正在一旁自己玩卡車的聰聰，聽了之後表示同意，並且轉動著腦袋想了想說：「好像家裡還有汽水呢！我去拿過來！」

所以實在受不了熱的聰聰從冰箱裡面拿出兩瓶汽水，一瓶自己喝，另一瓶遞給巧巧。聰聰拿出來就把汽水打開了，汽水「砰」的竄出許多泡沫來。巧巧看到這些泡沫，突然想起了化學老師以前曾經教過的一個實驗。於是對聰聰說：「我想起以前化學老師曾經說過『燃燒的火柴只要放到汽水上方，就會熄滅』，我們來做這個實驗吧！看看是不是跟老師說的一樣呢？」

聰聰和巧巧找來家中的火柴，然後點燃，放到盛有汽水的杯子上方，結果火柴馬上就熄滅了。你知道這是什麼原因嗎？

答案 當把燒著的火柴拿到杯子上方時，火柴馬上就滅了，這是因為汽水裡含有加壓的二氧化碳氣體。汽水瓶打開後冒出大量氣泡，倒入杯中後，杯口上方聚集了大量二氧化碳氣體而缺少氧氣。而火是燃料在高溫時和氧氣結合而急遽放出熱能與光能的現象，只有靠氧氣，火柴才能燃燒，而二氧化碳是不助燃的，所以火柴自然就熄滅了。（**注意：**做這個遊戲一定要用新鮮的剛開瓶的汽水來做比較保險，應注意安全。）

139 石灰水煮蛋

某小學的校舍需要重新維修，工人師傅往一堆石灰中倒入水發出吱吱的響聲，好像開鍋似的。慧清和豔麗兩位同學站在一旁好奇的看著，一邊議論。慧清說：「看這個樣子，一定能將雞蛋煮熟。」豔麗說：「根本不可能。」她倆為了弄明白，就從家裡拿來一顆雞蛋，埋到正在冒氣的石灰堆裡，沒多久，只聽「啪」的一聲，雞蛋爆炸了。她們看到這種情形，更加納悶了，她們想來想去也沒弄清楚是怎麼回事，誰能幫她倆解釋一下？

答案 道理很簡單。生石灰化學名稱叫氧化鈣，加水後變成熟石灰，化學名稱叫氫氧化鈣，也就是平常所說的白灰。把生石灰變成熟石灰的過程叫做「消化」，這是一個放熱反應。

140 一顆雞蛋的沉浮

在一個大燒杯中裝入稀鹽酸溶液，然後往燒杯中放入一個新鮮雞蛋，它會馬上沉底。沒多久，雞蛋又上升到液面，接著又沉入杯底，過一會雞蛋又重新浮到液面，這樣可反覆多次。請大家分析一下，這是什麼道理？

答案 由於雞蛋外殼的主要成分是碳酸鈣，遇到稀鹽酸時會發生化學反應而生成氯化鈣和二氧化碳氣體。

$$CaCO_3 + 2HCl = CaCl_2 + CO_2\uparrow + H_2O$$

二氧化碳氣體所形成的氣泡緊緊的附在蛋殼上，產生的浮力使雞蛋上升，當雞蛋升到液面時氣泡所受的壓力小，一部分氣泡破裂，二氧化碳氣體向空氣中擴散，從而使浮力減小，雞蛋又開始下沉。當沉入杯底時，稀鹽酸繼續不斷的和蛋殼發生化學反應，又不斷的產生二氧化碳氣泡，從而再次使雞蛋上浮。這樣循環往復上下運動，最後當雞蛋外殼被稀鹽酸作用光了之後，反應停止，雞蛋的上下運動也就停止了。但是此時由於杯中的液體裡含有大量的氯化鈣和剩餘的稀鹽酸，所以最後液體的密度大於雞蛋的密度，因而，雞蛋最終浮在液體上部。

141 這樣能解酒嗎

巧巧的爸爸喜歡喝酒，經常因為應酬而喝很多的酒，好多次都因為喝酒太多而醉了，回到家便倒頭就睡，巧巧媽媽只好親自來收拾那些殘局。巧巧見到爸爸因為喝酒太多而難受的樣子，感到很難過，所以她決定要找一些方法幫助爸爸減輕痛苦。

於是，巧巧去問知識相當豐富的鄰居爺爺，爺爺看到巧巧這樣懂事，就告訴了她好多解酒的方法。比如，吃一些帶酸味的水果，飲服一、兩杯乾淨的食醋等，都可以解酒。

後來，巧巧按照鄰居爺爺的方法做了，果真爸爸的不舒服減輕了很多。可是，巧巧想不明白，這是因為什麼呢？

答案 原來這些東西可以解酒是因為水果裡含有機酸，例如，蘋果裡含有蘋果酸，柑橘裡含有檸檬酸，葡萄裡含有酒石酸等，而酒裡的主要成分是乙醇，這些有機酸能與乙醇相互作用而形成酯類物質從而達到解酒的目的。同樣道理，食醋也能解酒，是因為食醋裡含有3%～5%的乙酸，乙酸能跟乙醇發生酯化反應生成乙酸乙酯。

142 爭奪顏色

準備一支玻璃試管，在裡面盛入將近三分之一的清水，再滴入幾滴碘酒，塞緊塞子後搖勻，這時試管裡的溶液是淺棕色的，俗稱「碘水」。

現在將試管稍稍傾斜，沿著試管壁緩緩滴入無色透明的潔淨汽油，直到液面上升到試管三分之二高度處，於是你可以看到試管裡出現了兩層液體：下層是淺棕色碘水，上層是無色透明的汽油。你再塞緊瓶塞，不斷搖晃試管，直到裡面的液體充分混合，然後把試管直立並且靜置。再過一會，奇怪的現象發生了，裡面的液體發生了變化，沉在下層比較重的水幾乎變得沒有顏色了，而浮在上層的汽油卻變成了紫紅色。這是怎麼回事呢？

答案 原來，碘不易溶於水，卻十分容易溶於汽油。當你劇烈晃動試管時，裡面的碘水和汽油有了充分接觸的機會，結果水裡的絕大部分碘都被汽油「奪走」了，於是汽油變成了紫紅色，而失去碘的水同時也就失去了顏色。

143 銀中鑑銅

某工廠在生產過程中需要高純度的銀絲。有一天，業務員從外地購回一批銀絲，有一位技術員一看銀絲便說：「這銀絲不純，裡面摻銅了，不能使用。」但也有人不同意他的說法，認為裡面沒有銅，這兩種說法誰說得對呢？請讀者幫助他們用化學方法鑑定一下，看看這批銀絲裡到底有沒有銅？

答案 首先，取少量銀絲溶解在濃硝酸中。再次，取此少量溶液加入過量的鹽酸中，這時如有白色沉澱生成，並濾去白色沉澱物。再向濾液中加入大量的氨水，如果有深藍色銅氨絡離子生成，證明有銅存在。反之，如果沒有深藍色的銅氨絡離子生成，就證明沒有銅。

144 銅怎麼「穿綠衣」了

化學課上，化學老師走向講臺對同學們說：「大家來看我右手裡這是什麼東西？」同學們立刻被老師右手裡面的沉甸甸的、長著綠毛的東西吸引了。可是沒有幾個人能辨別出來這是什麼。

只聽同學們在議論：「這個東西外表綠綠的，就好像苔蘚一樣！」「怎麼看起來這個東西下面是古銅的顏色呀！」「那會不會是銅呢？」「不對吧，銅怎麼會長綠毛呢？」大家都沒有討論出個結果來，老師看著正在激烈討論著的同學們，說：「這就是我們平常生活中見到的銅！」

「什麼？」同學們都很吃驚：「老師，那為什麼銅變成了綠色呢？」老師繼續說：「這就是我們這堂課主要學習的知識！」

等到老師講完這堂課之後，同學們再也不驚訝了，因為都知道了銅變成綠色的原因。

你知道銅為什麼會變色嗎？

答案 原來是因為銅在空氣中，長期與空氣接觸，與空氣中的氧氣發生緩慢的氧化反應，生成氧化銅。而氧化銅就是綠色的，所以長期置於空氣中的銅看起來就是綠色的，好像穿了綠色外衣一樣。

145 銅絲滅火

人們呼出的二氧化碳氣體可以滅火，黃沙可以滅火，水也可以滅火。你知道嗎？銅絲也能滅火！不信，請你試一試。用粗銅絲或多股銅絲繞成一個內徑比蠟燭直徑稍小點的線圈，圈與圈之間須有一定的空隙。點燃蠟燭，把銅絲製成的線圈從火焰上面罩下去，正好把蠟燭的火焰罩在銅絲裡面，這時空氣並沒有被隔絕，可是銅絲的火焰卻熄滅了，這是為什麼呢？

原來銅不但具有很好的導電性，而且傳遞熱量的效果也很好。當銅絲罩在燃燒的蠟燭上時，火焰的熱量大部分被銅絲帶走，結果使蠟燭的溫度大大降低，當溫度低於蠟燭的著火點（19℃）時，蠟燭當然就不會燃燒了。

146 生鏽的扣子

巧巧的媽媽幫她新買了一件衣服，拿回家之後，巧巧立刻就穿在身上照鏡子，然後很臭美的問媽媽：「媽媽，我穿起來好看嗎？」媽媽笑著說：「好看，巧巧穿什麼衣服都好看！」這時，巧巧更加樂得合不攏嘴了。

巧巧對於媽媽買的這件衣服愛不釋手，總是翻來覆去的看。就在巧巧沉浸在喜悅中的時候，突然看到衣服不顯眼的地方，有一個裝飾性的鐵扣子看起來一點也不光亮了，像生鏽了一般。於是巧巧趕緊拿著衣服找媽媽：「媽媽，這件衣服不是新的吧，妳看這裡的扣子都生鏽了！」媽媽仔細的檢查了一下，說：「巧巧，這是新的，不過可能是在衣服製作完成後，沒有及

時保護好，讓扣子生鏽了，沒有關係，扣子在這個地方是不礙事的，不影響美觀的！」

可是，巧巧總覺得對衣服有一點不滿意，於是問媽媽：「媽媽，那麼鐵為什麼會生鏽呢？」

你知道鐵鏽是怎麼來的嗎？

答案 因為在潮溼的空氣中，空氣中的氧比較活潑，時常與水氣中的氧互換位置，剛從水氣中置換出來的氧速率不穩，瞬時還有單原子氧出現，所以很容易與鐵化合，形成三氧化二鐵。三氧化二鐵質地疏鬆吸潮，形成了鐵生鏽的惡性循環。還有空氣中的二氧化碳有少量能溶入水中，形成局部碳酸，與鐵反應，這也是鐵生鏽的原因之一。還有，假如鐵的成分不純或是受到外力，而內應力較大或變形較大的地方就更易生鏽。

147 放煙火的鐵

小鹿想要多學點化學知識，就去找山羊老師討教。到山羊老師家的路上，遇到小熊哥哥在放煙火，好奇的小鹿忙奔跑過去，可是跑近了一看，小熊哥哥並沒有放煙火，而是正在用火燒鐵呢！

小鹿趕忙走到跟前，問小熊哥哥：「小熊哥哥，我以為你在放煙火呢，等我跑近了才看見你是在燒鐵！可是為什麼跟放煙火差不多呢？」

小熊哥哥一聽，樂了：「這是因為鐵在燃燒時，也會迸發出一些火光，遠看就像是煙火！」

可是小鹿還想弄明白為什麼鐵會燃燒，於是就到山羊老師那裡尋找答案了！

你知道鐵為什麼會燃燒嗎？

答案 山羊老師告訴小鹿，鐵燃燒是高速氧化作用。因為鐵和空氣中的氧結合成為氧化鐵，在這一過程中產生的溫度超過了鐵的熔點，而氧化鐵的碎末又不斷下落，所以看起來就好像放煙火一樣。

148 難撲滅的火焰

某工廠倉庫中堆放的鎂粉正在燃燒，放出耀眼的白光。隔壁就是化學藥品倉庫，如果不及時撲滅，勢必要發生更大的火災事故。管理員小張用二氧化碳滅火器去滅火，不但沒有把火撲滅，反而火勢更大。後來用水澆，也無濟於事。最後，還是有經驗的消防隊員用很普通的方法就把火撲滅了，避免了一場重大的火災發生。請讀者們想一想，消防隊員是用什麼方法把火撲滅的？

答案 有經驗的消防隊員用大量的黃沙去滅火，使燃燒的鎂粉與空氣隔絕，達到滅火的目的。為什麼只能用黃沙呢？因為二氧化碳會和鎂反應。鎂可以在二氧化碳中燃燒生成氧化鎂和單質碳。在高溫下，鎂也可以和水反應生成氧化鎂與氫氣。

149 噴煙入瓶

用玻璃瓶蓋和布方巾同時蓋在瓶子上，表演者遠離桌子，點燃一根香菸連吸幾口，張口將煙向桌上的玻璃瓶噴去，打開布方巾和瓶蓋，瓶中即裝滿煙霧。為什麼？

答案 玻璃瓶中預先放 5 ～ 10 毫升濃 HCl，瓶蓋內預先放入 5 ～ 10 毫升濃 $NH_3 \cdot H_2O$，揭開時將兩者混合形成 NH_4Cl 煙霧。

150 會自動長毛的鋁鴨子

找一張鋁箔或用一張香菸盒裡包裝用的鋁箔，把它折成鴨子狀（注意有鋁的一面向外）。用毛筆蘸硝酸汞溶液，在鋁鴨子周身塗刷一遍，或將鋁鴨子浸在硝酸汞溶液中洗個澡，再用藥水棉花或乾淨的布條把鋁鴨子身上多餘的藥液吸掉。幾分鐘後，你會驚奇的看到鋁鴨子身上竟長出了白茸茸的毛！更奇怪的是，用棉花把鋁鴨子身上的毛擦掉之後，它又會重新長出新毛來。

鋁鴨子為什麼會長毛呢？長出的毛到底是什麼東西呢？

答案 鋁是一種較活潑的金屬，容易被空氣中的氧氣氧化變成氧化鋁。通常的鋁製品之所以能免遭氧化，是由於鋁製品表面有一層緻密的氧化鋁外衣保護著。在鋁箔的表面塗上硝酸汞溶液以後，硝酸汞穿過保護層，與鋁發生置換反應，生成了液態金屬——汞。汞能與鋁結合成合金，俗稱「鋁汞齊」。在鋁汞齊表面的鋁沒有氧化鋁保護膜的保護，很快被空氣中的氧氣氧化變成了白色固體氧化鋁。當鋁汞齊表面的鋁因氧化而減少時，鋁箔上的鋁會不斷溶解進入鋁汞齊，並繼續在表面被氧化，生成白色的氧化鋁。最後使鋁箔折成的鴨子長滿白毛。

151 鋁片上的漏洞

一堂課上，化學老師笑著就走進了教室，同學們都挺驚訝老師怎麼這麼高興呢？調皮的聰聰對著老師說：「老師，您有什麼高興的事情，說給大家聽聽呀！」老師這才大聲說：「其實，我的高興事也不是大事，只是我剛才成功做了一個實驗，想要和大家一起分享一下！」

只見老師拿著一個水杯，一枚銅質的硬幣，一塊薄鋁片。接下來老師開始做這個實驗，實驗完成後，同學們看到杯中的鋁片出現了一個漏洞，都感到很奇怪！

你知道老師怎麼做的這個實驗嗎？為什麼杯中的鋁片會出現漏洞呢？

答案 原來，老師首先在一杯水中放入一塊薄鋁片，鋁片上放置一枚銅質的硬幣。過了大概半小時之後，玻璃杯中的水開始變得渾濁，而鋁片上放置硬幣的地方也出現了一個漏洞。其實這種損壞稱為腐蝕，常常發生在兩種不同的金屬相結合的部位。在混合金屬（合金）中如果組成部分不均勻的話，也會發生這種情況。

152 辨識氣體

某工廠在清倉挖潛過程中，發現了一批裝滿氣體的鋼製瓶子，由於年代已久，瓶子外表的顏色標記已褪掉了，無法辨認裡面裝的是哪種氣體，而且所有瓶子的外形大小都一樣。不過據一位老工人回憶，可能是氧氣、氫氣、氮氣三種氣體，但究竟是哪種氣體，現在還確定不了，只能透過科學的方法來鑑別才行。請你幫忙鑑別一下吧！

答案 將所有的瓶子編上號碼，然後分別用試管裝入氣體少許，接著用點燃的火柴放入試管口，如果火柴燃燒得更旺，這是氧氣（因為氧氣助燃）；如果發出爆鳴響聲或者氣體燃燒，就是氫氣；如果火柴馬上熄滅，則是氮氣。

153 讓人發笑的氣體

課間，聰聰因為沒有睡夠，覺得很睏，就趴在課桌上睡覺，可是沒過多久，上課鈴聲就響了，化學老師也走進了教室。老師一上講臺就對同學們說：「大家知道人高興的時候，臉部表情會是什麼樣子的嗎？」同學們紛紛回答：「高興的時候，人會咧著嘴笑。」

老師點點頭接著說：「對，回答得很好。那麼，這堂課就讓我們來認識一種新的氣體成員，它可是有很大的作用的！它能讓你高興，並哈哈大笑哦！」

你知道老師講的讓人發笑的氣體是什麼嗎？

答案 其實這種令人發笑的氣體，叫做一氧化二氮，綽號叫「笑氣」。而它還是氮氣的「親屬」呢。是沒有顏色、有甜味的氣體，人體吸入之後會對腦部神經形成刺激，不由自主的發笑，這種氣體對人體沒有任何危害，是一種很好的鎮痛劑和麻醉劑，30 ～ 50 秒即產生作用；停止吸入後幾分鐘作用消失。「笑氣」的鎮痛作用強，而麻醉作用弱，它作為麻醉劑，被醫院長期使用著，而麻醉劑的使用，使許多患者從死神手中逃脫了出來。

154 不安定的樟腦丸

說起樟腦丸，大家一定很熟悉，人們經常用它來殺死衣櫥中的蛀蟲。然而，當你把它放到一個含有醋酸和小蘇打的水溶液裡會怎樣呢？開始時，它一直沉睡在杯底，可是，過一會，它就不安靜了，在水裡上下跳動，好像得了癲狂症一樣。誰知道這是為什麼？

答案 經過這種化學反應生成的二氧化碳氣體，變成了一個個很小很小的小氣泡，黏附在杯底或杯壁上，樟腦丸的全身也都黏滿這種小氣泡。二氧化碳比水輕，要往水面上升，一旦樟腦丸上黏住的這種氣泡達到了一定程度，就像溺水者拉到了救生圈一樣，直往上升。當樟腦丸升到水面時，由於所受壓力的減小，附在樟腦丸上面的小氣泡破裂了，樟腦丸又恢復了原來的比重，失去了「救生圈」，於是又沉回杯底，直到再黏住足夠的小氣泡時，又浮了上來。這樣循環往復，樟腦丸便不停的上下跳動。

155 小木炭跳舞

取一支試管，裡面裝入 3 ～ 4 克固體硝酸鉀，然後用鐵夾直立的固定在鐵架上，並用酒精燈加熱試管。當固體的硝酸鉀逐漸熔化後，取小豆粒大的小木炭一塊，投入試管中，並繼續加熱。過一會就會看到小木炭在試管中的液面上突然的跳躍起來，一會上下跳動，一會自身翻轉，好似跳舞一樣，並且發出灼熱的紅光，有趣極了。請欣賞小木炭優美的舞姿吧。你知道小木炭為什麼會跳舞嗎？

答案 原來在小木炭剛放入試管時，試管中硝酸鉀的溫度較低，還沒能使小木炭燃燒起來，所以小木炭還在那裡靜止的躺著。對試管繼續加熱後溫度上升，使小木炭達到燃點，這時與硝酸鉀發生劇烈的化學反應，並放出大量的熱，使小木炭立刻燃燒發光。因為硝酸鉀在高溫下分解後放出氧氣來，這個氧氣立刻與小木炭反應生成二氧化碳氣體，這個氣體一下子就將小木炭頂了起來。小木炭跳起之後，和下面的硝酸鉀液體脫離接觸，反應停止，二氧化碳氣體就不再發生，當小木炭由於受到重力的作用落回到硝酸鉀上面時，又發生了反應，小木炭第二次跳起來。這樣循環往復，小木炭就不停的上下跳動起來。

156 樟腦丸跳舞

準備無色透明的敞口瓶或燒杯 1 個；小蘇打、檸檬酸結晶粉各 1 湯匙；樟腦丸數枚；清水 1 杯。

先將兩種試劑置於瓶底，然後當眾加水至將滿，將樟腦丸投入其中，它們就會自行上下翻騰，好似跳舞一般。若在表演時，瓶後有彩色燈光照明則效果更佳；如樟腦丸動作緩慢下來，說明藥力逐漸減弱，可重新加藥後讓其繼續表演；依上述藥量可使表演延續 1 小時以上。為什麼？

答案　小蘇打與檸檬酸在水中產生中和反應，使水液上下翻騰。而樟腦丸的比重稍大於水，似沉不沉，所以能隨水液的運動上下跳起舞來。

157 樹葉相片

選擇幾片嫩的初生葉片，用黑紙將它密包 3 天，或大量採摘後置於暗房中保鮮擱置 3 天，使樹葉變為嫩黃色；然後去掉黑紙，在樹葉正面覆上底片，樹葉背面用平的黑紙托住，底片用透明玻璃壓平，放於陽光下晒 3 ～ 4 小時；接著在暗處去掉底片和托紙，把樹葉投入隔水加熱的沸酒精中除去葉綠素，樹葉就會變成白色或淡黃色；取出樹葉用水沖洗一下，放入碘酒中，樹葉就會出現藍色影像，再用水洗乾淨、壓平、晾乾，即成為一張新奇雅致的樹葉相片。

你知道這是為什麼嗎？

答案　因為樹葉在陽光下會發生光合作用，生成澱粉微粒，澱粉遇碘酒變藍色，所以會出現藍色影像。

158 不用電的電燈泡

某高中的趣味化學表演大會正在熱烈的進行著，其中一個節目特別引人注目，只見一根木桿上掛著一個 200 瓦的電燈泡，這個電燈泡發出耀眼的白光，就亮度來說，一般的電燈泡比起它來是望塵莫及的。然而這個電燈泡並沒有任何電線引入，因為它是一個不用電的電燈泡。請你們想一想，這個不用電的電燈泡的祕密在哪裡？

答案 原來，這個電燈泡中裝有鎂條和濃硫酸，它們在電燈泡內發生劇烈的化學反應，引起了放熱發光。大家知道，濃硫酸具有強烈的氧化性，尤其是和一些金屬相遇時更能顯示出它的氧化本領。金屬鎂又是特別容易被氧化的物質，所以它倆是天生的「門當戶對」了，只要一相遇，便立刻發生以下的化學反應：

$$Mg + 2H_2SO_4 = MgSO_4 + SO_2 + 2H_2O$$

在反應過程中放出大量的熱量，使電燈泡內的溫度急遽上升，很快的使鎂條達到燃點，在濃硫酸充分供給氧的情況下，鎂條燃燒得更旺，好像照明彈一樣。

159 美麗的夜空

中秋節的晚上，夜空美極了。那湛藍的天空中布滿了繁星，好似一塊天鵝絨上鑲滿了珍珠、寶石。還有那皎潔的明月懸掛在碧空，彷彿是嫦娥要走出月宮，在浮雲上翩翩起舞……原來，這中秋夜空的美景，也能在魔術師的試管中誕生。你想欣賞一下這美麗的夜景嗎？那就利用你那巧奪天工的匠手，啟動你那飽藏化學知識的大腦，精心的設計製作吧！你能做到嗎？

答案 在一支試管中加入幾毫升的無水酒精（95%的酒精也可以），再慢慢滴入等量的濃硫酸，在試管的背面襯托一張深藍色的光紙，搖動幾下試管將濃硫酸和酒精混合均勻後，關閉燈光，然後將一些高錳酸鉀顆粒緩慢的投入試管中。片刻，你就可以欣賞這個「液體星光」了。原來，試管中發生著一系列的化學反應。紫色的高錳酸鉀是一種很強的氧化劑，在和濃硫酸作用時，放出了氧氣，同時也放出大量的熱，這時，高錳酸鉀顆粒周圍的酒精很快達到燃點，而生成耀眼的火花，由於熱量對流的作用，這些閃爍的火花還會來回移動。

160 五光十色的水下花園

在慶祝兒童節的晚會上，小奇同學表演了一個精彩的小節目——水下花園。表演開始了，在幾百雙急切而好奇的眼睛的注視下，只見小奇在一個盛滿無色透明水溶液的玻璃缸中，投入了幾顆米粒大小的不同顏色的小塊塊。沒多久，在玻璃缸中竟出現了各式各樣的枝條，縱橫交錯的生長著，綠色的葉子越來越茂盛，鮮豔奪目的花兒也盛開了！一座根深葉茂、五光十色的水下花園，展現在觀眾的眼前。頓時掌聲四起，大家為小奇的精彩表演表示祝賀。沒多久，他咧開小嘴，指著這座水下花園解釋著。你知道小奇建造這座水下花園的祕密嗎？

答案 原來玻璃缸中盛的那種無色透明的液體不是水，而是一種叫做矽酸鈉的水溶液（人們稱為水玻璃）。投入的各種顏色的小顆粒，是幾種能溶解於水的有色鹽類的小晶體，它們是氯化亞鑽、硫酸銅、硫酸鐵、硫酸亞鐵、硫酸鎳、硫酸鋅等，這些小晶體與矽酸鈉發生化學反應，結果生成紫色的矽酸亞鑽、藍色的矽酸銅、紅棕色的矽酸鐵、淡綠色的矽酸亞鐵、深綠色的矽酸鎳、白色的矽酸鋅。這些小晶體和矽酸鈉的反應，是非常獨特而有趣的化學反應。當把這些小晶體投入玻璃缸裡後，它們的表面立刻生成一層不溶於水的矽酸鹽薄膜，這層帶色的薄膜覆蓋在晶體的表面上。然而，這層薄膜有個非常奇特的脾氣，它只允許水分子通過，而把其他物質的分子拒之門外。當水分子進入這種薄膜之後，小晶體即被水溶解而生成濃度很高的鹽溶液於薄膜之中，由此產生了很高的壓力，使薄膜鼓起直至破裂。膜內帶有顏色的鹽溶液流了出來，又與矽酸鈉發生反應，生成新的薄膜，水又向膜內滲透，薄膜又重新鼓起、破裂……如此循環下去，每循環一次，花的枝葉就如新長出一段一般。這樣，只需要片刻，就形成了枝繁葉茂花盛開的水下花園了。

161 消失的鑽石

大盜庫巴臭名昭著，警察們一心想把他繩之以法，可是，由於種種原因，總是不能將他緝拿歸案。近期，庫巴又精心策劃了一次偷竊行動，企圖盜竊一位公爵遺孀祕藏的一件稀世珍寶——一顆重達 50 克拉的大鑽石。

不巧的是，在盜竊行動要開始時，庫巴卻因病臥床不起。於是，他叫來了自己的兩名助手——愛麗絲和唐納，命令他們說：「這次的任務，由你們兩個去執行，你們要抓住這個機會。我已經打探好了，那顆鑽石就藏在臥室的祕密保險櫃裡。」

「我們該怎麼打開保險櫃呢？」兩位助手問道。

「在保險櫃上，有相當複雜的密碼鎖，要是我去的話，輕而易舉就能將鎖打開。可對你們來說，就要費一番工夫了。幸運的是，現在那是一座空房，因為公爵夫人外出旅行去了！」

庫巴吩咐完後，那兩個助手便帶了氧氣切割機和高壓氧氣瓶，溜進了那棟房子，他們從臥室的牆上將一張油畫拆下來，保險櫃便出現在了兩人的面前。保險櫃雖然很小，但卻是鋼製的，又鑲嵌在牆壁上，所以將保險櫃搬走是不可能的。

「喂！愛麗絲，開始吧。」唐納低聲說道。

於是，兩個人馬上操作起氧氣切割機開始行動了。氧氣切割機發出的灼熱火焰，很快就將保險櫃的門燒紅了。不久，它便像糖稀一樣開始熔化。

「還差一點，唐納，再加把勁！」很快，一個大洞出現在了保險櫃的門上。

「好了，我覺得已經可以了。」唐納說。

愛麗絲順著洞往裡一看，裡面除了一小堆灰燼外，什麼都沒有。

「這保險櫃裡，哪有什麼重達 50 克拉的大鑽石呀？」愛麗絲問道。

「什麼？妳說什麼？這裡沒有鑽石？」唐納很吃驚，他連忙套上耐火手套，把手伸進去。一摸，裡面果然像愛麗絲說的那樣 —— 空的。

頓時，兩個人像洩了氣的皮球，他們失望的回到了庫巴那裡。

「你們說什麼？沒有鑽石？」在聽完兩個助手的話後，庫巴吃驚的追問道，「你們倆究竟怎麼打開保險櫃的？」

「我們用氧氣切割機，因為用那個沒什麼大動靜……」

「真是一對蠢貨！你們弄出再大的聲響也不要緊，因為那是空房，為什麼不用電鑽呢！笨蛋！」庫巴痛罵了兩個助手一頓。

你認為愛麗絲和唐納犯了什麼錯呢？

答案 地球上最堅硬的天然物質非鑽石莫屬，鑽石的成分是純晶體的碳。但是，如果溫度超過 850℃，就會燃燒。氧氣切割機的火焰溫度高達 2,000℃，所以用它去切割小保險櫃的門時，保險櫃中的鑽石便會燃燒，最終被燒成灰，保險櫃裡的那一小堆灰，就是原本重達 50 克拉的大鑽石。

★ 第 3 章　地理科學 ★

地理是關於地球及其特徵、居民和現象的學問。簡單的說，地理就是研究人與地理環境關係的學科，研究的目的是為了更好的開發和保護地球表面的自然資源，協調自然與人類的關係，屬於自然科學的分支學科。在高中階段，地理是一門獨立的重要學科，所以本書將地理類的科學思維訓練遊戲作為一個獨立章節。

地理學在描述不同地區及居民間的情形時，就和歷史學關聯密切；在確定地球的大小和地區的位置時，就和天文學及哲學有關聯。因此，地理也是一門綜合性非常強的學科，這個特點也表現在本章的科學思維訓練遊戲中。

162 哪一日時間最短

一年之中，冬至那一天的白晝是最短的。1991 年 12 月 22 日是冬至。現在問你 1991 年 12 月 20 日到 12 月 22 日之間，哪一日時間最短？

答案 因為每日都是 24 小時，所以每日的時間是一樣長的。

163 即興詩

一位詩人在一個宴會上詩興大發，他大聲朗誦他的即興詩：

天邊，彎彎的月兒放光明。
光明的月兒好像銀色的拱門。
拱門中，一顆孤獨的星星在發光，
就像夜行人手裡提著的燈。

一位科學家當即指出他這首詩裡知識性的錯誤。你讀了以後能知道錯在哪裡嗎？

答案 錯誤如下。

1. 彎月總是缺口向上，不可能像拱門。
2. 彎月缺處並不透明，看不到背後的星。

164 最大的影子

法國物理學家居禮夫人（Madame Curie），與同樣是物理學家的丈夫皮耶·居禮（Pierre Curie），在貧困而艱難的條件下堅持物理學研究，並發現了鐳。後來，居禮不幸被載貨馬車撞死。居禮夫人在公公的支持下，帶著兩個孩子繼續堅持研究工作，獲得了重大成就。

一次，當孩子向她討教成功的奧祕時，她對孩子說出了一番發人深省的話：「我們思考問題，一定要跳出生活的圈子，去探索現象的一些極限狀態，如極大、極小等。比如，我們立足的地球，和銀河系相比，真像太平洋上的浮游生物，滄海一粟！好了，孩子們，這也是智力訓練的絕佳話題。那就讓我來問問你們，迄今為止，你們見到的最大的影子是什麼呢？如果你們有一雙觀察自然的銳眼，問題不難解答。」

你有這雙銳眼嗎？

答案 地球。它的影子是黑夜。地球。它的影子是黑夜。地球。它的影子是黑夜。地球。它的影子是黑夜。地球。它的影子是黑夜。

165 為什麼黑夜和白天會交替出現

靈靈找聰聰玩，卻發現聰聰神神祕祕的在找什麼東西。靈靈便幫聰聰找齊了材料。看著一顆柚子，一根長棒針，還有一支手電筒，靈靈感覺很奇怪，便問聰聰想做什麼。聰聰神氣的對靈靈說：「你知道為什麼黑夜和白天會交替出現嗎？」靈靈說：「我聽奶奶說，天黑了是因為太陽公公要回家睡覺了。」聰聰哈哈大笑說：「當然不是啦！」靈靈不服氣的說：「那你說是怎麼回事？」聰聰說：「等我做完這個遊戲，你就知道了。」

聰聰把棒針的一端從柚子的中間穿過去，然後又把房間的門和窗戶都關上。聰聰用左手抓住棒針的一端，使棒針的另一端接觸桌面，然後將棒針向左稍微傾斜一點，再用另一隻手打開手電筒，讓光照在柚子上。

靈靈發現，手電筒的光只能照在柚子的一面，另一面始終是處在黑暗之中。即使聰聰慢慢轉動手中的棒針，讓柚子繞著棒針轉動起來，光還是總落在柚子被光直接照射的地方，沒有被光照到的地方依然是黑暗的。靈靈看了一段時間後，笑了起來，說道：「我知道為什麼有黑夜和白天了。」

那麼你知道為什麼有黑夜和白天了嗎？

答案 這是由於光總是沿著直線傳播的原因。地球是個不發光也不透明的球體，由於地球只有半個面對準太陽，而陽光是直線傳播的，不會流動，也就無法照亮地球的背面。所以，陽光就只能照在地球對著太陽的那一面上，而背對著太陽的那一面就處於黑暗之中，隨著地球的自轉，黑夜和白天就會交替出現了。

166 坐井觀天，所見甚少

我們都知道「坐井觀天」這個成語故事，但我們現在要問你的是：如何從自然科學的角度理解「坐井觀天，所見甚少」的這種現象呢？

答案 包括陽光在內的光沿直線傳播，由幾何作圖知識可知，青蛙的視野將很小。

167 一滴水可見太陽

俗話說：「一滴水可見太陽」，事實也的確如此。你知道其中的科學道理嗎？

答案 一滴水相當於一個凸透鏡，根據凸透鏡成像的原理，透過一滴水可以有太陽的像，小中見大。

168 一石擊破水中天

俗話說：「一石擊破水中天」，事實也的確如此。你知道其中的科學道理嗎？

答案 平靜的水面猶如一塊平面鏡，可看到天的倒影，石塊投入水中破壞了平靜的水面，形成層層水波，水中天的倒影也就被擊破了。

169 為什麼水面會起浪

我們在水邊靜靜的注視著水面，就會發現：在沒有風的時候，水面幾乎平靜如鏡；但在有風雨時，水面就會波浪迭起。這種簡單現象的背後有什麼科學道理呢？

答案 很明顯，起浪的原因是風在作怪。浪實際上是由於能量從一個地方向另一個地方運動而形成的。風就是這樣的能量。當風向水施放能量時，水面就會起波浪。當人們看到波浪起伏時，會以為水在向前滾動。但是，如果你把木塊扔在波浪上時，便會發現這木塊並不隨波浪向前滾，而是隨著波浪一會升到浪尖上，一會又跌入浪谷裡。如果木塊向前移動，那也是風的作用或是水在流動。

170 借潮殲強敵

西元 938 年（五代後晉高祖天福三年）的一天，南漢王府內，南漢王劉龑正在向先鋒官 —— 兒子劉弘操下達作戰命令：「令你率三百戰船，由海道火速前往交州（今越南河內附近），增援皎公羨。」原來，交州將皎公羨去年暗殺了安南節度使楊廷光，篡奪了他的官職，激起了楊廷光舊部的憤怒，交州軍中大小摩擦不斷，前不久，楊廷光舊將吳權正式起兵攻打皎公羨。兩軍在交州展開了激戰。由於皎公羨平時對士兵十分刻薄，因此，不堪壓迫的皎軍士兵紛紛倒戈投降吳權軍。皎公羨只得派使者用重金賄賂南漢王劉龑，請求他派兵搭救。且說劉龑握兵南漢，早就對交州存有覬覦之心，只是苦於沒有藉口。現在有了這個機會豈肯放過？於是急急派兒子劉弘操做先鋒，名正言順的向交州出兵，自己統率大軍殿後。

不久，劉弘操帶領先鋒船隊趕到了交州海灣入口處。遇到吳權軍的幾艘小船，正開過來向南漢軍挑戰。劉弘操命令各船全速前進。幾艘吳權軍小船，見南漢軍大隊船隊開進交州，便調轉船頭逃跑。南漢軍緊緊追趕，企圖把他們一舉殲滅。就在南漢軍深入交州海灣的時候，海水開始退潮了。吳權軍的小船三兩下便溜走了，可是，南漢軍的戰船行動不便，就在他們想調轉船頭時，突然船底觸及硬物，「嘎嘎」出聲，全部動彈不得了。這時，隱藏在四周的吳權軍紛紛出動了。一時間，喊殺聲四起，南漢戰船在吳權軍強大攻勢面前，只能乾等挨打。多半士兵落水淹死，劉弘操也落入水中被打死了。

你知道吳權是怎麼獲勝的嗎？

答案 原來，吳權早得知南漢軍要來進攻，便利用海水漲潮退潮的規律，在海灣設下鐵尖木樁陣，有意用輕便小船引誘敵軍進入伏擊圈，一舉打敗了南漢軍。

171 海邊怪案

生物學家 A 為了研究海洋浮游生物，借宿在加拿大芬迪灣海邊斷崖上的一間小屋裡。芬迪灣是世界上著名的漲落差最大的地方，潮水能漲高到 15 公尺。

一天凌晨，正當 A 在熟睡之中，位於床頭上方的架子突然掉落下來，A 的頭部被打破，A 因流血過多而死亡。直到上午 8 點多，人們才發現 A 死在小屋中！同時有人注意到，停泊在斷崖下的 A 平時用的小艇也不見了。

經過警方的周密調查，發現架子掉落不是偶然事故，而是有人藉此謀殺 A。據警方分析，疑點最大的是和 A 在一起工作的 B，他謀殺 A 的動機是要竊取 A 的研究成果。但是 B 卻有案發時不在現場的證明，他晚上 10 點左右離開海邊去鎮上，直到第二天中午才回來。儘管如此，警方最後還是調查出B借助於當地的地理特點謀殺A的方法。你知道B是怎麼作案的嗎？

答案 芬迪灣的特點就是潮水漲落差特別大，是全世界潮水漲落差最大的地方。B正是利用了這一特點，他在10點之前將繫船的繩子繫在架子上，到了後半夜海水退潮後，船就懸了起來，由於船很重，終於將架子拉掉砸死A，船落進大海隨退潮漂走了，而B也因此可以有不在場的證明。

172 拘禁盲女的房子

夏天，一位雙目失明的少女遭人綁架，歹徒要求其父母拿出500萬元來贖人。歹徒收到贖金後就把人放了。盲女除知道對方是一對年輕夫婦外，還向警方提供了以下細節。

「那棟拘禁我的房子好像在海邊。我被綁在小閣樓裡，雖然裡面很悶熱，但到了夜晚，透過小窗，會吹來陣陣清涼的海風。」據少女所述，警方挨家挨戶去搜查在海岸一帶的房子。結果，查出兩家嫌疑最大的住宅但卻空無一物。據查，這兩家都曾住過一對年輕的夫婦，不過閣樓小窗一家朝南，一家朝北。周圍的環境是大海在南方，北方是一片小山丘。

於是警長查核了少女被拘禁三天的天氣情況，是晴天、無風、悶熱的天氣。又想到了少女曾說到了晚上，透過小窗會吹來陣陣海風。根據推斷，警長正確的查出了盲女被拘禁的房子。你能說出是哪一棟嗎？

答案 夏天之夜風易進入朝北的房屋。海岸到了晚上，陸地的熱氣比海面的熱氣更易冷卻，所以冷卻的空氣會由山上往海面直吹，於是微風就會從朝北的小窗吹進閣樓內。相反，到了白天，陸地的熱氣較易上升，海風會朝陸地直吹。

173 監禁在何處

祕密情報員 008 號來到夏威夷度假。這天，他在下榻的飯店洗澡，足足泡了 20 分鐘後，才拔掉澡盆的塞子，看著盆裡的水位下降，在排水口處形成漩渦。漂浮在水面上的兩根頭髮在漩渦裡好像鐘錶的兩個指針一樣，由左向右旋轉著被吸進下水道裡。

從浴室出來，他喝了服務生送來的香檳，突然感到一陣頭暈，失去了知覺。清醒過來時，他發覺自己被換上了睡衣躺在床上，床鋪和房間的樣子也完全變樣了。床頭放著一張紙，上面寫著：「我們的一個工作人員在貴國被捕，想用你交換。現正在交涉之中，望你耐心等待，不准走出房間。吃的、用的房間內一應俱全。」

008 號立刻思索起來。最近，本國情報總部的確祕密逮捕了幾個敵方的間諜。其中與自己能對等交換的只有兩個人，一個是加拿大的，另一個是紐西蘭的。那麼，自己現在是在加拿大呢？還是在紐西蘭呢？房間和浴室一樣都沒有窗戶，溫度及溼度是靠空調控制的。他甚至無法分辨白天還是黑夜。

飯後，他走進浴室，泡了很長時間，身體都泡得鬆軟了。他拔掉塞子看著水位下降。他見掉落的頭髮有兩、三根由右向左逆時針的旋轉著被吸進下水道。他突然想到了在夏威夷賓館裡洗澡的情景，情不自禁的說道：「噢，明白了。」

008 號明白了被監禁在什麼地方，證據是什麼？

答案 008 號被關在紐西蘭。在北半球的夏威夷飯店裡，拔下澡盆的塞子，水是由左向右呈順時針方向旋轉流進下水道裡。而在這個禁閉室裡，水是由右向左逆時針流下去的。所以，008 號弄清了當地是位於南半球的紐西蘭。

水的漩渦受地球自轉的影響，北半球水的漩渦是由左向右順時針旋轉，南半球則相反。

174 氧氣的來源

芬芬問媽媽：「從課本上知道了氧氣主要是靠綠色植物製造的。可是，冬天北方的大多數地區的樹木都落了葉子，草都枯萎了。它們都停止了光合作用，為什麼沒有感覺到空氣中的氧氣減少了？」

媽媽從三個方面做了回答。第一，廣闊的海洋裡有無數浮游植物，它們進行光合作用產生的氧氣占大氣中氧的 70%。第二，北半球植物凋零的時候，南半球植物正開始萌發，從整個地球上看，氧並沒有減少。第三，也是很重要的一點……芬芬聽明白了，你也想到了嗎？

答案 由於地球表面大氣不停的運動，各處的氧氣會隨時相互平衡。

175 月亮圍著地球轉

中秋節的晚上，聰聰一家人邊吃月餅，邊談論各種知識，有傳說，也有自然知識。爸爸興致突發，找來一個直徑大約是 1 公分的打孔珠子，還有一個裝著沙土的沙包，另外還有一根繩子。只見爸爸用繩子的一端綁緊沙包，另一端穿過珠子的小孔，然後打緊。再將小珠子舉過頭頂來甩動，等到加速到一定程度的時候，鬆開手再向前甩去，這時候就會看到沙包帶著珠子一起向前飛行，而且珠子繞著沙包轉動。爸爸微笑著問聰聰：「你知道這個遊戲說明了什麼嗎？」聰聰拍著腦袋問：「您說的是月球的轉動嗎？」爸爸點了點頭。

你知道聰聰是依據什麼原理推斷爸爸的遊戲是說月球轉動的呢？

答案 其實月亮圍繞著地球轉動也是這個道理，月亮是由於受到地球的吸引力，而在地球圍繞太陽公轉的軌道上面，圍繞著地球轉動。

176 自造星光

聽聽特別喜歡晚上抬頭望向窗外，因為那樣可以看見好多的星星在天空中閃爍的樣子。媽媽知道後，就開始想辦法啟發孩子的思維。

這天，媽媽找來了一個洋芋片筒、一根釘子、一支手電筒、一枝鉛筆和一把剪刀。首先，拿釘子在洋芋片筒的蓋子上戳幾個「星星」孔；其次，把手電筒較細的一端壓在洋芋片筒另一端的中央，用手壓出稜來；再次，使用鉛筆按照稜畫個圓圈，並且使用剪刀把圓圈剪下來；最後，把手電筒塞進洞裡，到黑暗的房間，對著天花板打開手電筒，就會看到很多的小星星，另外轉動洋芋片筒，還可以看見星星在移動！

聽聽看到媽媽自己做的小「星星」在自己家的天花板上閃耀，開心極了。可是，媽媽運用的是什麼原理？做出星星的關鍵又是什麼呢？

答案 因為這樣製作的洋芋片筒底部有很多的小窟窿，而如果在黑暗的居室裡面打開洋芋片筒裡面的手電筒的話，手電筒的光就會穿過那些小窟窿而照射到居室裡面，這樣我們看到的黑暗居室裡面就會出現星光點點的痕跡，讓人感覺就像星星一樣。

177 立竿見影

有個成語叫「立竿見影」，原意是在陽光下豎起竹竿，立刻就會看到影子，比喻立刻見效。你知道這個成語蘊含的科學道理嗎？

答案 光的直線傳播。「立竿見影」就是因為竿擋住了光的繼續前進才使一部分光照不到地面上，形成黑暗的影子。如果光不是直線傳播，它就會繞過竿前進，就無法在地面上留下黑暗的區域，也就無法形成影子。

178 玉不琢，不發光

日本民諺有云：「玉不琢，不發光。」事實也的確如此。你知道其中的科學道理嗎？

答案 玉被打磨後會變得非常光滑，是鏡面反射，反射光比較強，所以說玉不琢，不發光。

179 水往低處流

俗話說：「人往高處走，水往低處流。」「人往高處走」只是一種文學手法，倒沒有什麼科學含義，但「水往低處流」確實符合科學道理。你知道是什麼科學道理嗎？

答案 水往低處流是自然界中的一個客觀規律，原因是水受重力影響由高處流向低處。

180 繩鋸木斷，水滴石穿

諺語說：「繩鋸木斷，水滴石穿。」事實也的確如此。你知道其中的科學道理嗎？

答案 因為細繩與木塊、水與石頭接觸時受力面積極小，產生的壓力極大，所以繩可以把木塊鋸斷，水可以把石頭滴穿。

181 自測天氣表

阿聰正在教室裡面上課呢，突然外面黑了起來，然後開始下起雨來。阿聰心裡想：「這下可糟了，我沒有帶傘！」不過雨沒有下多長時間就停了，可是剛剛下過雨的空氣很涼，所以阿聰感到身體在發抖，很後悔沒有多帶一件外套。

回到家，阿聰對媽媽說：「這個討厭的天氣，要是自己能預測天氣就好了！」

媽媽說：「其實自己預測天氣一點都不難，我就有辦法預測天氣呢！」

只見媽媽用一張粉紅色的紙做成了一朵紙花，然後在花辦上塗上濃食鹽水，再把花插到花盆裡面，這樣透過觀察花的顏色就可以知道天氣的變化了。

你知道用這個預測天氣的原理嗎？

答案 原理很簡單，因為用食鹽水浸泡過的紙花，很容易吸收水分，如果是陰天，因為氣壓比較低，空氣的溼度比較大，紙花就會吸收水分變得暗一些。而如果是晴天，紙花顏色就會變得淡一些。

182 颳風時的「嗖嗖」聲

強勁的風一旦碰上電線或樹枝這種細長的東西時，就會發出「嗖嗖」的聲響。你知道為什麼嗎？

答案 細長的鞭子在空中猛烈抖動，鞭子這種棒狀物的後面就形成了空氣的漩渦，從而引起空氣振動發出聲響。風吹樹枝的道理與揮鞭子一樣。在呈銳角的地方或縫隙的後面，颳風時也會形成這種漩渦，並發出「嗖嗖」的聲響，而且根據風力的強弱，發出的音調高低也不同。

183 模擬雨的形成

阿明也不管聰聰在說什麼，繼續說道：「聰聰，你說這雨是怎麼出來的呀？你會模擬下雨嗎？」阿明原以為就是那麼一說，可是聰聰卻大聲的回答：「當然了，我知道雨是怎麼來的，而且我還會模擬下雨呢！」

阿明不相信，於是，聰聰將一個沒有盛水的盤子放入冰箱冷凍，然後燒上一壺水，等待水沸騰的時候，取出盤子。然後將盤子放在水蒸氣不斷上升的壺嘴上方 10 ～ 15 公分的地方。過一會就發現盤子的底部凝結了很多的小水滴，而且水滴越來越多，很快就變成「雨」滴落下來。

這樣，聰聰真的讓阿明看到模擬下雨了，這時阿明才心服口服。

你知道大自然中的雨是怎麼形成的嗎？

答案 在自然界中，當含有很多水蒸氣的熱空氣上升到一定位置的時候，就會在空氣中漸漸冷卻，而冷卻之後的水蒸氣就會凝結成很多的小水滴，這就是我們經常看到的雲。當這些雲中的水滴越來越多的時候，就會越來越重，最後當雲朵無法承受的時候，它就變成雨滴掉落下來。

184 霜是怎麼形成的

秋天來了，可是聰聰還是與往常一樣，不怕寒冷，照樣早上去鍛鍊身體。有一天，聰聰照例沿著公園裡面的小路跑步，卻看到周圍的小花和小草上面都分別有一層白色的霜，聰聰回到家中，問媽媽：「公園裡那些花草上面為什麼都有一層霜呢？」

媽媽沒有正面回答聰聰的問題，而是取來一個玻璃瓶、一支溫度計和一塊溼布，還有一雙筷子。只見媽媽首先從冰箱裡面拿了一些冰塊放入玻璃杯中，再加入一些鹽，用筷子充分攪拌，使它們很快的均勻混合。然後攤開溼布，在上面放上筷子，讓玻璃杯可以穩穩的放到兩根筷子上面，這時測量玻璃杯中的溫度是 0℃以下，過了一會，玻璃杯的外壁上就出現了白色的霜霧。

你知道霜霧形成的原理嗎？

答案 其實這是因為玻璃杯外面的水蒸氣遇到了 0℃以下的瓶子而形成的。在寒冷的季節裡面，空氣中的水蒸氣遇到地面上 0℃以下的物體，就會直接在上面結成冰晶，這就是霜的形成過程。

185 瑞雪兆豐年

「瑞雪兆豐年」是一句流傳相當廣的農諺，它的意思是適時的冬雪預示著來年是豐收之年，是來年莊稼獲得豐收的預兆。你知道其中的科學道理嗎？

答案 覆蓋在地面的雪是熱的不良導體，可以保護小麥安全過冬。雪花在形成和降落過程中，凝結了許多含有大量微量元素和有機物的灰塵，對小麥具有一定的肥效。雪化成水滲入土裡，對小麥的生長極為有利。故小麥來年必然豐收。

186 下雪不冷化雪冷

在冬天下雪的日子裡，我們經常會有這樣的感覺，大雪紛飛的時候沒有感覺到天氣有多冷，但等到雪後初霽時，才覺得凍手凍腳，這是為什麼呢？

讓我們先用氣象學的知識為大家解釋這一現象。冬季裡，下雪前或下雪的時候，一般是暖溼空氣活躍，高空吹西南風，而水氣凝華為雪花也要釋放出一定的熱量，這就使得下雪前或下雪時天氣並不是很冷。而降雪結束，天氣轉晴，一般都伴隨著冷空氣南下，高空轉為偏北風，地面受冷氣團控制，氣溫顯然要下降。

還可以用物理學的知識為大家解釋這一現象。下雪是高空中的水蒸氣遇到低溫凝華而成的。凝華過程是放熱過程，空氣的溫度要升高。這就是我們感覺到「下雪不冷」的原因。下雪後，雪要融化，雪在融化時，要從周圍空氣中吸收熱量，因此空氣的溫度要降低，這樣我們就會感覺到「化雪冷」。

187 抱雪向火

有個成語叫「抱雪向火」，意思是抱著雪烤火，當然不會暖和，比喻所做的事和所要達到的目的相反，即使費力也不會有好結果。你知道其中的科學道理嗎？

向火的目的是人體取暖，即吸收熱量。而抱著雪向火，雪不僅會從火源處吸收熱量，還會從人體中吸收熱量。這樣人體不僅不能吸收熱量，反而要放出熱量。事與願違，南轅北轍。

188 冰，水為之，而寒於水

《荀子·勸學》中有這樣一句話：「冰，水為之，而寒於水。」後人從這句話中歸納出一個成語「冰寒於水」，意思是冰比水冷，比喻事物經過一定

變化可以提高，現在多指後來者居上，也比喻學生勝過老師。你知道其中的科學道理嗎？

答案 水在0℃以下，隨著時間的推移可結成厚厚的冰，而冰融化需要吸收熱量，所以用手摸著感覺比水涼許多。

189 雪落高山，霜降平原

諺語說：「雪落高山，霜降平原。」事實也的確如此。你知道其中的科學道理嗎？

答案 下雪天，高山氣溫低於山下平地氣溫，下到高山的雪不易融化，而下到平地的雪容易融化。所以下同樣的雪，高山上比平地多。霜是地面上的水蒸氣遇冷凝華的結果，山下平地表面上的水蒸氣比高山上多，故平地易降霜，而高山不易形成霜。

190 月暈而風，礎潤而雨

諺語說：「月暈而風，礎潤而雨」，意思是月暈出現，將要颳風；礎石溼潤，就要下雨。這句民諺已經成為一句成語，比喻從某些徵兆可以推知將會發生的事情。你知道這句民諺有什麼科學道理嗎？

答案 大風來臨時，高空中氣溫迅速下降，水蒸氣凝結成小水滴，這些小水滴相當於許多三稜鏡，月光透過這些「三稜鏡」發生色散，形成彩色的月暈，故有「月暈而風」之說。礎潤即地面反潮，大雨來臨之前，空氣溼度較大，地面溫度較低，靠近地面的水氣遇冷凝聚為小水滴，另外，地面含有的鹽分容易吸附潮溼的水氣，故地面反潮預示大雨將至。

191 長嘯一聲山鳴谷應

寺廟門口有一副對聯：「長嘯一聲山鳴谷應，舉頭四顧海闊天空。」下聯比較好理解，但是許多人不明白上聯的意思，你能為他們解釋一下其中的科學道理嗎？

答案 人在崇山峻嶺中長嘯一聲，聲音透過多次反射，可以形成洪亮的回音，經久不息，似乎山在狂呼，谷在回音。

192 池水映明月，潭清疑水淺

「池水映明月」和「潭清疑水淺」分別是兩首古詩中的一句，但是連在一起卻別有風味，也說明了一種科學道理。你知道是什麼道理嗎？

答案 光的折射導致水底看上去變淺了，同理，水中的魚也是看上去比較淺。

193 香爐初上日，瀑水噴成虹

唐代孟浩然的〈彭蠡湖中望廬山〉詩中有這樣兩句：「香爐初上日，瀑水噴成虹。」你知道其中的科學道理嗎？

答案 這兩句詩不僅記錄了「虹」這一自然現象，還展示了產生「虹」的兩個條件：光和小水珠。

194 尋找鵝卵石

你喜歡鵝卵石嗎？如果讓你去河邊尋找鵝卵石，你是到上游找呢，還是到下游找呢？

答案 河流一般是從山地發源的。那裡地勢陡峭，水流得非常快。在急流的衝擊下，山上的很多大石頭紛紛滾落下來。這些石頭都是有稜有角的。在從山上向下滾落的過程中，它們不斷的相互碰撞，大塊的石頭碎裂成小塊。河流的中游，地勢雖然沒有上游那麼陡，可是很多河流匯集到一起，水量很大，水流仍然相當急，很多石頭繼續被水沖向下游。這些石頭隨著水的流動，不但相互之間經常碰撞，而且與河床不斷摩擦。在漫長的旅途中，石頭的稜角不斷被磨掉。到了下游，地勢平坦，水流緩慢，這些石頭沉積下來，就成了我們看到的光滑的鵝卵石了。

195 水的波紋為什麼是圓形的

往靜止的水中扔一塊石頭，就會看到圓形的波紋，這是司空見慣的現象。可是你思考過沒有，水的波紋為什麼是圓形的？

答案 水面上的波紋是以同樣的速度向四周擴展開來的。因此，在經過一定的時間之後，那些擴展開來的波紋就變成了圓形。當然，如果水面上落下來的物體形狀是方形的話，那麼，水面上波紋的最初形狀也是方形的。可是，當波紋一擴展開來，最初的形狀就開始變了，最後還是成為圓形。

196 船到橋頭自然直

俗話說：「車到山前必有路，船到橋頭自然直。」「車到山前必有路」倒是沒有什麼科學道理，只是一種修辭手法，但河中行駛的船隻要直著才能通過橋洞。你知道其中的科學道理嗎？

答案 是水流把船自動沖為直的了。橫著的情況很少，幾乎不存在。原理是船橫著的時候受到水的大面積力量的衝擊就發生了偏轉，形成保持直向的受力穩定形狀了。這和風向標的原理是一樣的。

197 影子是從哪裡來的

影子是我們生活中再熟悉不過的朋友，它常常像一條或大或小的尾巴，緊緊的追隨著我們。它到底是從哪裡來的呢？

答案 包括陽光、燈光在內的光是沿著直線傳播的，當遇到不透明的物體時，光線被擋住了，這時，它也絕不會從物體旁邊繞到後面去，因此，物體背光的一面沒有光線，形成了黑暗的一片。這一塊地方就是影子。影子的形狀和大小不是固定不變的，它會隨著光源的位置不斷變化。在燈光下，離燈越遠，影子越小；離燈越近，影子越大。不同的光源還會形成不同的影子。精彩的皮影戲，利用的就是影子的原理。

198 何日出生

小明和小飛是雙胞胎，今年小飛剛好過了第八個生日，但是小明才過了第二個生日。那麼，你能算出他們的生日嗎？

答案 小明是在閏年的2月29日晚12時前生的，小飛是在3月1日凌晨過後出生的，因為每四年才有一次閏年，所以小明只能每四年過一次生日。

199 擁有美麗光環的行星

課堂上，聰聰正在認真聽講，當老師說到「行星周邊有很多的光環，而且非常漂亮」的時候，聰聰想像不出來「光環」是什麼樣子的，所以舉手問老師：「老師，行星漂亮的光環是什麼模樣的呀？」

老師告訴聰聰一個好玩的遊戲，並且說：「從這個遊戲中，我們就可以知道行星的光環具體是什麼樣子了！」

老師要求聰聰在一個黑屋子裡面打開手電筒，然後就放到書桌上面。並且在找來的塑膠瓶中倒入一些爽身粉，然後再將它放在手電筒的光束下。這時坐在轉椅上面，一邊旋轉轉椅，一邊迅速的擠壓塑膠瓶，使得爽身粉從光束中穿過，然後再將一些冰粒放進塑膠瓶中，然後擠壓瓶子，使得小冰粒也從光束中穿過。這時候就會發現爽身粉顯得特別明亮，而且小冰粒也呈現出彩色。

這個遊戲又帶給我們什麼樣的科學道理呢？

答案 實際上，行星的光環也是由許多的灰塵和冰塊顆粒組成的，這些顆粒有著鋸齒形的表面，能夠反射光，所以使得行星的光環看上去顯得明亮而多彩！

200 北極星有多高

聰聰和明明是一對雙胞胎，兩個小孩不僅外表長得一模一樣，而且興趣愛好也很相似。所以兩個人晚上經常在一起討論感興趣的話題。這一天，明明抬頭望見窗外的天空中有一顆很亮的星星，就趕快叫姐姐來看。姐姐看到明明指的是北極星，就說：「北極星有什麼好看的呀？」明明見姐姐沒有興趣，就說：「那妳知道北極星多高嗎？」這一下可把姐姐說愣了！姐姐說：「北極星這麼高，根本就用手觸摸不到，怎麼可能知道北極星的高度呢？」但是明明臉上很自信，說：「我能測量北極星的高度！」

過了幾天，聰聰姐姐拍手表揚妹妹的方法好，又快又準的測出了北極星的高度，並透過查資料得到了證實。你知道她們是怎麼做到的嗎？

答案 白天明明在室外找了一個可以看到北方地平線的地點，然後做了一個記號。等到晴朗而沒有月亮的晚上，明明站在記號的位置，並在北方的天空中找到北斗七星，而順著北斗七星勺口外緣兩顆星連成的假想直線就可以找到北極星。然後用手測量北極星在水平線上的高度，其實這個高度就等於自己所在地區的緯度。比如，假如量出北極星在地平線上有四個拳頭高，就表示它在水平線上 40°，而自己所在的緯度也就是 40°。

★第4章　生物科學★

生物科學是研究包括人在內的生物的結構、功能、發生和發展的規律，以及生物與周圍環境的關係等的科學，也屬於自然科學的分支學科。因為在高中階段，生理健康、動物、植物、生物都被作為獨立的學科來教學，所以本書將生物科學類的科學思維訓練遊戲作為一個獨立章節，內容主要包括人體科學、動物科學、植物科學三個方面。

了解這個世界，先從了解我們自身做起。人體是個複雜的結構，各個器官在一起相互合作造就了人體。因此，我們其實並不是真正了解自己的身體，你可能不知道，我們人體有著不少鮮為人知的祕密，這些祕密包括人體結構、功能、體型，身體各系統，人為什麼會生病，如何保健等知識，本章就為你呈現了許多祕密。根據實際需求，本章在人體科學類的內容中還涉及了一些心理學知識，讀者就可以更加透澈的、「由表及裡」的了解自身祕密，掌握好自己的人生之路。

每個人都有自己喜歡的動物。在動物世界中，每個動物都有自己的祕密，例如，壁虎的祕密是能斷尾，鳥的祕密是用尾巴保持平衡，狗到處撒尿是為了留下自己的氣味……其他的動物還有什麼祕密呢？讓我們一起來探索吧！

在地球46億年的漫長歷史中，植物是其中不可或缺的重要組成部分。現存的大多數植物都擁有數十倍於人類的歷史。植物中蘊藏著無數的生命奧祕。從最早的單細胞植物到如今的高等植物，它們以頑強的意志書寫著生命傳奇。直到今天，這種傳奇仍在繼續。讓我們一起走進植物天地，讀懂這個傳奇吧！

201 司馬光的「警枕」

司馬光從小讀書就很刻苦、勤奮，他覺得自己記憶力不行，背課文記生字總是沒有別人快，就暗自說：「讓我下苦功，來增強記憶力吧！」於是他試著對課文多唸多背，別人背兩遍三遍，而他要背上五遍六遍。

這樣一來，時間就不夠用了。放學後，也得擠出時間來讀書。特別是晚上，玩耍一陣後，他便讀起書來，這一讀就讀到很晚。到第二天，他還要早早的起床進行晨讀。但是由於晚上睡得晚，他常常睡過頭而耽誤了早晨的讀書。最開始，司馬光讓母親來喊醒自己。但是母親心疼他，不想讓他讀書讀得這麼辛苦，就故意不叫他起床。

後來，有一天，司馬光看見後院一段圓木頭，靈機一動，心裡想：「有辦法了！」用這個辦法使得司馬光再也不會睡過頭了。後來經過 19 年的努力，司馬光主持編撰了 294 卷，約 300 萬字的歷史巨著 ——《資治通鑑》。

你知道司馬光用的是什麼辦法嗎？

原來，司馬光把圓木頭擦乾淨，放在床上當枕頭。只要他枕著圓木頭睡，一翻身，圓木頭就滾動，把他驚醒。這樣他就不會睡過頭了。

202 誰能站起來

坐在椅子上，聽到「起立」的口令後，馬上站起來 —— 這也許是每一個健全的人都能做到的。現在，我們就來做一個簡單的遊戲，看誰坐下以後，能按照裁判提出的要求站立起來。

先讓每一個參加遊戲的人坐在椅子上。裁判的要求是這樣的：上身要保持正直（有靠背的椅子，要使背部正好貼在椅背上）；雙腿併攏、上肢與下肢屈成直角；雙腳平放在地上；雙手自然下垂，不要扶任何東西。

聽到裁判的「起立」口令後，要保持坐姿，身體既不能向前傾斜，雙腿也不能向後挪動，雙手也不准撐扶椅子或其他東西。試試看，誰能站起來。對啦，沒有一個人能站起來，即使你把吃奶的勁都使出來，也不會像你想像的那樣很輕鬆、很容易的站起來。除非你違反了規定，不是身體向前傾斜、就是雙腿向後挪動。誰不經常坐下、起來，起來、坐下，可是為

什麼這麼簡單的事情，現在反而做不到了呢？

答案 原來，我們平時從椅子上起來時，都很自然的傾身、收腿，把身體的重心往前移，才能發力起身。如果保持坐姿不變，身體的重心靠後了，自然就使不上勁、站不起來了。

203一個巴掌拍不響

諺語說：「一個巴掌拍不響」，事實也的確如此。你知道其中的科學道理嗎？

答案 力是物體與物體之間的作用，力的作用是相互的。只有一個物體不能產生力，一個巴掌也就拍不響了。

204一心不能二用

聰聰在做作業的時候，總是一邊寫作業，一邊聽著歌。媽媽看到了把他狠狠的責備了一頓，可是過後聰聰還是不改，照樣那樣寫作業。

媽媽指著一張紙接著說：「你拿一枝筆在這張紙上寫自己的名字，並且同時你的腳還要在地上做圓圈運動，只要你能正確的寫出自己的名字，我就允許你在寫作業的時候聽歌。」

聰聰按照媽媽說的那樣，使勁的拿著筆在紙上寫自己的名字，可是平時寫得很順的筆畫，這個時候彷彿都變得不聽話了，所以聰聰在轉動腳的同時，只是在紙上畫了一些圓圈。

聰聰拿著紙給媽媽看，並且感到很奇怪，為什麼寫不出自己的名字呢？

答案 聰聰在寫名字的時候，只能畫一些和腳的運動方向一致的圓圈，一旦腳的運動方向改變，手的運動軌跡也會跟著變動，所以，很難在腳運動的時候寫好自己的名字。這就說明了每一種運動都要求精神必須集中，一心是不能二用的。

205 撓癢為什麼會笑

小胖很調皮，特別喜歡撓同學的胳肢窩，讓同學忍不住癢而大笑起來。有時他也被同學撓胳肢窩，也會感到癢而忍不住笑起來。不過小胖在撓胳肢窩的時候發現，如果是自己撓自己的胳肢窩，自己感覺不出來癢，也不會笑。這是為什麼呢？

小胖對此感到很奇怪，於是就把自己的問題告訴了爺爺，想從爺爺那裡知道答案。爺爺告訴他原因後，他才明白是為什麼。

你知道是什麼原因嗎？

答案 事實上，並不是所有的人在被撓胳肢窩時都會發笑，是否會發笑主要取決於被撓胳肢窩的人當時是否緊張。如果被撓胳肢窩的人全身保持放鬆的狀態，即使被別人撓了胳肢窩，也是不會笑的。而大多數的人在被別人撓胳肢窩時總會感到緊張，因為我們的身體對這種接觸會感到一種無法控制的不自在，而且我們還會擔心被撓疼或撓癢。而有的人不怕這些，因此就不會緊張。自己撓自己不會發笑，是因為我們知道自己可以控制自己，不會把自己撓疼或撓癢，即使疼或癢了，也可以很容易停止下來。

206 為什麼有時吃飯會噎住

有個成語叫「因噎廢食」，原意是說，因為有人吃飯噎住了，索性連飯也不吃了，這太荒謬了。這個成語比喻要做的事情由於出了點小毛病或怕出問題就索性不去做。我們現在討論的不是這個成語的用法，而是想問你，為什麼有時吃飯會噎住？你知道答案嗎？

答案 食物從嘴裡到胃裡，要經過細細的食道。食道並不是上下一樣粗的，它有三個地方要窄一些。如果吃得太急，食團大，嚼得不細就嚥下去，很容易堵在食道中一個狹窄的地方，就會噎住。

噎住了怎麼辦呢？不要緊張。休息一會，讓食物自己慢慢的下去。有的人在噎住時喝水，但有時喝了水，食道更脹，並不舒服。

207 豬八戒照鏡子——裡外不是人

我們每天都需要照鏡子，如果不是哈哈鏡，鏡子大小合適且完好無損，就可以在鏡中看到自己的真實面貌。有句歇後語叫「豬八戒照鏡子——裡外不是人」，如果嚴肅的從科學角度分析，這句話是很有道理的。你知道其中的科學道理嗎？

答案 根據平面鏡成像的原理，平面鏡所成的像大小相等，物像對稱，因此豬八戒看到的像和自己「一模一樣」，仍然是個豬像，自然就「裡外不是人了」。

208 人為什麼要喝水

巧巧每次上學之前，媽媽都會為她準備好一瓶水。就算平時週末放學在家的時候，媽媽也總不忘囑咐巧巧去喝水。有時候，巧巧正在玩得起勁，媽媽也會叫她一聲，說：「巧巧，該喝水啦！」

巧巧這時候不想去喝水，就說：「媽媽，為什麼老叫我喝水呀？我都喝了那麼多水了！」媽媽走過來說：「喝水對於人的身體是有利的，只有多喝水才能有健康的身體，妳才能玩得更好！」

可是巧巧還是不願意去喝水，媽媽又跟她講了很多關於人為什麼要喝水的道理，這樣講完，巧巧自己就蹦蹦跳跳的去喝水了。

媽媽都跟巧巧講了些什麼呢？

答案 水是構成人體的重要物質，它約占人體重量的60%。而在我們人體的各個部分，比如肌肉、器官、腦脊髓液和血液裡面都有水，甚至就是堅硬的骨頭裡也含有16%～46%的水分。但是一個人如果喪失15%～20%的水，這樣的人就會很快的消瘦下去，嚴重的可能就會因為缺水而發生生命危險，所以人要不斷的喝水，及時的補充身體裡面的水分。

209 人為什麼會出汗

巧巧的爸爸經常在早上鍛鍊身體，有的時候跑步，有的時候做健身操，巧巧覺得爸爸每天都很有精神，所以她也想早上早早的起床，然後去外面跑一圈，再回家吃飯。巧巧跟爸爸說了這個想法之後，第二天就開始行動了。巧巧跟著爸爸跑了還沒有200公尺就累得氣喘吁吁，身上還出了很多的汗。巧巧跑向爸爸要毛巾擦汗，並且說：「爸爸，人為什麼要出汗呢？你看出汗多髒呀！」爸爸笑著說：「出汗是人的身體在工作呢！」

巧巧想弄清楚，人的身體是如何工作的呢？

答案 人的汗液是由汗腺分泌出來的。在人體中有大汗腺和小汗腺兩種，大汗腺是分布在腋窩、大腿跟等處，而小汗腺分布在全身各處。一般情況下，僅有少數汗腺參與分泌活動，所以排出的汗液也不多，但是在人進行運動或者天氣非常炎熱的情況下，人就會排出很多的汗。人出汗之後，等到汗液蒸發的時候可以帶走相當多的熱量，它具有調節體溫的功能。而且汗液還可以使皮膚角質柔軟，有滋潤皮膚和防止皮膚病發生的作用。

210 人為何會眨眼睛

生物課上，老師問學生：「同學們，知道為什麼我們總是說『星星眨眼睛』嗎？」靈靈第一個舉手回答：「因為星星會說話，所以要眨眼睛！」巧巧不同意這個說法，說：「那是因為我們人在眨眼睛，所以看星星的時候，會覺得星星在眨眼睛！」萌萌搖搖自己的腦袋說：「星星在星空中會運動，我們看它們的時候，正好趕上它們在運動，所以覺得星星在眨眼睛！」……

老師聽完同學們的回答，說：「其實巧巧同學說得很正確，因為我們人經常眨眼睛，才會使得看星星的時候，覺得星星也在動！」有同學這時候又問老師：「那麼，人為什麼會眨眼睛呢？」你知道這個答案嗎？

答案 人眨眼睛是對自己的一種保護。因為眼珠需要經常溼潤，而眨動眼睛，使得眼皮能把眼淚均勻的抹在眼珠上，從而使眼珠更加溼潤、靈活的轉動。而這些眼淚還能把掉進眼睛裡的灰塵沖洗掉，保持眼睛的清潔舒適。所以，人總是在不斷的眨著眼睛。

211 閉一隻眼能使兩枝鉛筆的筆尖相碰嗎

兩手各拿一枝削尖的鉛筆，筆尖相對，保持約 66 公分的距離。閉上一隻眼，你能做到兩枝鉛筆的筆尖相碰嗎？當然要求動作要快些！怎麼？碰不上吧？為什麼呢？

答案 這個遊戲說明眼睛並不總是可靠的。平時我們用兩眼觀察事物時，物體具有立體感，眼睛可以測量出人與物體的距離。閉上一隻眼，雙目視覺的優越性就消失了，物體的遠近就變得難以辨別了，所以，很難使兩枝鉛筆的筆尖相碰。

當然，如果閉上一隻眼，反覆進行練習，學會在新的情況下調節雙手的動作，那麼閉著一隻眼使兩枝鉛筆的筆尖相碰也是可以做到的。

212 人激動時為什麼會流淚

聰聰和爸爸在一起看動畫片，片中的小孩因為迷路了，找不到家，最後急得哭了，而最後還是警察叔叔幫助小孩找到了家門。孩子的媽媽見到孩子平安回來，也激動的哭了。聰聰看到這裡，問爸爸一個問題：「為什麼他們總是哭呀？」爸爸說：「因為媽媽找到了自己的孩子，所以激動的哭了呀！」聰聰打破砂鍋問到底：「那人的眼淚是怎麼流出來的呀？」

你知道人的眼淚是如何流出來的嗎？

答案 原來人之所以會流淚，是因為人的眼淚是由淚腺分泌出來的。而在平時，人體分泌的眼淚很少，一般是透過鼻咽管，流入鼻腔裡，隨著呼吸這些眼淚就會被蒸發掉。而當人在激動的時候，淚腺分泌的淚水突然增多，鼻咽管那裡還來不及把它們全部送走。所以，眼淚就從眼睛裡流出來了。

213 吃飯時為什麼不能看電視

寶寶和貝貝是一對雙胞胎，兩個人經常是形影不離。寶寶見貝貝吃完飯去沙發上看電視了，自己雖然還沒吃完飯，但是也端著碗過去看電視。貝貝發現寶寶一邊看電視，一邊吃飯，就提醒說：「你幹嘛總跟著我學，吃飯的時候是不能看電視的！」寶寶不高興的反駁道：「為什麼不能看電視呀，你不也看電視嗎？我只不過一邊吃飯一邊看電視而已！」後來爸爸也強調吃飯的時候不能看電視，這是為什麼呢？

答案 原來因為人在吃飯時需要有消化液和血液，這些都能幫助胃腸消化食物。而在吃飯時看電視，大腦也需要大量的血液。這樣它們就會相互爭搶血液的供應。結果這兩方面都不能得到充足的血液，所以就會吃不好飯，也看不好電視。而如果時間長了，還會發生頭暈、眼花等病症。

214 漆黑一團

有句成語叫「漆黑一團」，形容非常黑暗，沒有一點光明，也形容糊裡糊塗，一無所知。請你從科學的角度解釋一下，你的眼前在什麼情況下會「漆黑一團」？

答案 健康的眼睛能看到物體的條件是要有光線射到人的眼睛，這些光線有的是光源本身發出來的光；有的是物體把日光、月光、燈光等環境光反射後射到人的眼睛，不管是哪種情況，人眼把射來的光線反向延長後即可得到光源或物體的位置。如果是什麼東西也看不到，當然就是漆黑一團。

215 盲人點燈白費蠟

諺語說：「盲人點燈白費蠟。」如果拋開對身心障礙者的歧視色彩，事實也的確如此。你知道其中的科學道理嗎？

答案 人們能看到世上萬事萬物，是因為太陽光或用來照明的光照射在物體上，被物體反射後的光線進入人眼，反射光線進入不了盲人眼中，所以盲人看不見物體。

216 你能使手保持不動嗎

取一枚迴紋針，把它弄直後，彎成 V 字形。再把它放在一把水果刀的刀背上，把刀舉到桌面上，讓 V 形細鐵絲的兩腿輕輕的擱在桌子上，你能讓細鐵絲保持不動嗎？

注意：拿刀的手不要放在桌上或靠著別的東西。

答案 這個遊戲妙就妙在刀上的細鐵絲好像走路似的動個不停，而且你越想讓手穩住不動，鐵絲在刀背上「走」得越快。這是什麼原因呢？原來人手上的肌肉常處於緊張和鬆弛交替變化的狀態。這種交替變化形成一種平時很難覺察出來的輕微顫動，而那個「會走路」的細鐵絲，實際上把這種輕微顫動放大了。你越想使勁控制讓手不動，你的肌肉就越賣力的做功，各部分肌肉處於緊張和鬆弛狀態的差別也就越大，手的顫動也就越明顯。

217 你能踮起腳嗎

面對敞開的一扇門的門邊，鼻子和腹部貼著門邊，雙腳各放在門的兩邊，試試看，你能踮起腳嗎？怎麼？辦不到吧，這是怎麼回事呢？

答案 原來，要踮起腳，你必須使身體重心向前移動，而門扇擋住了你，使你無法做到這一點。

218 抓住腳趾頭，你能向前跳躍嗎

用雙手抓住腳趾頭，膝蓋略微彎曲，你能用這種姿勢向前跳躍嗎？

答案 你用這種姿勢，可以向後跳躍，卻無法向前移動半步。向後跳時，雙腳首先離地，也就是人體的支撐部分首先移動，重心使身體仍然維持平衡狀態，所以向後跳是能辦得到的。但是要想向前跳，重心必須比支撐部分先移動，而你用雙手抓住腳趾頭，向前一跳那就非摔跟頭不可。如果人體的重心不移動而向前跳躍，腿部的肌肉必須十分強有力才能辦到，這時腿部不僅要使身體離開地面，而且在跳躍中還要支撐處於不平衡狀態的身體，這是一般人很難做到的，不信你試一試。

219 人心齊，泰山移

俗話說：「人心齊，泰山移。」意思是只要人們心向一處，共同努力，就能發揮出移動高山的強大力量，克服任何困難。通俗的理解這句俗語，就是「人多力量大」。有人提出反對意見，說人多未必力量大。你知道該如何實現「人多力量大」嗎？

答案 分力的方向一致時，合力就等於各分力的和，此時合力最大。

220 爬得高，跌得重

俗話說：「爬得高，跌得重。」事實也的確如此。你知道其中的科學道理嗎？

答案 因為被舉高的物體都具有重力位能，並且舉得越高重力位能越大，所以爬得高，跌得重。

221 是冷還是熱

拿三個盆子（或大碗）裝上水，一個裝冷水，另一個裝熱水，還有一個裝與室內溫度相同的水。把左右兩隻手分別放在裝冷水和熱水的盆裡泡三分鐘，然後把兩隻手同時放到裝著與室內溫度相同的那盆水中，你說水是冷還是熱呢？

答案 你答不出來水是冷還是熱，這是因為你又覺得冷又覺得熱的緣故。大腦從手上接收了兩個相互矛盾的資訊，一個認為水是冷的，另一個認為水是熱的，弄不清水到底是冷還是熱。

冷和熱本來都是相對的概念，看你拿什麼做參照物。在上面這個遊戲裡，兩隻手分別使用了不同的參照物，原來放進冷水裡的手再放到溫水裡覺得熱，原來放進熱水裡的手再放到溫水裡又覺得冷，這就是你說不清水到底是冷還是熱的原因。

222 人的聲音為什麼不一樣

聰聰上幼兒園的時候，每次都是爸爸或者媽媽去接她，而每一次坐在教室裡的聰聰都能辨別出外面是媽媽還是爸爸來接的。這一天，爸爸因為有事要忙沒有過來接他，而是改為媽媽來接，聰聰老遠就聽到媽媽和老師說話的聲音，高興的自己就跑出了教室奔向媽媽。

回家的路上，媽媽還問聰聰：「聰聰，妳怎麼知道是媽媽來接妳了呢？」聰聰歪著頭，看著媽媽說：「因為爸爸和媽媽的聲音不一樣呀，而且我在教室裡就聽到媽媽的說話聲了！」「那爸爸和媽媽的聲音為什麼會不一樣呢？」媽媽接著問，這次聰聰不知道該怎麼回答了，只好用眼睛看著媽媽。

你知道為什麼人與人之間的聲音是不一樣的嗎？

答案 原來聲音是由喉部的聲帶發出的。在人呼吸的時候，兩條聲帶是分開的，而當兩條聲帶拉緊、中間空隙縮小時，從肺部呼出的氣流就會振動了聲帶，然後就發出了聲音，而正因為男女聲帶的薄厚不同，其聲帶振動的次數也不同，所以導致聲音的不同。還有，一般情況下，男人的聲帶比較厚，所以振動次數少，其聲音也隨之變粗變低，而女人正好相反，所以聲音會又高又細。

223人的鼻孔為什麼會長毛

聰聰是個調皮的孩子，和朋友一起玩的時候，總喜歡捉弄朋友。有一次，聰聰的朋友明明來找他一起出去玩，兩個人玩累的時候，聰聰看到明明的鼻孔很大，而且可以看到裡面的鼻毛，於是他對明明說：「明明，你看你鼻子裡面有好多的毛毛蟲呀！」

明明最害怕的就是毛毛蟲，所以一聽說有毛毛蟲，非常害怕，連忙跑回家去照鏡子。

可是明明找了半天，怎麼也沒找到毛毛蟲，卻看到自己的鼻孔裡面有很多的毛，就又跑去問媽媽：「媽媽，為什麼聰聰說我鼻孔裡有毛毛蟲呢？」媽媽看著納悶的明明說：「傻孩子，鼻子裡面怎麼會有毛毛蟲呢？鼻孔裡面那是鼻毛！」

你知道人鼻孔裡為什麼會長鼻毛嗎？

答案 鼻孔裡面的鼻毛是人類進化過程中，為保護自身的身體健康而生長的。因為在空氣中有灰塵、細菌等有害的物質，而這時鼻孔裡的鼻毛，在呼吸的時候就會把灰塵、細菌等黏住，不讓這些有害物質進入人的身體內部，這樣人也就不容易生病了。

224究竟是什麼血型

深夜時分，一個年輕的女子被一輛轎車撞倒在地。肇事人假裝送她去醫院，將她抱上車後，拋屍荒野。這是一起極其惡劣的肇事逃逸事件，相關部門相當重視。警察在偵查的過程中發現，現場留下的血跡是O型和A型。根據目擊者證實，死者是一個人。但是現場的兩種血型讓被害人的身分難以確認，另外，目擊者稱肇事者在車禍發生的時候繫著安全帶，所以毫髮無傷。那麼，如何確定被害人的血型呢？

答案 該被害人同時擁有兩種血型。我們把這種情況稱為血型嵌合。

225醫院凶案

一個患者凌晨時分在醫院病床上被人用水果刀刺死，凶器是在醫院的花園裡找到的。由於凶手在行凶時用布裹著刀，刀柄上沒有凶手的指紋，但在水果刀被發現時，細心的偵探發現刀柄上爬著許多螞蟻。行凶時醫院尚未開門，所以警方認為凶手很可能也是醫院患者。

經調查，三個患者的嫌疑最大，他們是：5號病房的腸結核患者，7號病房的糖尿病患者，9號病房的腎炎患者。偵探看到這份名單時，隨即指著其中一個說：「凶手就是這個患者。」

凶手是哪一個？為什麼偵探這麼斷定？

答案 凶手行凶時會因緊張而手掌出汗，而糖尿病患者既比正常人容易出汗，汗液中還含有糖分。凶手用布包刀柄，行凶時手掌出汗，汗液透過布附在刀柄上。他把刀丟棄後，刀柄招來了螞蟻，因為螞蟻是對糖最敏感的動物。所以7號病房的糖尿病患者是凶手。

226銀行的絕招

一家旅館剛從銀行取回來的旅行支票被盜。警察聞訊趕來，他讓每個職員用衛生紙擦擦手，然後將這些衛生紙分類編號，放入培養器皿。沒多久，一張衛生紙顯現出幾條斑紋，警察根據衛生紙的編號確定了罪犯，很快破了此案。

你知道這個破案方法的奧祕在何處嗎？

答案 該市銀行發出的支票上都塗抹有細菌的芽孢。當罪犯偷竊支票後，手上便會牢牢的沾上這肉眼看不見的細菌芽孢，留下作案的印記。

227如何才能解渴

三國時期的曹操在年輕時就非常聰明。有一次，天氣非常熱，正在這時，他帶領幾十萬的大軍經過一片大原野，士兵們從早上走到下午，都沒有吃過一點東西、喝過一口水。其中一個士兵實在受不了了，對曹操說：「我們如果再沒有水喝，一定會死掉的。」隨後一個接一個的士兵開始埋怨起來：「對呀！對呀！我也快渴死了！我們不要再走啦！」

曹操看到大家因為口渴都不願意再走，就想有什麼好辦法讓大家覺得口不渴呢？忽然，他想到一個辦法，然後告訴大家，大家聽完之後一下子有了精神，而曹操也就順利的帶領大軍繼續向前走。

你知道聰明的曹操怎麼說的嗎？

答案 原來，曹操指著很遠很遠的一片山林，大聲的對士兵說：「喂！弟兄們，趕快起來喔！前面是一座梅子林，樹上結了好多好多酸溜溜的梅子。我們只要走過這一片大原野，就有梅子可以吃嘍！」而士兵們一聽到前面有酸酸的梅子可以吃，嘴裡面不知不覺就產生了許多唾液，感覺不那麼渴了。從此以後大家就用「望梅止渴」來表示一個人用想像來滿足自己的願望，就像士兵們想到梅子就覺得口不渴了一樣。

228買戒指

一對頗有名望的外商夫婦，在某商店選購首飾時，對一枚標價40萬元的翡翠戒指很感興趣，卻因價格昂貴而猶豫不決。一個善於察言觀色、揣摩顧客心理的銷售人員便故意介紹說，某國總統夫人曾來看過這枚戒指，而且非常喜歡，由於價格太貴，最終沒有買成。這對外商夫婦聽後，為了證實他們比總統夫人更富有、更闊綽，當即毅然決定，買走了這枚價值40萬元的翡翠戒指。

這位銷售人員為什麼能煽動起這對夫婦的購物「熱情」呢？

答案 顯然這位銷售人員是用虛榮心煽動起了這對夫婦的購物「熱情」。熱情在心理學上是指一種爆發強烈而短暫的情感狀態。有些熱情能夠促使人們不怕艱險，這便是積極的；但在人們的日常生活中所出現的熱情，多為消極的。表現在對自己的行為缺乏控制力，往往容易說錯話、辦錯事，產生不良後果。所以，一個人要善於控制熱情，保持理智的頭腦，不要感情用事。

229向士兵開槍

有一次，拿破崙騎著馬正穿越一片樹林，忽然聽到一陣呼救聲，情況很緊急，他揚鞭策馬，朝著發出喊聲的地方騎去。來到湖邊，拿破崙看見一個士兵跌入湖裡，一邊掙扎，一邊卻向深水中漂去。岸邊的幾個士兵慌作一團，因為水性都不好，只能無可奈何的呼喊著。

拿破崙見此情景，便朝那幾個士兵問道：「他會游泳嗎？」「他只能拍打幾下，現在恐怕不行了。」一個士兵回答道。拿破崙立刻從侍衛手中拿過一把槍，朝落水的士兵大聲的喊道：「你還往湖中爬什麼，還不趕快游回來！」說完，朝那人的前方開了兩槍。落水人聽出是拿破崙的聲音，也看到子彈射入水中，似乎增添了許多力量，只見他猛地轉身，撲通撲通的向岸邊游來，沒多久就游到了岸邊。

落水的士兵被大家七手八腳救上岸來，年輕人驚魂初定，連忙向拿破崙致敬：「陛下，我是不小心落入水中的，您為什麼在我快要淹死時還要槍斃我呢？」拿破崙笑著說：「傻瓜，我那只不過是嚇你一下，要不然，你真的要被淹死哩！」經他這樣一提醒，大家才恍然大悟，打從心底更加佩服拿破崙足智多謀。

你知道拿破崙是巧妙利用了落水士兵的什麼心理嗎？

答案 拿破崙的做法是很有道理的。士兵在出現意外的危急情況下的情感狀態，心理學上叫做「壓力狀態」。在這種壓力時刻，士兵已經喪失理智，手足無措，陷入慌亂之中，不能自救。對他開一槍，就能使他鎮定，使其行為保持一種高度活躍的狀態。

230美國的「出氣中心」

美國有一種十分特別的行業——「出氣中心」。「出氣中心」是專為在現實生活中受到各種難以忍受的苦悶，想發洩而又不能當面發洩的人而設的。到「出氣中心」來的顧客一般有兩種：一種是臨時來的顧客，只要「出氣室」空閒，便可以立刻受到接待。這類顧客，多數是受了老闆、妻子以及顧客的氣，當時不能發洩，只能忍氣吞聲，但事後又按捺不住，一想起當時的情景就想發作的人。「出氣中心」的職員會把這種顧客帶進一間有專門設備的房間，關起門來任其發洩，暴跳如雷，把室內擺設砸個稀巴爛，直到感到悶氣出盡，得到滿足為止。另一種是預約來的顧客，他們往往要求

「出氣中心」為之準備「對手」的模型，「狹路相逢」，可以破口大罵，盡情侮辱，也可「打」可「殺」，直到出夠了氣才離開。顧客中還有一種既不想打人罵人，也不想毀壞東西的人，他們只想找一個安靜的場所，找一個能耐心的聽他們訴說怨氣的人。遇到這種情況，「出氣中心」的職員便會扮演這樣的角色，對來客的訴說表示「感興趣」或表示「同情」，讓他們痛痛快快的把怨氣全倒出來，一身輕鬆的離去。

該中心自開業以來，顧客盈門，生意興隆，成功的祕訣究竟在哪裡呢？

「出氣中心」生意興隆，從心理學的角度考慮就很容易理解了。不良情緒，尤其是情緒危機（指人的心理經歷了極大的波動），嚴重威脅著人們的健康。許多疾病的引起與惡化，都與情緒有關。人有了不良情緒後自我排解至關重要，「出氣中心」能幫助人驅散心中的積鬱，消除對健康有害的不良情緒，自然會受到人們的歡迎。

231 你的快樂顏色是什麼

如果你和一群朋友去森林中探險，沒想到中途遇到一場大霧，大霧散去，卻只剩下你一個人在林子裡。這時候，你面前出現了一位仙女，你可以從她手中的魔法物品裡選出一件，陪伴你度過難關，你會選擇哪一件呢？

(1) 銅鏡 (2) 金蘋果 (3) 山楂 (4) 樹種 (5) 水晶石

答案

1. 選擇銅鏡的你，快樂顏色是白色。光明、純淨、單純、理想主義，是你的特質。你總是會以理性、客觀的處世方式讓事情變得更加圓滿。
2. 選擇金蘋果的你，快樂顏色是黃色。你是朋友眼中的小太陽，擅長製造歡笑與眼淚。不過，太過聰明的你往往也是狡辯高手，或是有著太

多抱怨的憤青。

3. 選擇山楂的你，快樂顏色是紅色。外向、活潑的你支配性極強，喜歡充當主導性的靈魂人物。愛憎分明，如果適當放開心態，你會更開心。
4. 選擇樹種的你，快樂顏色是綠色。慷慨大方、感受力極強的你喜歡照顧他人。其實，你的控制欲非常強烈，害怕失去控制大局的能力。
5. 選擇水晶石的你，快樂顏色是紫色。神祕的紫色是敏感的代表。你容易情緒低落，心情總是徘徊在天堂與地獄之間。

232 史前壁畫

某失業年輕人整天想著發橫財。一天，他找到一位古董商興奮的說：「您聽說過在法國發現了洞穴人在山洞裡畫的壁畫嗎？可是我在西班牙的一個農莊發現了更堪稱無與倫比的史前古人壁畫。」說著，他遞給古董商三張照片：「這幾幅壁畫，是我鑽入差不多有 4,000 公里深的暗洞才拍攝到的。」古董商看了一眼，第一幅是犀牛圖，第二幅的畫面是獵人在追趕恐龍，第三幅是奔馳的猛獁象圖。可是古董商立即指出失業年輕人在說謊。請問這是為什麼呢？

答案 這位失業年輕人一點常識都沒有，那些所謂的古人類壁畫一看便是偽造的，因為恐龍不可能被古人類追趕，地球上的人類在恐龍絕跡數千萬年後才出現的。

233 真假古畫

北宋的時候，有一個人在街頭賣畫，說是珍藏古畫 —— 百馬圖。畫面上有 100 匹馬，有的在奔馳，有的在嬉戲……真是千姿百態，特別是一匹紅鬃烈馬，一面低頭吃草，一面圓睜雙眼，招來了不少人圍看。

忽然，人群中跳出一人，「唰」的抖開一幅畫，叫道：「百馬圖真本在這裡！」眾人一看，兩幅畫幾乎一模一樣，只差在紅鬃烈馬的眼睛上，後一幅的馬埋頭吃草，右眼閉合。

這一下可熱鬧了。兩個賣畫的人都說自己的是真本。據傳，「百馬圖」的作者是熟悉馬的生活習性的。你能判斷出哪幅畫是真，哪幅畫是假嗎？根據是什麼？

答案 你了解馬的生活習性嗎？馬在吃草的時候是什麼樣子？馬在吃草的時候，為了防止雜草莖葉刺傷眼睛，會本能的閉上眼睛，所以後一幅畫是真本。

234小鳥飛

這日，聰聰見小虎和小寶蹲在院子裡非常認真的研究什麼東西，就湊上前去看。原來他們捉了一隻小鳥，正在玩呢。玩了一會，小寶說：「我們把小鳥放到井裡，然後看牠飛上來吧。你說牠能飛上來嗎？」聰聰就走上前告訴了他們答案。你知道聰聰說的是什麼嗎？

答案 小鳥不能飛上來。因為鳥的飛行原理與一般飛機相同，必須有足夠大的飛行空間。小鳥不能像直升機一樣。

235一張收據

一家小型建築公司的經理，在翻閱員工的報銷單時，見一張收據上寫著：「購買兩隻小白鼠。」經理感到很奇怪，這小白鼠與建築公司有什麼關係，還要報銷？於是他叫人把那員工找來，問他為什麼用公司的錢去買老鼠。那個員工一聽，笑著反問經理：「經理先生，您還記得我們在上星期維

修的那間房子嗎？」經理點了點頭。「那天我們是裝新電線，對不對？」經理點點頭。「我們得把新電線穿過一根口徑只有3公分左右的管子，而這根管子不僅長達8公尺，還固定在牆上，還有4個彎頭，您說我們怎麼做才能把電線穿過去？」經理一時張口結舌。接著，這位員工就對經理說了一番話後問道：「經理先生，您說買這兩隻小白鼠的錢該不該報銷？」經理豎起大拇指，哈哈笑道：「妙！妙！應該報銷。」

怎樣才能利用小白鼠通過8公尺長又有4個彎頭的細管子呢？如果小白鼠在管子裡面不動怎麼辦呢？

答案 工人們想出一個妙計，到動物商店買了一公一母兩隻成年小白鼠。他們在那隻公鼠的爪子上繫了一根細繩後丟進管子的一頭。另一頭由一個人抓著那隻母鼠，捏得牠「吱吱」亂叫。那公鼠聽到母鼠的叫聲，就朝管子的另一頭鑽去救牠，就把扣在牠爪子上的細繩帶了過去。於是，工人們就利用這根細繩把要穿的電線穿過了管子。

236摔不死的螞蟻

聰聰、明明和靈靈三個人在小區的公園裡一起玩耍，正當靈靈想要撿起一根樹枝在地上亂畫的時候，他發現樹枝上有一隻螞蟻在爬行，可是當靈靈舉起樹枝到大腿部位的時候，螞蟻掉在了地上。

靈靈驚奇的發現螞蟻並沒有被摔死，還照樣繼續前行。靈靈把這一發現告訴了聰聰和明明，於是他們重新找到一隻螞蟻，然後把手中的螞蟻高高的舉起來，再用力摔到白紙上面（不過這時候注意不能用力太猛來捏螞蟻，防止把螞蟻捏死）。等到螞蟻落到白紙上之後，他們仔細的觀察發現螞蟻安然無恙，沒有一點受傷的痕跡。

你知道螞蟻為什麼摔不死嗎？在不讓動物保護組織知道的情況下，你能設想一種摔死螞蟻的方法嗎？

答案 原來螞蟻不怕摔的原因是，在螞蟻落下到地面的過程中受到了空氣阻力的作用。所有物體在空氣中運動時都會受到空氣阻力的影響，但是阻力的大小與物體和空氣所接觸的表面積有很大關係，物體越小，其表面積和重力的比值就會越大，也就是阻力越容易和重力相平衡，從而使物體的下降速度不會是越來越快的，而是在空氣中以很慢的速度下降到地面。而對於螞蟻來說，本身比較小，牠的阻力和重力接近於平衡，所以螞蟻落地的時候速度很慢，不至於被摔傷或者摔死。

我們還可以設想一種方法使螞蟻摔死：把螞蟻放在一根真空的長玻璃管中。當螞蟻在這種管子中落下時，因為沒有空氣阻力，如果管子足夠長，螞蟻就有可能被摔死。

237「不衛生」的貓頭鷹

貓頭鷹似乎很糊塗，牠總是在自己的家裡放大便。比如說，掘穴貓頭鷹是一種在草地上挖洞的貓頭鷹，牠們總是喜歡收集乳牛和其他哺乳動物的糞便，然後把這些糞便一塊塊放到牠們的洞裡去。這是為什麼呢？為了解決這個疑問，科學家們做了幾個實驗。

有人推測貓頭鷹可能是用糞便掩蓋牠的蛋的氣味，這樣臭味就能臭跑那些想吃蛋的獵食動物。科學家們做了一些沒有臭味的假糞便，放到貓頭鷹的洞裡去，可是他們發現，那些獵食動物來的次數是差不多的。

不是因為這個原因，那是為什麼呢？如果你是科學家，該如何進一步尋找答案呢？答案會是什麼呢？

答案 科學家們採集了一些乾糞便，另外還採集了一些溼糞便，就像剛剛被大雨淋過一樣的。他們發現這兩種糞便都吸引了「屎殼郎」（學名蜣螂），溼糞便吸引得更多。貓頭鷹是很喜歡吃甲蟲的，那麼貓頭鷹是不是用糞便來「釣蟲子」，就像用食餌釣魚一樣呢？

科學家們繼續做實驗。他們觀察 10 隻貓頭鷹 4 天，當他們把糞便從貓頭鷹洞裡拿出來的時候，貓頭鷹吃蟲子很少，而重新把糞便放回洞裡去的時候，貓頭鷹吃了 10 倍的蟲子！

這樣，科學家們就確信了，原來貓頭鷹並不糊塗，牠們是用糞便來引誘蟲子吃。

238 蜘蛛的「祕密暗號」

為了弄明白蜘蛛的生活習性和身體結構，明明和聰聰想找到一隻蜘蛛自己研究一下。可是，怎麼樣才能找到蜘蛛呢？

聰聰首先從家裡找了個音叉（替樂器調音用的工具），然後和明明一起到室外，找到了一根小木棍，又找到了一張完整的蜘蛛網。只見聰聰一隻手握著木棍，另一隻手握著音叉，用音叉輕輕的敲一下小木棍，在音叉發出響聲後，握著音叉去接觸蜘蛛網，原本在別處伏著不動的蜘蛛，快速的向蜘蛛網中被音叉接觸的地方奔來了。

你知道蜘蛛為什麼會奔過來嗎？

答案 原來蜘蛛向音叉接觸的地方前進，不是因為音叉發出的聲音，而是聲音所帶來的振動。蜘蛛在結完網後，就會在一旁等候，獵物落網後，會不斷掙扎，而蜘蛛就可以透過蜘蛛網上所傳來的振動，判斷出有了獵物。所以，當拿著振動著的音叉接觸蜘蛛網時，蜘蛛感受到了網的振動，就會以為又有了獵物，而向你奔來。

239 蟋蟀為何突然停止了歌唱

媽媽買了一隻蟋蟀給靈靈，靈靈很喜歡蟋蟀每天的歌唱，會為靈靈帶來很不一樣的感受。比如，在自己感到失落的時候，一看到奮力歌唱的蟋蟀，自己也就精神振奮了！小小的蟋蟀都知道在有限的生命裡唱出最美麗的歌聲，我們又何必輕言放棄呢？

可是，靈靈發現每次自己餵養蟋蟀的時候，只要有一點點的動靜，蟋蟀就會停止歌唱。這是為什麼呢？

媽媽說：「蟋蟀的這種功能曾經被人利用，比如，可以用蟋蟀來當警衛，因為牠們聽到一點聲音就會停止歌唱！」

可是，為什麼蟋蟀有這種功能呢？親愛的讀者，你能告訴靈靈其中的緣由嗎？

這是因為位於牠前腿部位的聽覺器官非常靈敏，可以感知到任何的一點輕微的聲響，所以古代的中國，蟋蟀都是被當作看家的警衛來裝在籠子中飼養的。

240 喚醒蝸牛

靈靈去找聰聰玩，到聰聰家後發現，聰聰正對著幾隻蝸牛愁眉苦臉的。靈靈便問聰聰為什麼愁眉苦臉的。聰聰告訴靈靈，原來聰聰爸爸替聰聰帶回來幾隻可愛的蝸牛，可是聰聰想和蝸牛一起玩的時候，蝸牛卻躲在殼裡不肯出來。

靈靈聽完後，想了想說道，我有辦法讓蝸牛出來。靈靈找來了兩個盆，一大一小。首先將蝸牛放在小的盆中，並用小水壺向蝸牛的身上灑了一些溫水。蝸牛背上被弄溼後，靈靈把大盆放在桌上，並向大盆中倒點開水，但是倒得不多。然後，又將小盆放入大盆中，盆底與水面大約間隔幾

公分。然後靈靈對聰聰說，等一下蝸牛就會一個個的出來了。

過了一會，聰聰發現，蝸牛果然出來了。

你知道靈靈為什麼能讓蝸牛出來嗎？

答案 這是因為蝸牛需要一個合適的溫度和溼度才能出殼活動，因此，靈靈可以根據這個特點來控制蝸牛的活動。

241 哪個先死

捉來三隻蝗蟲，為了弄清楚牠們誰存活時間最短，分別把牠們一個頭泡在水中，一個胸腹部浸在水裡，一個兩條腿放入水中。猜猜看三隻蝗蟲哪個最快死去？

答案 胸腹部泡入水中的那隻先死，因為蝗蟲呼吸空氣的氣門在胸腹部。

242 啃樹皮

春天，有兩個酷愛旅行的人在遊歷南方的 A 地以後，又來到北方的 B 地。有一天，他們在一座山林裡遊玩，疲倦了，便坐在一株只有幾公尺高的小樹旁休息。甲看見樹枝上有一塊大傷痕，好奇的站起來研究，並把他的發現告訴乙。兩個人研究了一會，想不出樹枝上的傷痕是怎麼造成的。剛巧有一個伐木工人走過，他們便向他請教。伐木工人說：「很簡單嘛！那樹皮是被兔子啃傷的。」

簡單？這一說倒把這兩個人搞糊塗了，樹枝離地面有好幾公尺高呀！難道兔子會爬上樹枝去啃樹皮？而牠又為什麼不啃樹根上的皮呢？當伐木工人把原因說出來以後，他們才恍然大悟。伐木工人是怎樣解釋的呢？

答案 問題中的地點是北方，冬天的時候，大雪可以積到幾公尺高，小樹只剩樹梢露在雪外，所以，兔子便能啃到樹枝上的樹皮了。

243 救鹿妙法

美國有一家大型養鹿場，養了 2,000 多頭鹿。由於鹿是名貴動物，藥用價值極高，所以長期以來，群鹿養尊處優，失去了一定的抵抗力。有一次，該養鹿場突然發生疫情，群鹿接連死亡，牧場主人急得團團轉，到處求助醫治也無半點起色，眼看著 2,000 多頭弱鹿死掉大半。怎麼辦呢？有一個年輕人向牧場主人提了一個建議，牧場主人採用了他的建議以後，居然挽救了鹿群，避免了更多的死亡。這個年輕人想的是什麼辦法呢？

答案 那年輕人提的是引狼入場救鹿的辦法，牧場主人接受這個建議以後，就把 20 隻狼引入鹿場。狼入鹿場以後，弱鹿被食；強鹿奔跑逃命，增強了抵抗力，身體也慢慢強健，鹿場從此恢復了生機。

244 幫蝶出蛹

有個小孩，在地上發現了一個蛹。於是他撿回家，要看蛹如何羽化成蝴蝶。過了幾天，蛹上出現了一道小裂縫，裡面的蝴蝶在掙扎著，似乎被什麼卡住了，出不來。小孩心想：「牠太可憐了，我必須助牠一臂之力。」他拿起剪刀，把蛹剪開，幫助蝴蝶脫蛹而出。可是蝴蝶身軀臃腫，翅膀乾瘦，飛不起來。

小孩原以為隔了一段時間，蝴蝶就會逐漸成長，在家中翩翩起舞了。但他錯了，蝴蝶一直飛不起來，最後竟然死去了。這個小孩錯在哪裡呢？

答案 這個小孩錯在他不知道這個原理，即瓜熟蒂落，水到渠成。蝴蝶必須在蛹中痛苦掙扎，直到雙翅強壯，才會破蛹而出。

245善於偽裝的螳螂

在一本童話書中，母螳螂把公螳螂吃了，然後生下了螳螂小寶寶。聰聰被這個故事感動了，為了一個小寶寶的出世，爸爸在一開始就要失去生命，果真如此嗎？

為了見識一下這個偉大的小動物，聰聰和同學一起去生態園尋找螳螂。可是找了半天，都沒有發現螳螂的影子。一個同學說：「螳螂應該是躲在草叢中的。」還有同學說：「我覺得螳螂應該是躲在樹枝上。」

螳螂到底躲在哪裡呢？聰聰想來想去得不到答案。你能告訴聰聰，螳螂躲在什麼地方嗎？

答案 其實螳螂一般是躲避在綠色的地方，比如，綠色的草叢、綠色的樹枝等。很多種動物都有牠們自己的保護色，擁有保護色的目的就是為了防止敵人的進攻。螳螂也有牠的保護色，使得人們不容易發現牠們。螳螂就是利用自己的身體顏色和草綠色一樣，躲藏到草叢中或者那些有綠色的地方，這樣才能不讓敵人發現，更加保護螳螂自己的身體。

246魚餌

小明的爸爸很喜歡養魚。在他家透明的水缸裡，漂亮的魚兒游來游去快樂極了。不過，小明卻發現了一件百思不得其解的事。水缸裡有兩種魚，可是，爸爸每次只買一種魚吃的餌料。這是為什麼呢？

答案 一種魚是另一種魚的餌料，小明的爸爸只須買一種魚的餌料就行了。魚或某些動物，成為別的魚或其他動物餌料的種類總是相對較多，因此其存在總數就多，越強大的動物成為食餌的可能性越小，所以牠的數量也就越少，這是自然規律。

247 啄木鳥為什麼喜歡啄木

老師帶著同學們去參觀動物園中的啄木鳥，並且讓同學們仔細觀察啄木鳥的形態動作。等到回到課堂上，同學們發言很踴躍，除了觀察到了啄木鳥身體羽毛的顏色之外，大部分的孩子還都注意到了啄木鳥自始至終都在啄木，那麼，為什麼啄木鳥要啄木呢？

答案 生物老師說啄木鳥啄木是因為樹中有啄木鳥喜歡吃的食物，而且啄木鳥可以輕易啄食樹木中的害蟲，完全歸功於牠的利嘴與爪子。啄木鳥長有又長又尖，而且舌尖有鉤的鋼錐形利嘴，還能靠聽覺偵測出蛀蟲、幼蟲的咬噬聲。而牠一旦聽到樹木中有動靜，就會敲擊木頭啄出樹洞，然後把蛀蟲從樹洞裡面鉤出來。因為啄木鳥最愛吃樹木中所藏的那些又肥又大的金龜子、天牛、蛀蟲等幼蟲，而這些害蟲會嚴重傷害果樹，所以啄木鳥又被稱為「樹木醫生」。

248 鴨子為何會游泳

聰聰生活的社區裡面有一個池塘，這個池塘裡面有很多荷花，還有些鴨子在水中游動。聰聰經常來這個池塘邊看鴨子游泳。有一天，一位小朋友問聰聰：「你天天待在這裡，那你知道鴨子為什麼會游泳嗎？」這下可難倒聰聰了，因為他從來沒有注意過鴨子為什麼會游泳。你知道鴨子是怎樣游泳的嗎？

答案　鴨子的腳上有蹼，可以幫助鴨子掌握平衡，不至於摔倒，而且鴨子的羽毛外表有一層防水膜，這樣羽毛就不會被浸水，因此空氣就存留在羽毛中，這樣就使得鴨子可以浮在水面上，不沉入水中。

249為什麼鴨子不怕水而雞怕雨淋

我們經常看到鴨子浮在水面上，悠然自得，還經常鑽到水裡去捉魚吃，而雞只能在岸上找食物吃，如遇大雨，小雞們就會驚慌失措的躲起來，你知道為什麼嗎？

答案　如果把油和水混合在一起，無論你怎樣攪拌，油最終也會浮在水面上。鴨子會從身體裡分泌出大量油脂覆蓋在羽毛上，牠就是靠油的這種特性來保護自己的。而雞的羽毛上沒有油脂，所以也就經不起雨淋了！

250蜜蜂為什麼會螫人

生物老師講關於蜜蜂的知識的時候，為了讓孩子們更深刻的體會到蜜蜂在花園採蜜的過程，就帶著孩子們來到學校的花園中觀看蜜蜂的辛勤工作。這時候，調皮的聰聰問老師一個關於蜜蜂的問題：「老師，您說為什麼蜜蜂會螫人呀？」其他的孩子聽到這個問題，也很想知道答案，都一起大聲說道：「為什麼呀？」生物老師笑著回答了這個問題。

你知道蜜蜂為什麼會螫人嗎？

答案　生物老師說，凡是太靠近蜜蜂窩的不管是動物還是人，只要蜜蜂感覺受到了威脅，牠們就會用自己的刺去螫對方。所以觀看蜜蜂採蜜的時候，人不能離蜜蜂太近以免被螫到。因為在蜜蜂看來，牠們對付敵人的最好辦法就是先發起攻擊，直到把敵人趕跑為止。因此，當蜜蜂覺得自己平靜的生活受到了威脅的時候，就會把肚子下面充滿毒液的刺針狠狠的刺向敵人，而當刺針進入人或者動物的皮膚的時候，毒液就會透過管道流入人或者動物的身體。但是蜜蜂很少單獨行動，一般對於侵入地盤的敵人，牠們會利用群體的力量來攻擊敵人。

251 蜻蜓為什麼要點水

聰聰和媽媽一起到公園去玩，一路上聰聰很興奮，不斷的唱著歌，哼著曲。當聰聰和媽媽走到河邊的時候，眼尖的聰聰一下子就看到了河面上的蜻蜓，那些低飛在水面上的蜻蜓，就像一架架小的直升機，時而在河岸的上空盤旋，時而又俯衝下來，用尾尖在水面上輕輕一點，這時候水面就會泛起一圈圈的漣漪。聰聰看到蜻蜓在不時的點水和飛走，就好奇的問媽媽是怎麼回事。你知道蜻蜓為什麼要點水嗎？

答案 蜻蜓點水是為了繁衍後代。雖然蜻蜓是生活在陸地上的昆蟲，整日飛在空中，但是牠們的幼蟲卻都生活在水中，所以為了繁衍更多的後代，蜻蜓必須選擇在有水的地方產卵，這樣受精卵才會在水中孵化。於是蜻蜓就會使用自己的尾巴點水的方法來把受精卵排到水中，而那些卵到了水中就會附著在水草上，過不了多久便會孵出幼蟲，當幼蟲在水中生活了一段時間之後，就會沿著水生植物的枝條爬出水面，從而變成了飛翔的蜻蜓。

252 燕子為什麼要低飛

巧巧和媽媽出去散步，剛走出家門沒幾分鐘，空中就布滿了烏雲，天陰了下來，好像要下雨一樣。而且還時不時的看到幾隻飛得很低的燕子。媽媽想考考巧巧，就說：「巧巧，你知道燕子為什麼低飛嗎？」巧巧想了想，說：「因為要下雨了！」媽媽拍拍巧巧的腦袋說：「真聰明！」你知道燕子為什麼在要下雨的時候低飛嗎？

答案 因為快下雨時，天氣比較悶熱，這時天空中的一些小飛蟲都飛得很低，燕子為了追著捕食這些小飛蟲，也只能飛得很低。而且天快要下雨的時候，空氣中的氣流動盪不定，而燕子就會受到氣流的影響，變得上上下下、忽高忽低的飛行。所以人們看到燕子低飛的時候，就知道天快要下雨了。

253雞為什麼要吃沙子

小麗的媽媽帶著她回鄉下看外婆，臨走的時候外婆送給小麗一隻大母雞。回到家之後，媽媽吩咐小麗去沙池裝點沙子給雞吃，聽到媽媽要餵雞吃沙子，小麗一臉疑惑，反問媽媽：「媽媽，您說錯了吧，沙子那麼硬的東西，雞怎麼會吃沙子呢？」媽媽看到小麗很認真的樣子，笑著說：「是的，我說得沒錯，要不妳去裝碗沙子回來試試看？」沒多久，小麗就端著一碗沙子回來了，並且倒進了槽裡。雞果真走過來吃起了沙子，還吃得「津津有味」。媽媽看到小麗還是不懂，就向她解釋了為什麼雞會吃沙子。你知道雞為什麼會吃沙子嗎？

答案 雞之所以吃沙子，是因為牠沒有牙齒，而吃進肚子裡面的食物也就不能經過牙齒的磨碎而直接進入體內，很難被消化。那麼，這個時候雞吃進去的沙子就會幫助磨碎食物，使得磨碎後的食物更容易被雞消化和吸收，所以雞要不斷的吞食沙子來幫助牠自己消化食物。

254 為什麼狗在夏天喜歡伸舌頭

聽聽和媽媽吃完晚飯之後，經常出去散步。可是到了夏季，每次聽聽看到狗都會不由自主的躲到媽媽的身後，因為這時候的狗會把長長的舌頭伸出嘴巴外。聽聽覺得這狗伸著舌頭好像要咬人的樣子，對媽媽說：「媽媽，您看那狗是不是要咬人啊，牠總是伸著舌頭，我好害怕呀！」媽媽看到聽聽這麼害怕，就告訴聽聽：「不要害怕，狗伸著舌頭是不會咬人的。」

你知道狗為什麼在夏天喜歡伸著舌頭嗎？

答案 原來在夏天，狗伸著舌頭並不是要咬人，而是為了出汗。許多動物和人一樣會出汗，特別是在大熱天，因為出汗能降低體溫。但是，狗身上的皮膚並不會出汗，而狗的汗腺在牠的舌頭上，所以狗是靠舌頭來排汗的，因此牠們常常把舌頭伸出來，讓身體裡多餘的熱量從舌頭上散發掉。所以狗在夏天伸著舌頭很正常，並不是要咬人的樣子，只是為了牠們自己的身體需求，才會張大嘴巴把舌頭露出來的。

255 駱駝背上的「駝峰」

「《動物世界》要播出了，靈靈快來看呀！」正在看電視的爸爸呼喚正在玩耍的靈靈。

《動物世界》是靈靈最喜歡看的節目，因為裡面的動物充滿了趣味和神奇色彩，所以靈靈每一集都會跟著爸爸一起看。這一集的節目中講的是「駱駝」，靈靈知道駱駝是行走在沙漠中的動物，還是一種相當耐渴的動物。

看到駱駝的背上有兩個很大的鼓出來的東西，靈靈就問爸爸：「爸爸，那鼓起來的東西是什麼呀？」爸爸回答：「那是『駝峰』，駱駝被當地人用來作交通工具，而在沙漠生活的人們離不開牠。駱駝之所以能在沙漠缺吃少喝、非常炎熱的惡劣環境中生存下來，是因為牠的身體結構非常特殊。『駝峰』就是牠們的祕密武器，駱駝就是因為有『駝峰』才不會在沙漠中死去。」

你知道駱駝的『駝峰』具體有什麼妙用嗎？為什麼駱駝沒有了駝峰就會死去呢？

答案 駱駝的『駝峰』並不是用來儲存水的，而是含有大量的脂肪。駱駝就是靠這些脂肪才能長時間的不吃不喝，維持牠自己的生命。而當駱駝吃飽喝足以後，牠的『駝峰』就會變得鼓鼓的，就像裝滿食品的旅行袋，駱駝只要背著它就能輕裝上陣，在沙漠中自由行走。

256冬天的貓咪

冬天，貓咪睡覺時，總是把自己的身子盡量縮成球狀，這是為什麼？

答案 數學中有這樣一個原理，即在同樣體積的物體中，球的表面積最小。貓身體的體積是一定的，為了使冬天睡覺時散失的熱量最少，以保持體內的溫度盡量少散失，於是貓咪就巧妙的「運用」了這個幾何性質。

257魚為什麼能夠浮上來、沉下去

魚兒在水中一會游到水面，一會潛到水中，牠為什麼能夠浮上來、沉下去呢？

答案 魚在水中上下游動時，牠的肌肉時而收縮，時而擴張，與此同時，魚體內的魚鰾也一起收縮或膨脹，用以改變所受浮力的大小，達到上下游動的目的。當魚鰾收縮的時候，鰾裡的氣體被擠出來，魚的體積會略微縮小，魚受到的浮力也隨之減小。此時魚受到的浮力略小於自身的重量，魚就沉入水的深處。當魚鰾膨脹的時候，鰾裡面充滿氣體，魚的體積略微增大，受到的浮力也隨之增加。此時魚受到的浮力略大於自身的重量，魚就浮上水面。

潛水艇就是從魚兒潛水中得到啟示而製造出來的。潛水艇也有「鰾」，它的「鰾」是一些用鋼鐵做成的櫃子。這種櫃子既不能收縮，也不能膨脹，但可以透過人工的方法排水、吸水，來改變潛水艇的自身重量，以達到上浮和下沉的目的。

258 糖是從哪裡來的

大部分人都喜歡吃糖，我們的身體也離不開糖。但是你知道糖是從哪裡來的嗎？大多數人都知道甘蔗、甜菜等許多植物能為我們提供糖。除此之外，是否還有其他來源呢？

不同種類的糖有它們不同的來源。奶糖或乳糖是從奶中提取的；果糖是從水果中提取的；從蔬菜、穀物、馬鈴薯中提取的糖則稱為葡萄糖。最普通的糖，就是我們平時吃的白糖，它屬於蔗糖，主要來自甜菜和甘蔗。

甘蔗生長在溫暖潮溼的環境中。人們把甘蔗的莖砍斷，運到甘蔗加工廠或糖廠，然後洗得乾乾淨淨，切成塊或條，放到沉重的滾輪下壓碎。

你能相信嗎？最初被壓成的汁液是灰黑色或綠色的；去掉汁液中的雜質後，再把它們製成糖漿；糖漿旋轉形成中空的圓柱體，把生的褐糖留在裡面。最後，褐糖又被加工處理，重新結晶，於是，形成了白糖。

259蘋果離樹，不會落在遠處

俄羅斯諺語說：「蘋果離樹，不會落在遠處。」事實也的確如此。你知道其中的科學道理嗎？

答案 地球有吸引力而產生的重力的方向是豎直向下的，所以蘋果離樹，不會落在遠處。牛頓就是坐在蘋果樹下被蘋果砸到了頭，才發現了萬有引力的。

260水上的葫蘆——沉不下去

有句歇後語叫「水上的葫蘆——沉不下去」。事實也的確如此。你知道其中的科學道理嗎？

答案 葫蘆的密度小於水的密度，故只能漂浮在水面上。

261鋤禾為什麼要在正午

「鋤禾日當午，汗滴禾下土。誰知盤中飧，粒粒皆辛苦。」這首唐詩讀來朗朗上口，是婦孺皆知的佳句。請問：鋤禾為什麼一定要選在正午時分、氣溫最高、天氣最熱的時候呢？清晨或傍晚，天氣涼爽的時候工作，不是更加舒適嗎？

答案 因為只有在中午，田地裡的野草才會被晒死。

262誰種的椰林

10年前，一位生物學家考察了一個小島，島上沒有一棵樹，到處是繁茂的野草。10年後，這位生物學家再次去小島上考察時，發現那裡長著茂盛的椰子林。這10年中沒有人來過這裡，椰子林是怎麼長成的呢？

答案 椰子成熟以後，落入海水中，海水把椰子沖到小島上，因為雨水較多，椰子就發芽長出了椰子樹。

263糧食跑去哪裡了

一斗黃豆與一斗小米剛混在一起，結果用斗一量，怎麼不夠兩斗了？

答案 黃豆之間有很多空隙，與小米相混，小米可以進入黃豆之間的空隙。因此整體就不到兩斗了。

264袋中水滴

找一株盆栽植物，把盆中土壤澆溼透。用一個大透明塑膠袋套住植物，用細線將袋口紮緊。把花盆搬到陽光下，過不了多久，塑膠袋內壁便出現了許多小水滴。你知道這些小水滴是從哪裡來的嗎？

答案 我們可以排除水是從袋口進入袋內的，那麼袋內產生水滴的唯一可能就是植物的葉及枝條。原來，葉子表皮有許多氣孔，它們會將植物體內的水分散發到空氣中，植物枝條也會蒸發少量水分，我們稱它為蒸散作用。它可以促使根吸收水分，促進水分和養料向植物體內各部分輸送。

265梅花的香味

首先請你欣賞一下北宋文學家王安石的〈梅花〉詩：

牆角數枝梅，凌寒獨自開。
遙知不是雪，為有暗香來。

從科學的角度講，詩人在遠處就能聞到淡淡的梅花香味的原因是什麼？

答案 物體內的分子都在永不停息的做無規則的運動，這是氣體分子的擴散現象。

266一葉障目，不見泰山

有句話說「一葉障目，不見泰山」，意思是一片樹葉擋住了眼睛，連面前高大的泰山都看不見，比喻被局部現象所迷惑，看不到全局或整體，也比喻目光短淺。這並不是單純的誇張，小小的一片樹葉，真的就能把「泰山」擋住。你知道其中的科學道理嗎？

答案 在同種均勻介質中，光沿直線傳播。葉子擋在眼前時，阻擋了光線進入人的眼睛，所以就「一葉障目，不見泰山」了。

267植物的向光性

植物在發育生長過程中受陽光照射的影響，朝著陽光射來的方向生長，我們稱為「向光性」。把牽牛花籽種在小花盆裡，等發芽長成幼苗後放在一個鞋盒裡，花盆緊靠鞋盒的一邊。盒內用硬紙做一個隔牆，下方留一點空隙，在另一側上方開一個小窗。蓋上盒蓋，把鞋盒放在陽臺上。一個星期後，牽牛花秧會從小窗中探出頭來。你知道為什麼嗎？

答案 原來，在植物細胞裡有一種對光線非常敏感的生長素，它控制著植物發育和生長的方向，只要盒內有一點點光線，這種生長素就會發揮作用。

268奇妙的植物

找來一塊布和一盆水，將布展開浸泡在水中。接著將一根完好的蘿蔔（帶有綠色的葉子）用刀橫切成兩半，取帶葉的那一半放置在水盆裡。然後，將裝有蘿蔔的水盆放置在有陽光的地方，並保持水盆中的布是溼潤的。

就這樣靈靈等了一個星期的時間，一直到蘿蔔頂端發芽了，再用小刀小心的在蘿蔔的切面挖一個小洞。將牙籤穿進蘿蔔中，並用線將蘿蔔拴住，使發芽的一面向下，然後掛在陽光照射到的窗戶前。同時，要定期往蘿蔔的洞裡澆點水，以保持水分的充足。

再等上一段時間，靈靈發現這個被吊起來的蘿蔔茁壯的生長了。就好像一盆漂亮的蘿蔔盆栽，特別好看！

你知道這是什麼原因嗎？

答案 其實在實驗中，我們將蘿蔔吊起來後，下端就形成了天然的花盆，而這個花盆可以為我們的蘿蔔盆景提供充足的營養，加上我們定期澆水，蘿蔔盆景自然可以茁壯生長了！

269奇怪的蛋殼

明明喜歡吃煎雞蛋，週末的早上，媽媽照例替她煎了一個荷包蛋，不過這次媽媽沒有立刻把蛋殼扔掉，而是放在了砧板上，明明看到了，不解

的問媽媽：「媽媽，為什麼不把蛋殼扔掉呢？」媽媽笑著說：「昨天，媽媽看到書上寫著蛋殼可以生根，今天就替明明做這個實驗！」

媽媽首先取植物的種子在水中浸泡一晚上，這裡應該以植物的種子生出芽為最好的狀態。然後在蛋殼中加適量土，並澆適量水，使蛋殼內的土壤保持溼潤。然後將浸泡了一個晚上的植物種進蛋殼裡。之後再找一根繩子，將蛋殼吊起來，懸掛在陽光充足的地方，注意每天都要在蛋殼中加適量的水，以保持土壤的溼潤。

大約一個星期之後，阿明發現植物的根從蛋殼裡鑽了出來，遠遠看去，蛋殼就像生了一身的根一樣。

你知道這是什麼原因嗎？

答案 這是因為種子在溼潤的環境中發芽後長出了胚芽，而胚芽遇到溼潤的土壤很容易扎根繼續生長。同時，在根繼續生長的過程中，還會吸收水分和營養。就這樣，當植物茁壯生長的過程中，植物的根就逐漸從蛋殼中鑽出來了，這就是可以生根的蛋殼了。

270 向上和向下

先把四顆剛剛發芽的種子放在一張吸水性較好的紙上，再把它們輕輕的夾在兩塊玻璃之間，用細線捆綁好。把夾有發芽種子的玻璃片豎在陽臺的水盆中，使種子得到水分繼續發育成幼苗。以後每隔三天把玻璃轉一個方向豎在水盆中。這樣轉了幾次後，你就會發現幼苗的根總是向下生長，而莖葉總是向上生長。你知道這說明了什麼嗎？

答案 這說明植物具有定向運動的特點，這和地球所具有的強大吸引力有關。

271 細胞的作用

拿兩個大馬鈴薯，把其中一個放在水裡煮幾分鐘。然後把兩個馬鈴薯的頂部和底部都削去一片，在頂部中間各挖一個洞，在每個洞裡放進一些白糖，然後把它們直立在有水的盤子裡。經過幾個小時以後，生馬鈴薯的洞裡充滿了水，而熟馬鈴薯的洞裡仍然是白糖顆粒。

生馬鈴薯的細胞是活的，它好像一個孔道，能夠使水分子通過。盤裡的水經過馬鈴薯壁滲入洞中。而煮過的馬鈴薯細胞已被破壞，所以沒有滲透功能。請你猜猜放生馬鈴薯的盤子裡的水有甜味嗎？

答案 沒有。為什麼生馬鈴薯裡的糖水沒進到盤子裡？祕密在細胞膜上。馬鈴薯的細胞膜好像篩子一樣，只允許小於篩子孔的顆粒通過，大於篩子孔的顆粒就過不去了。白糖的分子比較大，無法通過細胞膜，所以，盤裡的水就不甜。懂得了這個道理，你在替花草樹木施肥時，千萬不要用太濃的肥料水，否則，植物體內的水就會倒流到土壤裡，使植物蔫掉甚至枯死。

272 人與樹誰高

李明明站在一棵 4 公尺高的楊樹下，在齊自己頭頂的部位畫了一個記號。幾年後，當楊樹已長到 20 公尺高，而李明明也由 100 公分長到了 160 公分時，李明明又去樹下找當年畫過的身高記號。你認為是樹高呢？還是李明明高呢？

李明明高。因為樹是頂端生長，莖部不長。

273 樹大招風

「樹大招風」是關於大樹的成語，事實也的確如此。你知道其中的科學道理嗎？

答案 由於樹葉不停的進行蒸散作用，將樹體內的水氣化成水蒸氣，汽化是一個吸熱過程，導致大樹下的氣溫較低，在樹葉間就形成一個低氣壓區。樹下及周圍的空氣在樹體外圍大氣壓的作用下就會前來補充，從而形成空氣的對流，風便被「招」來了。樹冠越大，這種對流越明顯，進而加快了人體表面汗液的蒸發，帶走了人體更多的熱量，所以人在大樹底下感覺更涼快。

274 不往下長的根

將玉米種子放在溼沙土層上，保持適宜的溫度和溼潤的條件。待種子長出 1 ～ 2 公分的根時，選出兩株，將它們的根沿水平方向放置，並把其中一株玉米根的尖端切去。幾天後會發現，沒有切除根尖的根自動向下彎曲生長，而切去根尖的根似乎迷失了方向，徑直沿水平方向生長。你知道為什麼嗎？

答案 植物的根有向地性，就是說它能「感覺」到重力的刺激，所以水平放置的根會自動向下彎曲。感受和控制根的這種特性的「司令部」在根冠，是根冠根據重力的方向變化而分泌生長素來控制根的彎曲方向的。因此，根冠一旦被切除，根也就不再向下彎曲了。

275 馬鈴薯的向光性

明明是一個非常好學的孩子，每一次老師在課堂上講過的內容，她都會在課後認真的複習、整理一遍。這一天，老師講的是關於植物的向光性問題，明明不太明白，植物還能跟著太陽光跑嗎？所以當爸爸來接她放學回家的時候，明明把這個疑問告訴了爸爸，爸爸看著一臉嚴肅表情的明明，笑著說：「嗯，回家爸爸做個實驗給妳看，妳就會明白的！」

回家之後，爸爸首先把一塊在地下室發芽的馬鈴薯，種在有潮溼泥土的花盆中。將其放入一個鞋盒的一角，然後在鞋盒的另一端剪一個圓孔。鞋盒裡面再貼兩道隔牆，各留下一個小空隙。再把鞋盒蓋上，放在靠近窗子的地方。等到幾天以後，明明真的發現：馬鈴薯芽穿過這座黑暗的鞋盒找到了光線的出口。

你知道這是怎麼回事嗎？

答案 這是因為植物均有對光線敏感的細胞，指揮著植物的生長方向。即使進入鞋盒的光線十分微弱，也能使馬鈴薯芽彎彎曲曲的朝著有光的方向生長。但其顏色卻是蒼白的，因為它在黑暗中無法製造對其生長極其重要的葉綠素。

★ 第 5 章　偵探科學 ★

在偵探小說和影視作品中，「證據」無疑是出現頻率最高的一個詞。罪犯是不會主動為偵探留下證據的，所有的證據都是偵探發現的。怎麼才能發現證據呢？偵探科學往往會在尋找證據的過程中發揮關鍵作用。證據是用眼睛發現的，更是用頭腦發現的，說得更確切些，是運用頭腦中的偵探科學知識發現的。這些知識涉及各個方面，既包括本書前面所講的各類自然科學知識，也包括社會科學知識。

社會科學是運用科學的方法研究人類社會的種種現象的各學科整體，或其中任一學科。與自然科學一樣，社會科學也有很多分支學科，對於普通讀者而言，社會科學類的科學思維訓練遊戲主要是涉及高中階段的歷史、政治知識的益智類遊戲，特別是歷史知識，不僅包括本國歷史，也包括世界歷史，可以說是涵蓋古今中外。此外，根據實際需求，還涉及一些人文科學知識，以開闊讀者眼界，達到益智效果。人文科學是指以人的社會存在為研究對象，以說明人類社會的本質和發展規律為目的的科學，屬於社會科學的分支。

犯罪行為的實施必然和一定的時間、空間，一定的人和事物發生關聯，這就必然在犯罪現場留下各種的痕跡。鑑定專家利用指紋、鞋印、子彈殼、血跡、毛髮、纖維、傷痕等微量物證，經過仔細分析、調查研究後，找到破案的關鍵。上述尋找證據的過程聽起來複雜，但這個過程的基礎就是偵探科學，其中運用到了多種科學知識。懂得偵探科學，你也能當偵探，用你的眼睛和大腦發現證據，把罪犯繩之以法！

276 明辨假古董

某家博物館發生了一起珍貴文物盜竊案：一尊鑄於戰國時期的青銅鼎被竊。盜竊者相當狡猾，在現場沒有留下任何痕跡，文物不翼而飛，為破案增加了難度。這個重任落到刑警隊長老王的肩上。老王接到任務後想：「罪犯盜得文物後一定會迅速銷贓，說不定也會到風景遊覽區進行交易。」

第二天一早，老王帶著偵察員小李來到風景遊覽區。憑老王多年的經驗判斷，罪犯為掩人耳目還可能到人跡罕至的地方成交生意。突然，他倆眼睛一亮，同時發現了目標：一個穿著時髦的年輕人叼著菸，拿著一只青銅鼎走過來。這青銅鼎與博物館被竊的那件一模一樣。老王不露聲色的走上前去，小李緊緊跟上。老王走近年輕人身前，掏出一根菸說：「先生，對不起，請借個火。」年輕人很不情願的將點燃的半截香菸遞給老王，老王一邊點香菸，一邊暗暗的審視著青銅鼎，然後又將菸還給年輕人，道了聲謝。小李看得真切，見青銅鼎確實像博物館丟失的那尊，想要認真盤問一下，卻被老王用一個暗示性手勢制止住了。老王拉著小李轉身走開。

小李不解的問：「老王，你怎麼能放他走呢？」老王指點道：「那是假的，你看那個青銅爐刻的是什麼字？」小李回答道：「在西元前432年奉齊侯敕造。用篆體寫的呀！」「問題就出在這裡……」小李恍然大悟，拍著腦袋說：「是啊，我怎麼就沒有想到呀！」你想到了嗎？

答案 戰國時期還沒有西曆。「西元」是根據基督教紀年法制定的曆法，這種曆法是以基督教的創始人耶穌誕生之日為起點的，而年輕人手裡的青銅鼎上，居然採用了幾百年之後才產生的曆法紀年。因此，可以推斷，這件青銅鼎肯定是後人仿造的假古董。

277 辨別偽古鼎

五代十國時期，後梁著名經濟學家張策少年時就才智超群，學識淵博。有一次，他家所在的洛陽敦化里，在疏挖一口甜水井時，挖出了一只古鼎。那鏽蝕斑駁的古鼎上銘刻著一行篆字：「魏黃初元年春二月，匠吉千。」那鼎做工十分精細考究。左鄰右舍無不認為這是稀世的文物。大家高興極了，好像得了飛來的橫財。

可是，張策望著古鼎一會，苦笑了笑，說：「眾鄉親啊，不是我說掃興話，這只『古鼎』是後人假造的，絕不是曹魏時代的珍品。」眾人聽了都大驚失色。有個老學究卻不服氣，冷笑道：「欸！你這小子不過十二、三歲，怎曉得幾百年前一個古物的真偽呢？」張策的父親張同也有此感，怒聲責問道：「你可要謙遜一些！」

張策也不氣惱，只是輕聲慢語的對老學究說：「老先生，晚輩斗膽說一下根據，請您指教……」老學究和張同聽了，相對著望了一眼，不再言語了。

你知道張策是怎麼說的嗎？

答案 張策說：「建安二十五年，曹操去世後，東漢年號就改為延康了。這年十月，曹丕接受了漢獻帝劉協的禪讓，做了皇帝，建立了魏國，改年號為黃初。這就是黃初元年，請問哪來的二月呢？可見，古鼎上的篆文說什麼『魏黃初元年春二月』，豈不是太荒謬了嗎？」

278 曆書破案

沿江靠山，有塊風水寶地，這裡是李家的祖墳。李家雖然清貧，但子孫卻很有才華，一個個中舉，光宗耀祖。據說這是得益於祖墳的風水好。鄰村有個張員外，雖富有家財，但子孫卻是不學無術的紈褲子弟，眼看家業無繼，張員外不免心急如焚。他不怨自己教子無方，反而怪祖宗不加庇佑，於是他就想奪取李家的風水寶地，說這塊地原是張家的祖墳，後被李家奪去的。兩家為這塊祖墳打起了官司。

張員外為了打贏這場官司，就備下重金去買通縣衙的紹興周師爺。張員外想買通的周師爺，看不慣張員外仗勢欺人的行為，但還是佯裝著答應幫忙，於是就對張員外說：「要打贏這場官司，必須有確實的證據。」張員外說：「我為此正想請教師爺，不知師爺有何高見？」周師爺沉思片刻，出謀劃策道：「可以祕密派人去那墳地埋下一塊祖墳的墓碑，以作憑證。」張員外聽了大喜，稱讚道：「此計大妙，不知墓碑立何年代為好？」周師爺思索了一會，說：「年代太遠了不好，太近了也不好，依我看，選一個不遠不近的年代吧！」張員外想了想說：「甲子這個年代不遠不近，也比較吉利，不知師爺以為如何？」周師爺聽到甲子這個年代，覺得正中下懷，便說：「在下不敢為尊祖立碑，就依員外的意思辦吧！」張員外依計做了一塊石碑，乘著黑夜叫人抬到山上埋下。

隔了幾天，縣衙發下傳票，會齊兩家人實地勘查，差役在破土之後，挖出了一塊石碑，上寫「張公某某之墓」，下面的落款是「大明萬曆甲子年立」。張員外頓時趾高氣揚，振振有詞：「鐵證如山，這塊風水寶地原是我家的。」李家主人覺得此事蹊蹺，但一時也無言以對，縣官見是非已有分曉，便將一干人等帶回縣衙審理。縣官剛進縣衙，書僮送來周師爺的一個稟帖，打開看過後，急去翻看曆書，只見上面記載著：萬曆皇帝癸酉年登極，在位 48 年。他馬上明白了，那塊墓碑原來是假的。這場官司，張員外當然打輸了，但他始終沒有弄清楚是吃了周師爺的暗虧。

曆書告訴了縣官什麼資訊呢？

答案 萬曆皇帝在位期間無甲子年。

279 老秀才斷案

四川府興安縣的謝臨川，狀告清泉縣人謝嗣音的祖父。謝嗣音的祖父原本是他家的僕人，後來偷了他家裡的錢財逃跑了。現在在原籍清泉縣找到了他，希望發公文提取人犯回去服役。

官府拿來賣身契，尚有家人的姓名冊上，有謝嗣音的祖父、父親和叔叔。官府見證據確鑿，正準備定案，忽然有個老秀才走了進來，說他是本縣西鄉人，雖然自己久試不中舉，但自認為尚有許多學識，想看看謝嗣音的賣身契。秀才看了一會，對謝嗣音說：「這個案子乍看雖然很嚴密，但裡面有大漏洞。如果指出來，你就可以轉敗為勝了。」謝嗣音賞給他重金，他才把漏洞說了出來。

請問：賣身契上的漏洞是什麼？

答案 清泉縣以前一直屬於衡陽，到了乾隆二十二年才分衡陽的一半為清泉，賣身契是雍正年間簽約的，就應該稱是衡陽縣人，怎麼能說是清泉縣人呢？

280 林肯的親筆信

溫斯特檢察官正用放大鏡仔細看著一片殘缺不全的破紙，喃喃自語道：「⋯⋯在蓋茲堡公共廣場，樂隊奏著樂曲，人聲鼎沸，大家唱著國歌湧向⋯⋯」旁邊又被撕去，但下面的簽名很清楚：「林肯。」

站在一邊的犯罪實驗室主任弗萊博士說：「這大概值幾百萬美元。」

「就林肯總統的一封不完整的信，就值那麼多？」檢察官驚訝的問道。

弗萊博士點點頭，示意道：「你瞧那一面。」

檢察官輕輕的吹了聲口哨，把紙片翻過來，一看，只見背面是舉世聞名的蓋茲堡演講的部分草稿！

弗萊博士說：「我是偶然在我姐姐放在閣樓上的一本《聖經》裡找到它的，我要對它做些檢驗，這要花上幾天工夫。」

後來檢察官告訴海爾丁博士說，弗萊博士透過化學分析證明，那片紙是林肯時代的珍品。「我敢打賭，你肯定猜不出這一小片紙值多少錢！」

「大概一美分。」海爾丁博士慢悠悠的說，「可以把它賣給警察博物館。」

海爾丁的話是什麼意思？

答案 林肯的手跡是偽造的，漏洞在於其中「國歌」二字。《星條旗永不落》在林肯時代是一首很流行的美國歌曲，但直到 1931 年才正式被定為美國國歌。所以林肯執政時，美國還沒有國歌。

281 敲擊桌面

第二次世界大戰中，一天蘇軍某部司令部突然來了數名由上級軍官組成的「檢查組」，要求該部主管匯報作戰準備情況。在接待中，該部一名軍官發覺「檢查組」一名軍官坐在椅子上用手指輕輕的敲擊桌面，就對他產生了懷疑，於是立即向上級報告。經該部向上級核實發現該「檢查組」為德國間諜偽裝的，馬上將其全部捕獲，從而避免了一次重大洩密事故。試問，敲擊桌面的人怎麼會是間諜呢？

答案 原來從那人敲擊的節奏判斷，那是一首德國名曲，從而懷疑他們是德國間諜。經審訊確實如此。

282 美軍醫院

1945 年，盟軍登陸諾曼第前的春末，為了收集情報，美軍特別派出間

諜亞倫到德軍占領區收集敵軍情報。亞倫由飛機跳傘降落，不幸降落傘發生故障，使他墜落地面而致昏迷。

當亞倫醒來的時候，發覺躺在一間醫院中，那裡，是一間特別病房，床上掛有一面美國星條旗，醫生、護士都說著滿口流利的美式英語，亞倫被弄糊塗了。到底他是被德軍俘虜了，還是被盟軍救回了呢？這間美軍醫院，是真的還是偽裝的呢？亞倫必須自己做出判斷。他數了數美國國旗上的星星，上面共有50顆，雅倫忽有所悟，找出了答案。

這到底是真的美軍醫院，還是假的呢？

答案 是假的。雖然美國在西元1867年購入阿拉斯加，西元1898年將夏威夷合併，但直到1949年，這兩處地方才分別被定為聯邦的其中一州。1945年，美國只有48個州，所以旗上也應只有48顆星星。

283船長識賊

英國貨船「伊麗莎白」號，首次遠航日本。清晨，貨船進入日本領海，船長大衛剛起床便去安排進港事宜，將一枚鑽石戒指遺忘在船長室裡。

15分鐘以後，他回到船長室時，發現那枚戒指不見了。船長立即把當時正在值班的大副、水手、旗手和廚師找來盤問，然而這幾名船員都否認進過船長室。

各人都聲稱自己當時不在現場。

大副：「我因為摔壞了眼鏡，回到房間裡去換了一副，當時我肯定在自己的房間裡。」

水手：「當時我正忙著打撈救生圈。」

旗手：「我把旗掛倒了，當時我正在把旗子重新掛好。」

廚師：「當時我正修理電冰箱。」

「難道戒指飛了？」平時便愛好偵探故事的大衛根據他們各自的陳述和相互作證的情況，略一思索，便找出了說謊者。事實證明，這個說謊者就是罪犯。

你能猜出誰是罪犯嗎？

答案 大副、水手、旗手、廚師 4 個人的話中，很明顯，旗手的話是有破綻的。他說：「我把旗子掛倒了，當時我正在把旗子重新掛好。」事實是，英國的船隻駛入日本領海，無論是掛日本旗，還是掛英國旗，都不存在倒掛的問題。這兩個國家的國旗是多數人熟識的。所以旗手是說謊者，他就是罪犯。

284 一片楓葉的啟示

傑森先生隨旅遊團去日本旅遊，沒想到被謀殺在旅館附近的一片楓林中。當時正是秋天，楓葉落滿山岡，看上去特別美。奇怪的是，死者右手緊緊的握住一片楓葉。人們想，他大概是想藉楓葉暗示犯人的身分吧！

警方就此線索展開了調查。被害人所住的旅館中以「楓」字命名的房間和窗戶對著楓樹林的房間都有許多個，被害人應該不會留下如此模糊的暗示。警方又調查了和死者同一旅遊團的成員，其中幾名是死者在美國的朋友，有幾名是死者在法國上大學的同學，有一名是死者在加拿大的遠房親戚，還有兩名是擔任導遊的本地人。他們都表示是慕此地美景之名而選擇這個旅館的，有幾位還照了許多楓林的照片。

隨同一起調查的名偵探聽到調查結果後說：「死者已經暗示得很明確了。」

你知道楓葉暗示了什麼嗎？

答案 凶手是那位加拿大的遠房親戚，因為楓樹是加拿大的「國樹」，其國旗就是以楓葉圖案為主體的。

285遺書露破綻

1997 年 10 月 16 日清晨，某五星級飯店經理突然向警方報告，一個英國人喬治服毒自殺。警方來到現場，看到喬治的屍體直挺挺的躺在床上，室內設備完好，沒有打鬥痕跡，屍體沒有外傷。經法醫化驗，喬治係氰化鉀中毒身亡，死亡時間在 12 小時以前、20 小時以內。

「他什麼時候住進來的？」偵察員問。「4 天了。」經理回答。「就他一個人嗎？」「不。他們一共 5 個人，3 個英國人，1 個荷蘭人，1 個美國人。」「這遺書你用手碰過嗎？」偵察員指著床邊櫃上的紙條問經理。「沒有，我沒有動過。」

偵察員仔細研究了那封遺書。遺書上寫著：「國際刑警在追捕我，既不能回英國，又不能在這裡久留。只好見上帝了。喬治，10.15.97。」偵察員說：「遺書上寫的日期是 1997 年 10 月 15 日，也就是昨天，這與他的死亡時間是相符的。但喬治絕不是自殺，而是被他人殺害的。遺書也是偽造的。」說著他又問經理，「你們飯店從前天起住進了哪些外國人？」

「除了他們 5 個人外，還有 2 個日本人和 3 個新加坡人，別的沒有。」「那麼那個唯一的美國人有重大嫌疑，立即對他進行偵察。」偵察員說完便著手研究偵查措施。請問：偵查員為什麼懷疑這個美國人呢？

答案

1. 偵察員看了遺書上的日期便起了疑心。假如是英國人寫的，那麼日期應寫成「15.10.97」。因為英國人首先寫日，然後寫月，最後寫年。而美國人書寫習慣相反，先寫月，再寫日，最後寫年。所以唯一的一個美國人有重大嫌疑。
2. 偵察員看了遺書上的「只好見上帝了」的用語起了疑心。「死後去見上帝」，這是美國人的習慣用語。所以美國人有重大嫌疑。

286 真假新娘

德國珠寶商菲克上星期在他的旅館房間裡被殺了。他的一大筆遺產將轉入他到美國來之前剛剛悄悄結婚的新娘手中。據菲克在美國的一個朋友說，菲克和他的新娘在德國按德國風俗舉行婚禮之後，菲克隻身先到了美國，而他的新娘將在一星期後抵達紐約，和他相會。除了知道這個新娘是個鋼琴教師外，別的都不清楚。

現在新娘來了 —— 不是一個，而是兩個！她們都有一切必要的證明，表示自己是菲克的新娘，而且對菲克也都很了解。那麼，兩個人中誰真誰假呢？

在菲克先生那位美國朋友家裡，福爾見到了那兩位新娘，一位膚色白皙，滿頭金髮，另一位膚色淺黑，兩人都很豐滿結實，三十來歲，很漂亮。福爾見那位金髮新娘右手上那枚戒指箍得很深，手指上出現了一道紅色壓痕，而那位膚色淺黑的女士兩隻手上幾乎戴滿了戒指。福爾沉思片刻，向兩位女士欠了欠身：「妳們能為我彈一首曲子嗎？」

淺黑膚色的新娘馬上彈起了一首蕭邦的《小夜曲》。只見她的手指在琴鍵上靈巧的舞動著，福爾發現她左手上有三枚藍寶石戒指和一枚結婚戒指，右手上套了三枚大小不同的鑽石戒指。她演奏完後，金髮新娘接著也彈了這首蕭邦的《小夜曲》，雖然她彈的和前一位一樣優美動聽，但她右手上僅有的那枚不起眼的結婚戒指卻使她大為遜色。

福爾聽完兩位女士的演奏，對其中的一位說：「現在請妳說一說，妳為什麼要冒充菲克先生的新娘？」

福爾這句話是問誰？

答案 珠光寶氣的淺黑膚色女士，她的結婚戒指戴在左手，這是美國風俗。而那位金髮女士的結婚戒指戴在右手，這是德國風俗。菲克的新娘是德國人。福爾為了看清楚她們如何戴結婚戒指，故意讓她們演奏鋼琴曲。

287 狄仁傑智破投毒案

蓬萊縣令王立德中毒身亡。做了一年大理寺丞的狄仁傑，為查明王縣令的死亡事件，主動要求到蓬萊縣接任縣令。

代理縣令的主簿唐禎祥向上任的狄仁傑報告，前任王立德縣令酷愛喝茶，他就是在一次喝茶後中毒身亡的。時間是在深夜。但未見有人擅入衙內，而且經過查驗，茶葉和茶杯都無毒物，唯有茶壺可能事先已有毒物放入，王縣令沖水入壺後，取而飲之，便中毒死亡。狄仁傑自語道：「這是件典型的密室案。」他決定居住在王縣令死亡的縣衙內房，以查明這密室究竟有何蹊蹺。

唐禎祥連忙阻攔：「不可。王縣令死後，常有人看見這內房有王縣令的鬼魂出現。那個刑部汪堂官就是被嚇跑的。」「我不怕！」狄仁傑吩咐將他的行李送到縣衙內房裡，並要求一切陳設包括茶具等物都按王縣令在世時那樣安置。他仔細的觀察這間內房。這間屋子已經年久失修，只是檁梁好像是新漆的，看來，如果不油漆就要被蟲蛀穿了。安排妥當後，他就帶領隨從上街去察訪民情了。

待他從街上回來，進屋後在昏暗的燭光下，看見一個人正坐在桌旁斟茶品味，此人模樣正與唐禎祥主簿所介紹的王縣令模樣一樣。就在狄仁傑略一遲疑之際，那人站起來像要走的樣子。狄仁傑忙招呼道：「先生可是戶部郎中王元德？」那人反問：「何以見得？」狄仁傑說：「第一，我不相信鬼魂之說。第二，扮演得最像王縣令的只有他的弟弟。第三，最關心王縣令這個案件的，也只有他的親人。據我所知，王縣令的弟弟，是他唯一的親人。據此三點，我確信閣下定是王元德郎中無疑。」

狄仁傑料事如神，此人果然是王縣令的弟弟、戶部郎中王元德。他說：「我料想那刑部汪堂官來此只是敷衍塞責，免他滋事生非，就假扮家兄的鬼魂嚇走了他。也為了不受干擾，就天天在此『作祟』，好靜靜觀察這密室的祕密，弄清家兄究竟是如何被害身亡的。」

兩人正談話時，一陣夜風颼來，吹得破舊的窗戶「咯吱」作響，他們便去推開窗戶，向破落的後院望去，那裡並無異樣。後院的圍牆外是一條很深的河溝，想從那裡偷越進屋是斷無可能的。兩人張望了一會，關上窗戶，重又回到桌前坐下，秉燭品茶，商量案情。

王元德拿起茶杯繼續喝茶，被狄仁傑一把攔住：「且慢，這茶中有毒！」王元德細看杯中之茶，果然有一層濁物浮在上面，心想那凶手真殘忍，害了哥哥不算，還要來害我！他不由得自語道：「一轉眼，就有人進屋來了？」「人沒有進來，風可是進來了。」狄仁傑仔細的看了那杯茶說，「是風吹落了梁上的灰塵，掉在茶中了。」「原來是虛驚一場！」

王元德覺得自己太疑神疑鬼了，但狄仁傑從中卻覺察到了問題，他站在桌子上細看那屋梁。按說新漆的梁是不會積留灰塵的，再一細看，梁上有一小塊地方未曾漆到，而且其中還有一個小洞，他用手摸那小洞，手上沾了一些滑膩膩的東西，再辨認一下，那滑膩膩的東西原來是蠟。他高興的說：「害死王縣令的祕密被我找到了。」

你知道這個祕密嗎？

答案 狄仁傑告訴王元德，有人藉油漆屋梁的機會，在梁上挖了一個小洞，內裝砒霜，用蠟封住。王縣令喝茶時，熱氣上升，溶化了蠟，砒霜就掉入壺中，王縣令喝了茶後就中毒身亡了。

288巧破黃金案

唐朝時，李勉鎮守鳳翔，所屬的縣裡有個老農民在田裡挖溝排水時，掘出一個陶罐，裡面全是「馬蹄金」。老農民就請了兩個大力士，把陶罐連同金子一起扛到縣衙門。縣令怕衙門收藏不嚴，就把陶罐藏在自己家裡，一夜做了個好夢。

第二天天剛發白，他便點亮燈打開陶罐，想把馬蹄金看個仔細。可一打開，發現陶罐裡放的都是堅硬的黃土塊，他連叫幾聲上當，不知如何是好，他賣家財、妻兒也不值這麼多錢啊！他更沒有法子隱瞞，陶罐從田裡挖出來，全村的男男女女老老少少都看見陶罐裡裝的是「馬蹄金」。不消幾日，全縣的人都知道金子在縣令家裡變成了土塊，認為是縣令暗中做了手腳。縣令似啞巴吃黃連有苦說不出，州裡派官員來查，縣令滿頭大汗招了口供，追問金子放在什麼地方，他卻一問三不知。鳳翔太守李勉看過案宗，大怒，但又無良策讓縣令交出金子。

隔了數日，在一次酒宴上，李勉向官員們談起此事，許多人很驚訝，這時，有位名叫袁滋的小官，坐著一語不發，若有所思。李勉便問他在想什麼。袁滋說：「我懷疑這件事或許內有冤情。」李勉站起身，向前走幾步問：「您一定有高見，我李勉向您討教。這案子除您之外，我看沒有別人能判斷出真假了。」袁滋說：「可以，我來辦。」於是派人把案件提到州府辦理。

許多官員知道袁滋辦理這案子，有的嘲笑，有的挖苦。袁滋很有心計，他打開陶罐，見陶罐裡有形狀像「馬蹄金」的土坯250餘塊，就派人到市場找了許多金子，熔鑄成塊，與罐中的「馬蹄金」大小相等，鑄成之後用秤稱，剛稱了一半，就有300斤重。袁滋問眾人，當初罐子從鄉間運到縣衙門是幾人抬的，得知是兩個村民用扁擔抬來的。也正因為如此，縣令的冤案終於得到了昭雪。你知道為什麼嗎？

答案　計算一下金塊的數目，不是兩個人用竹扁擔抬得起來的。一切都明白了，原來在路上，金子已經被兩位大力士換成土塊了。

289驗傷識偽

宋朝的李南公尚書，出任長沙縣令時，一天，有甲、乙兩個漢子來告狀。李南公見甲高大魁偉，煞是雄糾糾，乙卻瘦弱憔悴一副病態樣。李南公問：「你們為何告狀？」甲說：「乙打我，把我身上打得遍體鱗傷，請老爺明判。」乙氣憤的辯訴說：「他胡說，明明是他打我，不信可以看我身上的傷為證。」兩人爭執不下，互相指責。李南公喝道：「來人，將他倆的衣服脫下，待本官驗傷定奪！」幾名衙役上前脫下甲、乙的衣服，見兩人膀上、胸口等處青赤傷痕纍纍，看來這一架打得還不輕。李南公心中生奇，這兩人打架，從體力上講，甲強乙弱，而且體魄懸殊太大，吃虧的肯定是乙。可為什麼甲身上居然也會受此重傷呢？於是，問乙道：「你練過武功沒有？」乙垂淚回答：「小人體弱多病，從未練過武功。倘若有功在身，今日豈會遭他如此欺凌？」李南公忽然想起了什麼，便捏捏他們的傷處，一摸便有數了。正色道：「乙傷是真傷，甲傷是假傷。」

甲不服，經審訊，果然如此。原來，甲、乙兩家一向不和。為洩憤，甲預先採集了一些櫸柳樹葉，用樹葉塗擦胸口及手臂，沒多久，皮膚上便會出現青赤如同毆打的傷痕。然後，他又把剝下的樹皮平放在皮膚上，用火熱熨，便又出現了棒傷的痕跡，明眼根本無法判其真偽。一切準備完畢，便誘乙出門至僻靜處，一頓拳打腳踢，把乙打得遍體鱗傷。乙不甘受辱，拚死拉其見官，甲亦不懼，以為自己身上的假傷足以亂真。於是便出現了以上一幕。李南公大怒，立即判甲打100板子，罰銀20兩給乙作賠償。

衙吏不解李南公何以覺察甲傷有假，你知道嗎？

毆打的傷痕會因血液凝聚而變得堅硬，而偽造的傷痕卻是柔軟平坦，一摸便知。

290鑑字擒凶

明朝正德年間，清江縣有一個名叫朱鎧的人，被殺死在文廟之中，很久沒有查獲到凶手。一天，清江縣令殷雲霽突然收到一封匿名信，揭發某某殺死了朱鎧。殷雲霽便問左右，現在有人揭發朱鎧是被本衙某某所殺，不知可信否？大家認為一點不冤屈他，因為該人素來與朱鎧有仇。

殷雲霽道：「且慢！依我之見，這很可能是凶手嫁禍於人的做法，是想讓我們放棄追查真凶罷了！」他接著又問道：「縣衙裡都有哪些人與朱鎧的關係較好呢？」有人答道：「有個姓姚的小吏，與朱鎧過往甚密。」殷雲霽便請眾位吏員上堂，對他們說：「本縣令要請你們抄寫文章，請你們把自己的名字寫了呈上來。」用不了片刻，眾位吏員將自己的名字寫畢呈上。殷雲霽逐個看了，便喝道：「姚明！為什麼要殺死朱鎧？」姚明聽縣令喊自己的名字，不禁吃了一驚道：「小人願招！小人見朱鎧即將去蘇州做生意，為了圖財就把他給殺了。」

案件破獲後，眾人問殷雲霽，如何知道姚明是凶手的，你知道嗎？

答案 姚明的字跡與匿名信的字跡相同，足見姚明是殺死朱鎧的真凶。

291 驗骨破舊案

清朝時，濟陽縣有個差役奉命逮捕一名犯人，在押送去縣衙的途中，犯人突然死去。那差役將他就地安葬後，回縣衙覆命。但死者家屬不服，狀告差役途中殺人。由於當時沒有旁證，無法確認那人是暴病死亡還是被差役害死。而差役與死者家屬又各執一詞，遂成了疑案。上下輾轉了30年，還無法判處。

朱垣任濟陽縣令時，接辦了這個案件。他決定採用驗屍的辦法來證明死者的死因。但事隔時間久遠，驗屍能有效嗎？然而除了驗屍外，別無他法。擔任驗屍的仵作很有經驗。他命助手挖地架木，將棺材抬到木架之上。棺材的四面卸開後，仵作撥開上面的腐土，顯示出死者的白骨，他又將骨架擺正位置，用草蓆覆蓋好，然後把醋慢慢的注入屍骨之中。過不了多久，屍骨開始軟化分解。仵作抓緊這時間仔細觀察，發現死者腦骨上有紫血痕，有一寸左右。他將這一發現報告朱垣：「死者腦骨有傷，係被人打擊造成。」

家屬聽了仵作的報告，頓時大譁，認為死者確係被殺而死。死者的長子，此時亦已作為人父。他向朱垣訴說：「家父被捕，本係冤屈，而差役草菅人命竟下手將無辜之人殺死，萬望大老爺為小民申冤昭雪。」那當事者差役，已是衰衰老翁，早已退休歸家，耳聾眼花，但記性尚好，慌忙辯解說：「我只是奉命捕人，與他無冤無仇，何必殺他？當時他分明是患了絞腸痧突然死去，務請大老爺做主。」死者長子更加振振有詞：「家父既然患病死去，你何必倉促掩埋，分明是心虛膽怯，暗做手腳，敲詐不成而殺人才是實情。」這場官司打了 30 年，在場者不去分辨誰是誰非，認為以仵作驗屍結果做出判決最為公正。

朱垣力排眾議，他仔細的查看了死者腦骨上的傷痕，說：「要查實死者的死因，還須觀看血痕是否能被洗去。」仵作聞聽朱垣之言，不由感到驚奇，說：「血痕入骨 30 年，如何能洗去？」朱垣笑笑說：「不妨洗洗一試。」仵作依言將傷痕的血跡用清水洗刷，果然將血跡洗淨，露出的白骨並無傷痕，說明了死者並非係他殺致死。你知道其中的科學道理嗎？

答案 傷處所出之血，總是中心的顏色深，而離中心越遠的地方顏色越淺，可是這腦骨上的紫血痕正與這現象相反，這一定是屍體腐爛滲出的血玷汙上去的，所以也就能清洗掉。

292杖打菩薩

清朝時，北京前門外有座小廟。廟內的和尚行為極不檢點，弄得香客們都不願上門。一時間，香火冷落，無人施捨。除夕之夜，和尚們忽然外出傳告：廟周圍地裡，近日發出神光。第二天，廟門前空地上好像拱起了一個東西，到了晚上，已經長了近 20 公分，有過路者好奇，上前細細一瞧，竟是菩薩的髮髻！才過了四、五天，那東西全身盡出，原來是一尊如來佛像。消息一傳開，轟動四方。各界人士聞訊而動，一塊湊熱鬧前往上香禮拜，把一個小廟圍得嚴嚴實實。

陸眉樞當時官居給諫，負責京城治安，他深為和尚的迷信行為所激怒。他當下親領大批兵丁來到廟中，下令：「把泥佛由神座上拖到地下，重打四十大板！」眾兵士個個呆若木雞，心中害怕，哪敢上前動手。陸眉樞親手執棍行刑，把佛像擊個粉碎。查看打碎的佛像，有不少碎塊是溼泥。此時，旁邊的和尚早已心虛了。陸眉樞喝令手下嚴刑審訊和尚，並且挖地三尺，竟然發現了不少發芽的黃豆，真相大白了。原來這是和尚們為了騙取錢財想出的一個騙局。你知道他們是怎麼行騙的嗎？

答案 除夕之夜，和尚們祕密的把一尊佛像埋在地裡，下面堆放了近百斤黃豆，旁邊留出了一個洞口，日夜往裡灌水。這樣一來，黃豆發芽，體積膨脹，自然慢慢將佛像頂出地面。

293撈石獸

滄州之南有座瀕河的古廟，因為年久失修，一場暴風雨過後倒塌了，廟前兩座石獸也倒在河底裡。很多年過去了，廟裡的和尚們四處雲遊，化緣籌款，準備重造大廟。

大廟終於建成了，可是廟門的石獸一時卻請不到高明的石匠重新打製，和尚們便懸賞，請人到河裡去打撈原先的兩座石獸。可是船工們打撈了好幾天，連個石影也沒撈到。人們搖搖頭，都說道：「這兩座石獸一定是被河水沖到下游去了。」於是，幾個身強力壯的年輕人一路撈下去十幾里，花費了十數天，仍然連個石屑粒也沒撈著。大家都有點灰心了，但又總覺得事情太奇怪：石獸又沉又重又大，明明是落在河底裡了，總不見得會插上翅膀越出水面飛走吧。

正當大家驚疑不止的時候，當地一位德高望重的學者說道：「這麼又高又大的石獸，有多沉重！怎會在河底裡被河水沖到下游去呢？石頭是堅硬沉重的，而河底的土沙是鬆浮不實的；石獸只會沉陷在河沙裡，一定越陷越深，埋在河底深處啦！」「對啊——」眾人恍然大悟，於是又下船到大廟舊址附近的河裡去撈。有人還在長竹竿上綁上探物的尖鐵棒，直往河底深處戳呀、搗呀……可是忙了半個月，還是一無所獲。

這時，有個老船工路過此地，聽說這件事，便笑著說：「你們怎麼不全面研究一下河底土沙運動的規律呢？河底的石獸不應該到下游去找，也不應該在落下的地方找，而應該到上游去找……」大家按照老船工的指點，搖著船到幾里外的上游去找，果然把那兩座石獸撈到了。你知道為什麼嗎？

答案 因為石頭是堅實沉重的，河沙是鬆浮不實的，石獸沉到河底，微流是沖不動它的，可是不斷衝擊的急流能把攔著它的石頭下面的泥沙漸漸掏空，激流越沖，那空穴越大，等到空穴大得使得石獸失去重心時，石頭必然會翻筋斗似的倒在空穴裡。激流又不斷的衝出空穴，石獸又倒翻在空穴裡，這樣周而復始的運動，石獸就慢慢的溯流而上了。

294 毒酒

1932 年 3 月，春寒料峭，大偵探霍桑應邀到蘇州鄉下做客。他和友人坐在一家小酒館飲酒，突然，隔壁桌上的一位絲廠老闆呻吟著嘔吐起來。他帶來的兩名保鏢立刻拔出槍來，對準與老闆同桌的一位商人。

霍桑急忙上前詢問，才知道雙方剛談成一筆生意，絲廠老闆已開出銀票訂貨，雙方共同喝酒慶祝，誰知老闆竟中毒了。那位商人舉著雙手，嚇得不知所措。

霍桑走上前，摸了摸溫酒的錫壺，又打開了蓋子，看到黃酒表面浮著一層黑膜，就說：「果然是中毒了，我是霍桑，你們聽我說……」

這時，絲廠老闆搖晃著身子說：「霍桑，救救我！他身上一定帶著解毒藥！搜出來……」

霍桑笑著說：「他身上沒帶解毒藥！這酒是你做東請客的，他怎麼有辦法投毒呢？」

大家驚呆了，難道酒裡又沒有毒了？

「有毒，」霍桑笑笑說，「凶手就在這裡。」

究竟在哪裡呢？

答案 毒酒是溫酒溫出來的。錫壺大多是鉛錫壺，含鉛很高。酒保把鉛錫壺直接放在爐子上溫酒，酒中就帶上了濃度很高的鉛和鉛鹽。黃酒上浮的那層黑膜有種金屬的暗光，多飲幾杯，就會出現急性鉛中毒。

295 通話斷線的聲音

電視明星許妍的經紀人打電話給警長，說他正與許妍講著電話，只聽她一聲慘叫，隨後又有倒地的聲音，再怎麼呼叫也聽不到她的聲音了。經紀人請警長快去許妍的寓所，他自己也馬上去。

警長趕到許妍的寓所，門沒上鎖，進門一看，只見客廳的電話機旁邊，許妍倒在地上，背後插著一把刀子，電話筒扔在一邊，時時傳出微弱的通話斷線的聲音。一會經紀人趕來了，警長對他說：「我進入房間時已沒有其他人，許妍在電話裡沒向你說誰來了？」經紀人搖搖頭。

警長又問：「這個電話是誰先打的？」經紀人答：「是許妍往我那裡打的。當時我正在家看電視。」警長再問：「在通話當中，你聽到她一聲慘叫，擔心她的安全，於是馬上打了電話給我，對嗎？」經紀人答：「是，是這樣。」警長說：「你編造的這一套謊言無非是一個目的，讓人們確認你不在被害現場。」

警長憑什麼判斷經紀人就是凶手？

答案 經紀人說許妍是在和他通電話時被人殺害的，於是他馬上用自家的電話向警長報警。這就暴露了他在說謊。因為通電話時，只要先撥電話者不掛上話筒，電話就一直處於通話狀態，接電話者想再用自己的電話往別處打是打不通的。

296土人的笛聲

湯米和喬治是一對很要好的朋友，兩人都嗜好打獵、探險。以下是他們去年夏季到南美洲探險的經歷。

早晨，正當他們帶齊探險裝備，前往亞馬遜河森林地區，想深入探討當地食人族的生活習慣時，竟被食人族發現行蹤。食人族立即吹響一種無聲的笛子求救，兩人立刻奔逃。

走呀走，兩人精疲力竭的走著，後來回頭一看，已經沒有食人族追來，於是兩人慢慢走向亞馬遜河，在河邊等船救援。返回岸邊時，突見一批食人族從四面八方向他們湧來，把他們活捉帶到了森林內。經較年輕的族人為他們翻譯，問明來意後，知道他們是來探險的，不是襲擊他們時，才把兩人釋放。

走出森林，喬治心想：「為什麼食人族會湧來河邊捉拿我們的呢？他們靠什麼方式傳達消息的呢？」

你能為喬治解開疑問嗎？

答案 食人族傳遞訊息的方法，主要是靠笛聲。因為這些笛聲的音波，比人類耳朵所能聽到的聲音要高，只有狗才能聽到。他們利用這點原理追捕湯米和喬治。

297黑老大的絕招

一個深夜，小偷王春雷駕車正在峭壁險峻的海岸線山道上兜風，當行駛到一個急轉彎時，突然前方出現了急駛而來的車的燈光。

那車燈的車速與王春雷的車速相同，離得越來越近。這條路只有對開兩輛車那麼寬，為不越過中間線，王春雷向左打輪時，對方似乎也同樣在向右打輪。車燈從正面直射過來，心想如果這樣下去會迎面撞在一起的，但為時已晚，已經沒有躲閃的餘地了。

王春雷不由得閉上眼睛，一狠心向右猛打方向盤，就在這一剎那間，他的車子撞斷護欄衝下懸崖掉進大海，幸好王春雷迅速鑽出車子浮在海面上，才撿回了一條命。

這起事故實際上是黑老大一手策劃的。因為最近王春雷打著黑老大的招牌做了幾件不仁不義的勾當，這是對他的懲罰。可奇怪的是，王春雷錯打了方向盤時，對面卻一輛車也沒見到，現場也連對面會車的輪胎痕跡都沒留下。你知道黑老大用了什麼手段嗎？

在道路前方立了一面與道路同樣寬的大鏡子，這樣就使王春雷產生了錯覺，將鏡子裡反射出的自己的車當作對面開來的車了，於是慌忙打輪掉進了大海。

298死亡約會

徐豔自從在這個炎熱的週末晚上外出後，至今沒有回家。第二天她卻被人發現倒斃在住所附近的公園內。

警察到徐豔家中調查時，徐豔的母親哭得死去活來，因為她是家中的獨女，而且是家庭的經濟支柱。當徐豔的母親情緒較為穩定之後，若有所思的說：「警察先生，我記起來了，昨晚17時30分左右，有一個男子打電話來，他自稱是我女兒的男朋友，說是白天太熱，約她 18 時 30 分，在他公司樓下的公園見面。後來我的女兒 18 時回來，我告訴她之後，她就換上衣服走了。」

「那人說過自己的姓名嗎？」

「沒有，他說我女兒會知道他是誰！」話未說完，她又傷心的哭起來。

警方最後搜查徐豔的房間，結果找到一本電話簿，首頁寫著兩個男子的姓名：

1. 陳昆（偵探社職員）
2. 張榮（電報局職員）

請問凶手是誰的機會較大呢？

答案 凶手是電報局職員張榮。因為徐豔的媽媽曾說：「那男子約我的女兒昨晚 18 時 30 分，在他公司樓下的公園見面。」只有電報局職員，才會習慣用這種時間表示的用法，通常一般人只會說晚上 6 點半在某地見面。因此，推斷凶手是張榮。

299 照片的破綻

一個星期天的午後 3 點，距離市中心 50 公里的地方，有位獨居的老婦人被殺。根據警方調查的結果，被害者的外甥嫌疑最大。因為他可能是謀奪姨媽的財產，才出此下策。老婦人的外甥，外表忠厚、斯文，一點都不像殺人犯。當警方盤問他當時的行蹤時，他拿出一張照片跟警察說，案發當時我在市區，照片可以作證。當時我在海濱公園，請路過的女學生替我拍的照片。警長你看，我身後鐘樓上的時間不是 3 點嗎？

警長看了照片說，別說了，這張照片更說明了你是凶手。警長為什麼認為照片反而成了罪證了呢？

答案 利用底片反洗來做不在場的證據。照片上西裝胸部的口袋、鈕扣都是左右顛倒的，所以警長立即肯定這張照片是偽證。因為男式西裝口袋是在左側，鈕扣也是位於左側，照片上的口袋和鈕扣卻都在右邊。犯人是把9點在海濱公園照的照片利用反洗，使上午9點變成了下午3點。事實上他是在下午3點殺了他姨媽，然後以這張反洗的照片作為不在場的證明，不過百密一疏，他忽略了西裝上左右顛倒的口袋和鈕扣了。

300 祕書的花招

冬夜，摩斯接到考古學家卡恩博士的緊急電話，說他借來做研究的黃金面具被盜，並已派祕書駕車接摩斯去破案。

車到博士的研究室已是深夜11點了，研究室空無一人，祕書上樓去請博士，摩斯在客廳裡剛點上菸斗，只聽到樓上「啊」的一聲，接著是祕書的腳步聲和喊聲：「博士死了。」摩斯連忙跑上樓，這是一間研究室兼臥室，博士倒在辦公桌旁的地板上。摩斯摸了摸死者的手和臉，還有溫度，他無意中接觸到死者的衣服，竟然也熱。摩斯問：「這棟房子還住有什麼人嗎？」「沒有。不過也許有人來過。」祕書答道。摩斯來到床前，注意到床上有一床沒有疊好的電熱毯，摸摸也很燙。博士的皮包裡有一張出席學術會議的請柬和發言稿。這說明，卡恩博士絕不會自殺。

摩斯一切都明白了，他指著祕書厲聲道：「凶手就是你！盜竊黃金面具的也是你！為了表示博士死時你不在現場，你玩了個不甚高明的花招！」

你能猜出祕書玩了什麼花招嗎？

答案 祕書害死了卡恩博士之後，用電熱毯包住其屍體，造成博士剛剛猝死的假象。

301 制伏監獄長

南方某城過節前，發生了一起凶殺案，被殺者竟是監獄長劉章的妻子。司法界一片譁然，紛紛議論這是一起嚴重的囚犯報復殺人案。但是，令人難以置信的是，監獄長劉章被拘捕起來了。審訊劉章的人竟是老同事王勝。內行對內行，王勝知道這是一場硬仗，他翻閱了大量卷宗，苦苦的分析著。

審訊開始了。王勝漫不經心的問一句：「你 9 點零 5 分講完話離開會議室，到哪裡去啦？」劉章信口而答：「到廁所大便。」王勝再問一句：「什麼時候回到會議室的？」劉章不以為然的撇撇嘴：「大約 9 點 15 分吧。」「你近來身體有病嗎？」「沒有。」「既然沒病，為何改變了你早上起床後大便的習慣？這習慣你已有 20 多年，眾所周知啊！」「這僅僅是你的分析。」王勝不置可否的笑笑，繼續追問：「你不是外行。根據死者胃內殘食的檢驗，她的死亡時間，應該是在 9 點 25 分左右。罪犯行凶時間，正是在 9 點 15 分左右，這也是你離開會議室的時間。你回到會議室的準確時間是 9 點 20 分，由會議室出來到你家裡，來回時間只需要 6 ～ 7 分鐘，你在家待了 8 分鐘。這 8 分鐘足夠你與死者周旋了。」劉章惱怒了：「你對我個人時間的安排，完全是分析，簡直是天方夜譚。有這麼審訊的嗎？」

王勝突然又發問：「你這上衣胸前的血是從什麼地方來的？」劉章狠狠的瞪了王勝一眼，差不多要失聲痛哭了：「想不到昔日同事說這種絕情的話，我進入現場，看到心愛的妻子倒在血泊之中，能不衝上去抱著她呼喊？何況，沾上血跡時，早就有人在旁邊證明啊！」王勝劍眉怒豎，鄙夷的審視著劉章：「別演戲了！你這件黑色毛呢制服上，有你故意沾上去的塊狀血跡，為何又有噴射狀的血跡呢？……」

劉章一時無言答辯，只得低頭認罪。原來，他懷疑妻子跟別人有染。那天會議開到中途，假裝解大便，溜回了家。他的妻子正寫信給表哥，劉章戴好手套，舉起早已藏好的犯人用來錘碎石的小鐵錘，將妻子砸死，想讓別人懷疑是囚犯作的案。劉章反鎖上前門，從後窗跳出溜走了。10 點後，劉章為破壞現場，約人一起去家裡拿香菸。劉章故意抱著妻子的頭大喊大叫，讓妻子的血汙染自己的上衣。誰知，還是在塊狀血跡中暴露出了噴射狀血跡。

「噴射狀血跡」為何成了本案的關鍵線索？

答案 沾上去的血跡，應該是塊狀形；噴濺上去的血跡，根據不同的物質，分有爆炸點狀和群點狀。

302排除假象取情報

英國間諜傑克奉總部之命，潛入某國新建成的導彈發射基地收集情報，住在離基地不遠的山區的一家小旅館裡。經過幾次活動，基地的亞當斯上校決定向傑克出賣基地的祕密資料。一天上午，亞當斯和傑克約好，在當天晚上7點，傑克帶50萬美元到亞當斯那裡去，一手交錢，一手交貨。

晚上7點，傑克開車來到了亞當斯上校的住處。傑克按了幾下門鈴，沒有動靜，心裡有些著急了，就用手敲門，門虛掩著，一推就開了。屋裡亮著燈，卻沒有人。傑克走到屋裡一看，驚呆了，只見亞當斯趴在地毯上，正艱難的翻過身來。傑克把他扶到沙發上時，發現他的身下有一塊毛巾，一股麻醉劑的氣味撲鼻而來。

亞當斯慢慢的睜開了眼睛，對傑克說：「一個小時以前，我在看電視的時候，有人按門鈴，我以為是你，我說了聲請進，門沒鎖，誰知進來了兩個陌生人，我連忙關掉了電視機，他們問我要基地平面圖，我說沒有，他們就用毛巾捂住我的嘴和鼻子，沒多久，我就失去了知覺。我把資料都放在沙發下面，你去看看還在不在？」

傑克找了半天沒找到，仔細觀察了屋裡的每個角落，又用手摸了摸電視機的後蓋，摸完後問亞當斯：「您剛才看的就是這臺電視機嗎？」

「是的，我就這麼一臺電視機。」

傑克冷笑說：「別再演戲了，我希望還是繼續和我合作下去，否則後果由您一個人承擔，至於什麼樣的後果，我想不用我多說吧！」亞當斯上校只好交出基地平面圖。

傑克是怎麼識破亞當斯的謊言的？

答案 亞當斯說把平面圖放在沙發下面，那兩個陌生人一定會四處尋找，把屋裡翻得很亂，但是亞當斯的屋裡並沒有被翻動過的痕跡。亞當斯說那兩個陌生人來的時候就把電視機關掉了，可那件事發生在一個小時以前，電視機應該早已散熱完畢，可是傑克摸到電視機還有微熱。因此，傑克斷定亞當斯是在說謊。

303 通風扇在旋轉

深夜，某大廈失火了，消防車響著警笛到了現場。火災是在大廈的二樓發生的，從燒毀的現場中發現了一具被燒焦的男屍。火是從二樓的會計室燒起來的，這會計室是兩個人合租的。一個是阿查，一個是小龍，辦公室有 70 平方公尺大，只有一扇門通往走廊。

這天晚上，兩個會計師都留下來加班，到了 9 點左右，小龍先回家了，只留下阿查一個人。火災警報器是深夜 11 點 30 分發出警鈴聲，值夜勤的警衛立刻攜帶滅火器趕到二樓滅火。可是，房子從裡面鎖上了，警衛用力推也推不開；他想用東西砸開，可是身邊又找不到任何可用的東西。

會計師阿查這個人向來謹慎，深夜一個人留下來加班，都要把門用鎖鎖上，連窗戶也會關緊，所以等於是個密室。只不過他讓裝在窗戶上方的小通風扇旋轉。也許是阿查有抽菸的習慣，為了換氣，讓它旋轉吧。但通風扇較靠近會計師小龍的辦公桌，距阿查的辦公桌稍遠。

消防官員調查的結果並沒有查明起火的原因，甚至連起火位置也無法確認。要說有火源，只限於阿查所抽的菸。如果是阿查忘了熄滅菸頭而燒

到文件，燃燒的速度也太快了。探長章書華對於火勢蔓延的快速感到懷疑，仔細檢查被燒毀的通風扇，他終於找到了疑點，立刻判斷出：「這是巧妙的縱火！」於是，警方以縱火殺人罪名逮捕了會計師小龍。

你知道小龍是怎麼縱火的嗎？

答案 原來小龍在通風扇上做了手腳。如果通風扇正轉，就會把室內的髒空氣抽到室外；如果通風扇逆轉，室外的空氣就會流進室內。凶手小龍事先讓通風扇逆轉，用氧氣筒把氧氣輸到室內，室內的氧氣達到30%時，阿查的菸頭就會突然引燃，在一瞬間，室內就會被火籠罩。

304熔珠破案

某夜，一個辦公室裡發生了保險箱被盜的案件。從現場看，這是單人作的案，作案者十分狡詐，戴著手套，沒有留下指紋。過了幾天，過路人發現某公路邊的一條河裡，河水混濁，以為有人跳河。經打撈，撈上來的竟是那個被盜的保險箱。保險箱已被熔割切開，箱內已空無一物。顯然，作案者駕駛著汽車來到這裡，把空保險箱扔進河裡。經過仔細偵查，初步有了眉目。嫌疑犯是紅光機械廠的員工張文，是一名貨車司機。但是要逮捕他，還缺乏證據。

為了不打草驚蛇，趁張文外出，警察局刑警隊長李強檢查了他晾在院子裡的一條長褲。褲腳管上有好幾個小洞洞，說明可能是用汽焊槍熔割保險箱時，火花濺到褲子上燒的。不過，光是幾個小洞洞，還不能作為罪證，說不定他是在切割別的東西時燒的，也可能是抽菸不小心燒的。李隊長在張文長褲褲腳翻邊裡，找到幾顆比原子筆筆尖的小圓珠還要小的金屬熔珠，如獲至寶的送到雷射顯微光譜儀下進行光譜分析。小熔珠中多了一種元素——鈦。進一步調查後，發現保險箱表面的顏料中含有二氧化鈦。也就是說小熔珠裡的鈦，來自保險箱表層的顏料。罪證確鑿，張文被捕了。警察人員從他的家中搜出了贓物。

張文萬萬沒想到，幾顆小熔珠竟使自己露出了馬腳！你知道其中的科學道理嗎？

答案 用雷射顯微光譜儀一照，殘留在褲腿裡的熔珠露出了原形。雷射顯微光譜儀用雷射器作為發光源，透過透鏡聚焦把雷射集中在極小的區域內，直徑只有十幾微米至幾十微米，雷射本身具有能量高度集中、方向性好等特點，經聚集後，可在極為短暫的約萬分之一秒時間內，使樣品表面溫度升到 10,000℃左右。在這樣高的溫度下，樣品汽化成為等離子體蒸汽，受激發光。經光譜分析，便可判定樣品的化學成分。

305 智解考題

在警察學校，為了培養學員的分析判斷能力，教師往往要出些難題，讓大家尋求答案。一次，教師出了這樣一個考題：西方某國有一個旅遊區，總經理為了刺激旅客的興趣，設計了一個「恐怖的房間」。這個房間漆黑一團，也空無一物，並無可玩之處。但通往這個房間的長長甬道卻布置了道道關口，如軟綿綿的樓梯、腳一踩就會陷下去的地板、手一摸就發生觸電的通電牆壁，這些機關使人提心吊膽，卻也為人帶來新奇和樂趣，所以遊客不斷。有一次，有位著名的偵探與助手一同去參觀，在「恐怖的房間」裡，發現一具被殺者的屍體。偵探用鋼筆手電筒照射，發現死者背部有兩個槍洞，都命中在心臟區域，還不斷流著鮮血，據槍眼的大小及形狀可判斷出凶手開槍的地方約有 4 公尺之遠。奇怪的是，在現場漆黑一團的情況下，凶手究竟用什麼方法射準被害者的要害？後來，偵探來到這個旅遊點入口物品保管處，查看所有嫌疑犯所暫寄的東西。發現了一個水彩盒子，經檢驗，盒內曾放過一樣東西。於是這個偵探立即根據這個盒子找到了殺人凶手。

同學們聽完了這道考題，都陷入了思考。其中王強同學思路相當敏捷，搶著回答說：「凶手是在入口處就槍殺了被害者的，因為那裡光線明亮，能夠瞄準目標，然後他用手帕捂住槍口，挾著他經過甬道，進入『恐怖房間』拿掉了手帕，於是鮮血汩汩流出，凶手便逃之夭夭，那塊手帕原是裝在那水彩盒子裡的。」他的話音剛完，便有同學李驚雷發出異議，他說：「王強同學的分析有幾點很難令人信服。首先，一般來說，手帕是裝在口袋裡的，沒有必要事先放到水彩盒子裡。其次，如要挾住一個人通過一段路是相當吃力的，更何況那長長的甬道中布滿了各種機關，這使凶手很難做到。」

王強不服氣，反問道：「那麼你說說案情的真相吧！」李驚雷的答案得到了老師的肯定，同學們都很佩服他的分析判斷能力。你知道李驚雷是怎麼說的嗎？

答案　李驚雷不慌不忙的說，那水彩盒裡裝的是膠狀磷，凶手在過道裡接近過被害者，將磷塗在他的預定部位上，到了「恐怖的房間」，他對著磷光開槍就射中了要害，磷光隨著槍彈燃燒而消失，所以不見影跡。偵探只要查找物品登記表冊，就不難找到凶手了。

306千慮一失

在一個寒冷的冬夜，一名出診的內科醫生被人開車撞死了。肇事者先是想逃跑，繼而想毀屍滅跡，於是將屍體和出診的皮包一起裝進車子裡，快速逃離現場。

肇事者在路上轉了很長時間，由於車內太熱，再加上作賊心虛，他大汗涔涔，嚇得不知怎麼辦好，後來，他鎮定下來，把屍體扔在一個池塘裡。

「這個屍體在被扔入池塘之前，一定是在24℃的環境中待過。」

警官檢查了溼透而冰冷的屍體和皮包之後，一眼就看出了肇事者的破綻。

你知道警官是怎麼知道的嗎？

 因為出診皮包裡的體溫計，所指示的溫度是 24℃，雖然池塘裡溫度很低，但體溫計裡的水銀不會自動下降。

307 被烘烤過的屍體

倫敦，一個寒冬的深夜。有位出急診的內科醫生匆匆跨出家門。不料被一輛急馳而來的四輪馬車從身上輾過，當場死亡。馬車夫嚇出一身冷汗，環顧四周無人，急忙把屍體連同出診醫藥包拖上馬車，飛快離開現場。

如何處置屍體呢？放在家中不妥，馬上扔出去容易使警方知道死者的死亡時間，從而順藤摸瓜，累及自己。看看眼珠暴綻、渾身發紫的屍體，一個惡毒的念頭在他腦際升起。

馬車夫將醫生的屍體和醫藥包帶到自家廚房，拉上窗簾，然後點起灶火，用近 50℃的高溫烘烤，一種逃避罪責的僥倖心理壓住了恐懼感。直到第二天夜裡馬車夫才把火熄滅，仍用馬車把屍體和醫藥包一起運到郊外，扔到一座小橋下面，然後慌慌張張的繞道而回。馬車夫覺得這樣一來，屍體的腐爛程度肯定加快，警察將無法斷定醫生確切死亡的時間，自己便可以躲避追查。

小橋下的醫生屍體在第三天上午被人發現了。倫敦的警察認為死者大約在兩週前死亡，其他證據一無所獲，警方難以找到破案的突破口，而新聞界卻大肆渲染，把市民的好奇心激發出來。上級要求盡快破案，警方感到壓力很大，但又無計可施，只好把大偵探福爾摩斯請來。

福爾摩斯不僅查看了屍體，而且還檢查了醫藥包裡面的聽診器、針筒、溫度計和一些急救藥，他發表了不同的看法：「這具屍體在拋下小橋前，曾受到 40℃高溫的烘烤，在解剖屍體、確定死者死亡時間時，必須注意這一點！」警察們疑惑不解，問道：「何以見得屍體受到 40℃高溫的烘烤？」福爾摩斯解釋了一番後，警察們一看體溫計，果然如此。根據福爾摩斯的提醒，經過進一步檢驗和偵查，倫敦警察終於確定了醫生的死亡時間，並抓到了那個馬車夫。

你知道福爾摩斯是怎麼解釋的嗎？

答案 福爾摩斯指著溫度計說，因為醫藥包是與醫生屍體一起烘烤的，烘烤溫度必然反映在體溫計上，體溫計上的水銀柱，一旦上升，不用手甩，不可能下降，因為人的溫度即使發高燒也不會達到近 50℃，所以可以排除患者的因素。

308 伽利略破毒針案

義大利著名天文學家和物理學家伽利略有個愛女叫瑪麗亞（Maria Celeste），在離伽利略住處不遠的聖·瑪塔依修道院當修女。伽利略常去看望女兒。有一天，瑪麗亞寫來一封信給伽利略。信中寫道：「昨晚早晨，修女蘇菲亞躺在高高的鐘樓涼臺上死去了。她的右眼被一根很細的約 5 公分長的毒針刺破。這根帶血毒針就落在屍體旁邊。有人說，她是自己把毒針拔出後死去的。鐘樓下面的大門是上了栓的。這大概是蘇菲亞怕風大把門吹開，在自己進去後關上的。因此，凶犯絕不可能潛入鐘樓。涼臺是在鐘樓的第四層，朝南方向，離地面約有 15 公尺，下面是一條河，離對岸 40 公尺。昨晚的風很大，凶犯想從對岸把毒針射過來，要正好射中蘇菲亞的眼睛，是根本不可能的。院長認為蘇菲亞的死是自殺。可是，極度虔誠的蘇菲亞，能違背教規用這樣奇特的方法自殺嗎？」

伽利略看完信，就去修道院看望女兒。「就是那鐘樓。看見涼臺了嗎？」在修道院的後院，瑪麗亞指著鐘樓上的涼臺說。鐘樓的臺階畢竟太陡，他上不去，就在下面對涼臺的高度和到對岸的距離進行了目測，並斷定凶犯不可能從河那邊把毒針射過來。「聽人說，她對您的天文學很感興趣，那天晚上，肯定是上鐘樓眺望星星和月亮去了。」「有沒有他殺的可能？就是說有人對她恨之入骨，非置她於死地不可！」「蘇菲亞家裡很有錢，她有個同父異母的兄弟。今年春天，她父親去世了。蘇菲亞準備把她應分得的遺產，全部捐獻給修道院。可是，那個同父異母兄弟反對她這樣做，還威脅說，要是蘇菲亞敢這樣做，就提出訴訟，停止她的繼承權。事情發生的前一天，她弟弟送來一個包裹，可能是很重要或很貴重的東西。今天，在整理她房間的時候，那個小包裹卻不見了。會不會凶犯為了偷這個小包裹，而把她殺死呢？」伽利略朝著鐘樓下面流過的河水，喃喃自語的說：「如果把那條河的河底疏濬一下，或許能在那裡找到一架望遠鏡。」

第二天早晨，瑪麗亞急沖沖的回到自己家中，果真交給伽利略一架約有47公分長的望遠鏡。「這是看門人潛入河底找到的，準是蘇菲亞的弟弟送來的，因為以前我從未見她有過望遠鏡。可是，這和殺人有什麼關係呢？」伽利略接過望遠鏡，仔細的看了看，然後對瑪麗亞推斷了案發過程。後來，事實證明，蘇菲亞的弟弟的確是這樣做的。

你知道伽利略是怎麼推斷的嗎？

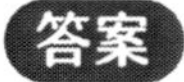

蘇菲亞的弟弟事先在這個望遠鏡的筒裡裝有毒針。那天晚上，蘇菲亞在眾人入睡之後，悄悄登上鐘樓的涼臺，想用這個望遠鏡觀察星星。在眼睛貼近筒之後，為了對準焦點，就要調節筒內的螺絲。這時，彈簧就會把毒針射出，直刺眼睛。蘇菲亞猛的一驚，望遠鏡便從手裡滑落而掉進河裡。她忍住劇痛把毒針從眼裡拔出來……

309瓦特智破毒針案

英國格拉斯哥大學的里斯德教授的辦公室裡，里斯德教授和機器修理工人瓦特坐在椅子上喝咖啡。喝著喝著，瓦特覺得腦袋有點暈：「不好，咖啡裡放了安眠藥。」他意識到這一點時，已經晚了，只覺得渾身麻木，一下子就迷迷糊糊的睡著了。當瓦特醒過來時，已經是第二天了。一個駭人的情景使他猝然大叫起來，里斯德教授的頸上扎著一枚約 5 公分長，帶有軟木塞的針，身體靠在椅子上死去了。

瓦特努力的回憶著昨晚的事 —— 昨晚，里斯德教授把他請到這裡，對他說：「我發明的一份機器設計圖，昨天突然被人偷偷翻拍去了。由於這種機器在技術上的難度很大，其中一定有些問題是偷拍的人所不能解決的，以後他會來求你幫忙……」教授說到這裡，見他的一個年輕助手端著兩杯咖啡，推門進來，就收住了話頭。那助手替他們送來咖啡後，又拿來一把水壺，把它放在火爐上，就把門關上走了出去。教授小心翼翼的把鑰匙插到門上的鎖眼裡，把門鎖上，說：「我不想讓任何人打擾我的談話。現在我連自己的助手也不敢相信了。」教授又坐了下來，和瓦特邊喝咖啡，邊談話，他談了設計圖被偷拍的經過，並說：一旦有人就這設計圖的問題請教瓦特時，請瓦特立即告訴他……瓦特回憶完昨晚的事後，又想，在咖啡中放安眠藥的，看來是那年輕助手做的。但他出去了再沒有進來過。那麼，教授頸上的針又是誰扎的呢？他繞著火爐轉了幾圈，又盯著教授脖子上的毒針看了好一會兒 —— 咦，毒針的根部怎麼會扎在軟木塞裡呢？瓦特又仔細看了看，發現那壺嘴對準了教授所坐的位置和他的頸部的高度。哦，原來如此……

警察來了，根據瓦特提供的情況與科學的分析，終於弄清了此案的真相：原來那年輕助手偷拍了教授的設計圖後，進一步想占有這項發明的專利權，才下此毒手。

案破了，瓦特從水蒸氣原理中進一步得到啟發，後來他使蒸汽機不斷完善，成了聞名世界的「蒸汽機之父」。

你知道年輕助手是怎麼作案的嗎？瓦特又是根據什麼科學道理進行推理的？

答案 那年輕助手把水壺放在火爐上時，早將插有毒針的軟木塞放置在壺嘴中，壺嘴對準了教授所坐的位置和他的頸部的高度。水蒸氣在膨脹時，它的壓力約比水要大 1,800 倍。水燒開後，因壺嘴被塞，水蒸氣的壓力不斷增加，後來，軟木塞便連針飛出，射向教授，毒針正好扎在教授的脖子上。

310 諾貝爾破凶殺案

諾貝爾（Alfred Nobel）是瑞典的著名化學家，舉世聞名的炸藥發明者。年輕時，他從美國學習技術回來，就在父親經營的工廠中的研究所工作，並且開始了對炸藥的研究。一天晚上，天氣悶熱。研究所的助理員漢森，突然在值班室被炸死了。諾貝爾趕到現場，看見值班室的地板上有許多炸碎的厚玻璃片和一塊直徑 15 公分的石頭。漢森躺在床上，臉部和胸口都扎進了不少玻璃碎片，滿床是血。地板上還有一個直徑很大的被震碎的玻璃瓶瓶底。瓶蓋上拴著幾根打著結的鋼琴弦。看樣子，這爆炸好像是由玻璃瓶內的什麼東西引起的，諾貝爾撿起一塊碎片嗅了嗅，有酒精的味道。這就怪了，現場沒有爆炸危險的硝化甘油，沒有火藥，沒有燃燒過的痕跡，這爆炸又是從何而起呢？諾貝爾又發現，書架上溼漉漉的，還在淌水，地板也是溼漉漉的。他想，這爆炸的玻璃瓶中一定裝滿了水。然而，水也不該爆炸呀！諾貝爾迷惑不解。他知道與漢森同時值班的還有一個夜班警衛，便把這個年輕警衛叫來。

「是這樣的，諾貝爾先生。」這個警衛內疚的說道，「在 9 點鐘左右，艾肯先生在加完班回家的時候，說要請我去吃宵夜，我想反正有漢森先生值班，我出去一下子沒關係，便跟他到村裡一家餐館裡去了。」「你沒有聽到這裡的爆炸聲嗎？」「沒有，沒有。我和艾肯先生分開後回到廠裡，已經近 11 點，才發現值班室的玻璃窗像是震壞了，大吃一驚。請原諒，我……」這年輕人知道擅離職守所造成的後果嚴重，害怕得幾乎哭起來。

艾肯是所裡研究液態硝化甘油冷凍的技術員。諾貝爾聽說是他把警衛

約出去的，立即警覺到爆炸與艾肯有關，因為諾貝爾知道他和漢森都愛著廠裡一位漂亮女孩，他們兩個是情敵。連結到艾肯進行的冷凍實驗，諾貝爾明白了。「凶犯肯定是艾肯。他是藉這爆炸事故來掩蓋他消滅情敵的真相。這倒是一個很巧妙的發明。」然而，這「發明」瞞不過有科學頭腦的諾貝爾。在諾貝爾入情入理的分析面前，艾肯無法抵賴，終於被押上審判臺。

你知道艾肯是怎麼作案的嗎？

答案 原來，艾肯一直嫉恨他的情敵漢森，達到了瘋狂的程度，早想殺死漢森。為了逃避罪責，他利用冷凍方面的知識，在一個厚厚的玻璃瓶中放滿水，密封後放在化學實驗用的大口玻璃瓶中，再在密封的玻璃瓶四周放滿了乾冰和酒精。大口瓶蓋上蓋子，蓋子上又壓了一塊石頭，並且用鋼琴弦牢牢的將石頭綁緊在瓶蓋上。在輪到漢森值班時，他偷偷的把玻璃瓶放在值班室內的書架上。乾冰和酒精摻和在一起，溫度能降到 -80℃，密封的玻璃瓶就會爆炸，連同實驗用的大玻璃瓶的碎片，能像炸彈一樣飛出來傷人。漢森反正已經熟睡，警衛又被艾肯拉走，消滅情敵的目的就能達到了。

311 第一個飛人之死

在西元 1780 年代初，熱氣球剛在歐洲出現不久，人們對這種飛行器還不十分相信，當時人們已經用熱氣球成功的把雞、鴨、羊送上了天空，但從來還沒有人搭乘氣球離開地面。西元 1789 年法國國王批准了科學家第一次用熱氣球送人上天的計畫，並決定用兩個犯了死刑的囚犯去冒這個風險。

這件事被一個叫羅齊埃的年輕人知道了，他想，人第一次飛上天是一種極大的榮譽，榮譽不能給囚犯。他決定去做一次飛行，於是便找了另外一個年輕人向國王表示了他們的決心，國王批准了他們的請求，於是在西元 1783 年 11 月 21 日，他倆乘坐熱氣球，成功進行了世界上第一次用熱氣球載人的飛行。那次共飛行了 23 分鐘，行程 8.85 公里，羅齊埃由此成了當時的新聞人物。

第二年，羅齊埃計劃乘熱氣球飛越英吉利海峽。當時已經發明了氫氣球，使他拿不定主意的是：乘熱氣球好呢，還是乘氫氣球好？最後，羅齊埃決定兩個氣球都乘，也即把氫氣球和熱氣球組合在一起去飛越海峽。熱氣球下面還掛了一個火盆，目的是替氣球氣囊中的空氣加溫，使氣球裡充滿著熱的空氣。

一天，他們將兩個氣球組合在一起，升空了，然而，升空不久，就發生了悲劇，兩個氣球碰在一起，發生了爆炸，羅齊埃和另一位年輕人葬送了年輕的生命。羅齊埃是一個勇於冒險的青年，可惜他只有勇敢精神，缺乏科學的頭腦，導致了一場球毀人亡的悲劇的發生。是什麼原因導致了這一悲劇的發生？

答案 問題出在熱氣球下面掛的火盆。羅齊埃沒想到氫氣是一種易燃、易爆的氣體，只要一碰到火就會爆炸。顯而易見，熱氣球是不能和氫氣球同時混用的。

312 錫製鈕扣失蹤案

100 多年前，俄國首都聖彼得堡，朔風凜凜，瑞雪霏霏，氣溫突然下降到 -30℃！軍營裡開始發軍大衣了。嶄新的軍大衣穿在身上有多暖和呀！可是，沒多久，士兵們都嘰嘰喳喳議論起來：「咦，軍大衣上怎麼連一顆鈕扣也沒有呢？真是太奇怪啦！」就連沙皇的守衛穿的軍大衣也沒有鈕扣。

沙皇知道了這件事很生氣，傳令把監製軍大衣的大臣傳來問罪。大臣說：「這事情就怪啦，我曾經到過製作軍大衣的工廠去的，親眼見製衣廠的工人把一顆顆銀光閃閃的錫鈕扣釘上去的呀！」沙皇吹鬍子瞪眼睛：「可是事實上，現在連半顆鈕扣也不見了！你快去查清楚，到底是誰在搞破壞！」

大臣嚇得連聲說「是」，馬上到倉庫裡去調查。管理倉庫的官員說：「軍大衣運來時，確實是有錫鈕扣的，一直到發放軍大衣時才打開倉庫，那時沒注意去查看鈕扣，不過現在還剩下一部分軍大衣。」大臣取過一件查看，也沒有錫鈕扣，只是在釘扣子的地方，有灰色的粉末。奇怪，錫鈕扣怎麼失蹤的呢？大臣百思不得其解，憂愁極了。

大臣有位朋友，是個化學家。他聽說這件事後，告訴沙皇，錫鈕扣是變成粉末了。沙皇不相信，科學家就拿了一個錫酒壺放到皇宮外的臺階上。幾天後再去看，手一碰上去，那錫酒壺果然變成了一堆粉末。於是，那個大臣被宣告無罪。

你知道其中的科學道理嗎？

答案　錫有個特性，在 13.2℃以下，就會慢慢變成鬆散的灰色粉末。而當時氣溫已到了 -30℃，怎麼還能期望錫鈕扣不失蹤呢？

313 雞蛋上的密碼

第一次世界大戰中，一名德國農婦在跨越德法邊界時，受到法軍士兵盤查。士兵搜遍她的全身，也沒發現可疑之物，然後又翻她手提的籃子，籃子裡只有一些熟雞蛋，她說是準備送給親友的。士兵隨手拿了一個放在手上玩，農婦見狀十分驚慌。士兵要買這些雞蛋，農婦堅決不肯。於是引起了士兵的懷疑，他們小心的打開一顆雞蛋，剝皮一看，發現了寫在蛋白上的密碼和字跡。原來上面是英軍的布防圖，上面還有各軍的番號。

哨兵很納悶，雞蛋好好的，蛋白上的字是怎麼寫上去的呢？請你想一想，用什麼方法可以隔著蛋殼，在蛋白上寫出字呢？

答案　原來是用醋酸在蛋殼上寫字，等醋酸乾了，再把蛋煮熟，字跡就印在蛋白上了，而蛋殼上毫無痕跡。

314 跑步脫險

第二次世界大戰期間，一艘日本潛艇在海灘擱淺，被美國偵察機發現，這就意味著幾分鐘後會有轟炸機飛來，潛艇將被炸毀。日本潛艇艇員一時誰也拿不出脫險的辦法，一種絕望的氣氛籠罩了全艇。

艇長這時也傻了，不知如何是好，但他並沒有慌亂。他讓艇員們鎮靜，但沒什麼效果，於是他掏出香菸點燃，坐在一邊吸了起來。他的這一舉動感染了艇員，他們想，艇長現在還抽菸，一定是沒什麼問題了，於是艇員們鎮靜了下來。這時，艇長才讓大家想脫險的辦法。

由於不再慌亂，辦法很快就想出來了：大家邁著整齊的步伐跑步！奇蹟出現了，潛艇終於在天邊出現美國轟炸機時，脫離淺灘，潛進了深海。

這樣的脫險方法聽起來不可思議吧！你知道其中的科學道理嗎？

所有人一起從左舷跑到右舷，再從右舷跑到左舷，就這樣，擱淺的潛艇很快就左右擺動起來，慢慢脫離了淺灘。

315 神祕的「馬丁少校案件」

1943 年 4 月末，在西班牙威爾瓦附近的海面上，一架英國飛機突然失控，一頭墜毀在海裡，掀起數丈水柱。不久，那裡的西班牙漁民發現海面上漂著一具男屍，軀體已腐爛，面目難辨，但從死者穿的軍服，可以看出他是英國皇家海軍陸戰隊的少校軍官。另外，在附近還發現了一艘撞壞了的橡皮救生艇。當時，西班牙跟英國是敵國，與德國是盟國。英國軍官的屍體，很快就被祕密的運到西班牙首都馬德里，落在西班牙總參謀部的手中。西班牙總參謀部從死者貼身的黑色公文包中獲知，死者名字叫馬丁。衣袋中有 4 月 22 日倫敦的戲票存根，證明馬丁少校不久前還在倫敦看過戲。在公文包中，發現了極為重要的文件。西班牙總參謀部把文件拍成照片，

轉送給西班牙的德國領事，德國人如獲至寶，火速密報德軍最高統帥部。希特勒看了密件，改變了策略：本來，德軍以為英美盟軍會選擇地中海的西西里島作為進攻目標，在那裡部署了許多兵力。看了馬丁少校攜帶的密件，德軍最高統帥部把部隊悄悄從西西里島調往希臘。然而，在 1943 年 7 月 9 日，英美盟軍大舉攻進西西里島，希特勒竟無動於衷，還認為他們在佯攻哩！結果，西西里島拱手相讓給了英美盟軍。

「馬丁少校案件」成了一個謎。直到第二次世界大戰結束以後好多年，英國海軍諜報部的伊凡·蒙塔古少校，才披露了事情的真相。原來，「馬丁少校案件」是英國諜報部隊設下的圈套。「導演」者是蒙塔古少校。當時，英美盟軍準備進攻西西里島。希特勒識破了英美盟軍的意圖，所以在西西里島設下了重重防線。製造「馬丁少校案件」的目的，是為了調虎離山。其實，那馬丁少校的屍體是冒牌貨。蒙塔古精心的請人挑選了一具患肺炎死去的年輕人的屍體，替他穿上少校軍服，放上公文包。至於公文包袋裡，則放了英國總參謀部副總參謀長寫給地中海聯合艦隊亞歷山大上將的一封信，信中談到西西里島不是盟軍的進攻目標……至於死者衣袋中的倫敦戲票存根，純粹是為了增強這齣「戲」的真實感，說明馬丁少校是從倫敦坐飛機飛往地中海，不幸中途遇難……實際上，那具屍體是用潛水艇運到那裡的。就這樣，「馬丁少校案件」使老奸巨猾的希特勒上當了，而且至死沒能知曉其中的內幕。

在這場諜戰中，英國海軍諜報部為什麼選用肺炎死者和屍體呢？

答案 這是考慮到淹死的屍體，胸部會充滿水，而肺炎死者的肺裡充滿液體，十分相似。

316 沒有指紋

夜裡有位便衣警察到酒吧去喝酒，被一個俏麗女郎吸引了注意力。他覺得自己似乎在哪裡見過她，可是一時間又想不起來。這位衣著時髦的女郎，指甲上塗滿了鮮紅的蔻丹，用纖細、白嫩的手指持著酒杯，一點一滴的品味著雞尾酒。她在飲盡杯中最後一滴酒後，才起身離去。

就在她邁出大門之後，警察突然想到，她正是警方懸賞緝捕的一個罪犯。於是警察立即把她喝的酒杯，用手帕包好，然後順著女郎走的方向，暗地追蹤。女郎出來後，叫了一輛計程車，極其迅速的擺脫了警察的跟蹤。

警員只好把酒杯送到檢驗科去查此人的指紋，然而，奇怪的是酒杯上只有調酒師的指紋。這位女罪犯既沒有戴手套，也沒有抹酒杯的動作，她的指紋究竟跑到哪裡去了？

女罪犯怕留下指紋替自己帶來麻煩，所以在指尖上塗了無色透明的指甲油。這麼一來，雖然手拿著酒杯，杯上也不會留下任何指紋。

317 笑聲殺人

羅馬尼亞雜技演員奧里爾一貫在外拈花惹草，他的妻子瑪莉安又嫉又恨。一天，奧里爾表演蒙面空中飛人，正當他從一個鞦韆架上脫手飛出，在空中旋轉 180°，再去抓另一個鞦韆架時，全場屏息靜氣，異常緊張，坐在觀眾席上的瑪莉安卻突然發出一陣狂笑。奧里爾被笑聲驚得失常，從高空摔下斃命。警察逮捕了她，並控之以謀殺罪。你知道警察為什麼認定她是凶手嗎？

答案　這位羅馬尼亞婦女運用心理學的知識謀害了她的丈夫。像表演空中飛人這樣的工作，對注意力的要求是很高的，是不能隨便分心和轉移的，如果注意力不集中，注意轉移失當，後果就將不堪設想。心理學上，把人們這種心理活動對一定對象的指向和集中的現象，叫做「注意力」。人們自覺的把自己的注意力從一個對象轉移到另一個對象上去，叫做「注意力轉移」。客觀環境是千變萬化的，要想使自

己的活動得以成功，注意力必須與之相對應。

318 智鬥連環殺手

英國有位婦女，名叫黛安娜，她真是位不幸的女人，她接連嫁了兩個丈夫，都因病去世了。她雖繼承了許多遺產，但一個人生活，總覺得很寂寞。不久前，有個叫查爾斯的男人向她求婚，她覺得這人不錯，就嫁給了他。查爾斯搬到她的豪華住宅裡來。

一天下午，黛安娜幫丈夫收拾房間，意外的發現丈夫抽屜裡收藏著一大疊剪報。上面報導一個叫馬可的罪犯，專門尋找有錢的女人，和她們結婚，然後設法殺死她們，將錢財占為己有。該凶犯如今越獄在逃。黛安娜見報上的罪犯照片的描述特徵，頓時頭暈目眩。原來，這罪犯竟是現在的新婚丈夫 —— 查爾斯！

正在這時，查爾斯手拿鐵鍬進了院子。她想：恐怕今天晚上，他要殺死我了！她想逃出去，但又怕丈夫懷疑。她就趁他去屋後的時候，拿起電話，打了個報警電話給好朋友傑克。打完電話，她裝著若無其事的樣子，煮了杯咖啡，沒放糖，遞給了剛上樓的丈夫。丈夫喝了幾口咖啡說：「這咖啡為什麼不放糖？這麼苦！我不喝了，走吧，我們到地窖裡去整理一下。」

黛安娜知道丈夫要殺她了。她明白自己無法逃出去，便靈機一動，說：「親愛的，你等一下，我要向你懺悔！」她在編造故事，想拖延時間，等朋友傑克的到來。丈夫好奇的問：「妳懺悔什麼？」黛安娜沉痛的說：「我向你隱瞞了兩件事。我第一次結婚後，勸我那有錢的丈夫買了人壽保險，那時，我在一家醫院當護士。我假裝對丈夫很好，讓左鄰右舍都知道我是個好妻子。每天晚上，我都親自為他煮咖啡。有一天晚上，我悄悄的把一種毒藥放進咖啡裡。沒多久，他就倒在椅子上，再也爬不起來了。我就說他暴病而死，得了他的 5,000 英鎊人壽保險金和他帶來的全部財產。第二次，我又是用親手煮的咖啡加毒藥的方法，得了 8,000 英鎊的人壽保險，現在，你是第三個……」黛安娜說著，指了指桌上的咖啡杯。

查爾斯聽到這裡，嚇得臉色慘白，用手拚命的摳自己的喉嚨，一邊歇斯底里的尖叫道：「咖啡，怪不得咖啡那麼苦，原來……」他邊吼叫著，邊向黛安娜撲過去。黛安娜一邊向後退，一邊鎮定的說：「是的，我在咖啡裡下了毒，現在，你毒性已經發作，不過，你喝得不多，還不至於馬上死去……」查爾斯受不了這沉重的打擊，一下子被嚇昏了，就在他垂下腦袋時，她的好友傑克帶著警察趕到了。

黛安娜給丈夫喝的咖啡並未下毒，但是查爾斯為什麼會昏過去了呢？

答案 黛安娜對付查爾斯的方法，心理學上叫「暗示」。暗示是指用含蓄的、間接的方法，對別人的心理和行為產生影響。暗示往往使別人無意的、不自覺的接收某些訊息的影響並做出相應的反應。暗示所產生的作用有時是十分玄妙、異常神奇的。黛安娜運用的暗示不僅保護了自己，而且從身心上有力的打擊了她那凶犯丈夫。

319 畫賊

一天，有一個人闖入畢卡索家行竊。當小偷拿到東西逃走的時候，被畢卡索的女管家看見了，她隨手抓起鉛筆和紙，把小偷的形象畫了下來。正好這時畢卡索在陽臺上休息，看見跑出去的小偷，也順手把小偷的樣子畫了下來。畫家與女管家一同去警察局報案，並交上他們的速寫畫。照女管家畫的形象，小偷很快就被抓到了。按照畢卡索的畫去抓人，竟有不少人被帶到警察局。你知道為什麼嗎？

答案 原來畫家畫畫要求典型性，所以概括性強；而女管家畫畫講究真實性、個體性，只適合一個人。由於畫家概括性強，適合較多的人，所以畫家的畫使不少人被帶到了警察局，而女管家的畫使警方抓到了真正的小偷。

320說謊的嫌疑犯

用紙拉門隔開的三個房間裡，每個房間的中央都吊有一個電燈泡。中間房間的居住者張華被懷疑是某事件的嫌疑犯，而那天晚上10點鐘敲響的瞬間，他是否獨自一人在家成了揭開事件謎底的關鍵。張華說那時自己一個人在家。兩邊的鄰居也都證明說：正好10點的時候看到紙門上有一個人的身影。聽了這些話，警長嚴厲的看著張華說：「你果然是在撒謊。」

警長是怎麼得出這個結論的？

答案 根據物理學常識，在只有一個電燈泡的房間裡，不可能在房間的兩面紙門上都照有人影，所以中間的房間應該有兩個人。

321吹牛偵探

一個富翁的兒子被人綁架了，警方偵查接近一個月，仍無頭緒破案，於是富翁就另聘私家偵探代為破案。富翁許諾，如果救人成功，則以10萬美元酬勞作謝。

在接見這批偵探時，富翁為了要考驗他們的機智以及工作能力，要求各人把自己的工作成績講述出來，以便從中聘用。喬治是某私家偵探社的員工，那筆賞金對他極具吸引力。可是他的資歷卻非常淺，只有一年私家偵探的經驗。

當富翁問及他的功績時，喬治立即說：「有，我記得在三年前7月的某天，我與朋友前往城外水塘釣魚，我們坐在堤壩旁邊，全神貫注釣魚的時候，突然從水影中看到兩個彪形大漢的影子。我回頭一看，記起是看到的通緝犯之一，於是我立即轉身把魚竿一揮，魚鉤向後，把他們鉤住，交給警方處理。」

富翁聽後，冷冷的回答：「對不起，喬治先生，你編的故事非常動聽，可是我想聘請的是一個誠實的偵探，而非吹牛的偵探呀！」

你知道喬治的一番話，露出什麼破綻了嗎？

答案 在池塘中如果看到人的倒影，那麼水中的影子除了自己外，就是比自己更接近水塘的人，此為吹牛一。再者，當偵探轉身想向疑犯襲擊時，自己已掉入池塘內，試問怎麼能制伏他人呢？

322 毛玻璃「透視」案

某公司有三間連在一起的辦公室，間隔它們的兩扇門上都是毛玻璃，就是那種一面光滑一面粗糙、讓人無法透視的玻璃，這兩扇門平時都是鎖著的。中間的一間辦公室是財務室。一天，出納在上廁所回來後，發現保險櫃中的現金少了一部分。原來，粗心的出納雖然鎖上了保險櫃，卻忘記了拔掉鑰匙。

警方接到報案後，很快就將嫌疑犯鎖定為旁邊兩間辦公室的人。警長仔細的觀察了兩塊毛玻璃，發現左邊辦公室的毛玻璃的光滑面不在財務室這一面，而右邊的光滑面則在財務室的這一面。警長馬上判斷出是右側辦公室的人作的案。警長的根據是什麼？

答案 毛玻璃不光滑的一面只要加點水或唾沫，使玻璃上面細微的凹凸呈水平狀，就變透明了，能清楚的看到出納在辦公室中所做的一切。而在左邊辦公室毛玻璃的一面是光滑的，就不具備這樣的條件。

323 玻璃鏡中的凶手

卡羅望著名偵探福爾，遺憾的說：「您要是早來 5 分鐘，我那幾幅名畫就保住了。」福爾問：「怎麼回事？」卡羅說：「這棟住宅是表姐遺贈給我的，她收藏了許多名畫，生前有6幅油畫掛在這書房裡。10分鐘前，我一個人在這裡找書，一個歹徒突然闖進來，用槍指著，命令我臉朝牆站著，他取下了5幅，又命令我把面前那幅畢卡索的作品取下來遞給他，隨即逃走了。」福爾問：「這麼說，你肯定不知道他的長相了？」「不，在鑲這幅畫的玻璃鏡中我看清了他的長相，我能認出這個人。」

福爾笑了起來：「年輕人，我可不為你騙取保險金去做證人。你根本沒丟什麼畫！」

卡羅的敘述有什麼漏洞？

答案 卡羅說自己從鑲畫的玻璃鏡中看到了歹徒的長相，這是他的漏洞，因為有些美術常識的人都知道，油畫從來不用玻璃框鑲。

324聰明的監視

在某偏僻村落藏匿了大批通緝犯及黑社會老大，為避免打草驚蛇，警長做出周詳而嚴謹的部署，喬裝村民，視察現場環境後，發覺村屋坐落在隱蔽的叢林內，四面有窗及門，很方便逃走。警長為防行動失敗，特派8名幹練警探，靜悄悄的埋伏在叢林內，等待晚上伺機行動，各出口由兩人把守。

到了午夜時分，秋風吹過，樹葉嘩嘩落下，通緝犯正蒙頭大睡。警長見機不可失，調動數十人準備突襲行動，卻發現8名警探中有4名失蹤了，為怕阻延行動，只好急召警察救援。最後，終把各人拘捕，送上法庭。事後，警長質詢4名失蹤的探員，為什麼竟敢違抗命令，幸好行動成功，不然的話，便得受降職的處分。

誰知他們卻說：「我們覺得現場不需要8人駐守，便可把整間屋包圍了，所以我們沒有遵守您的意見，希望您原諒！」

警長細聽他們擅自更改計畫的原因後，覺得非常有理，再也沒有追究此事。你知道 4 名偵探如何監視那批罪犯的嗎？

答案 原來那 4 人站在 4 個屋角，一人便可監視兩個門口，到疲倦時，由另外 4 人頂替。故當警長進行突襲行動的時候，4 名偵探已躲藏起來休息，故不能參與行動。

325 偷越邊境

A、B 兩國正在鬧邊界糾紛。A 國的間諜企圖偷越邊界進入 B 國，但因為對方戒備森嚴，未能成功。於是想挖掘地道偷越邊界。不過，這個方案似乎行不通，因為挖出的浮土一增加，就一定會被敵人的偵察機發現。那麼，先蓋一棟小房子，把浮土藏在裡面行不行呢？似乎也不行，浮土一增加，就需要把它運到小房子外面去，同樣會露出破綻。

有沒有較好的越境辦法呢？

答案 一面向前挖，一面用挖出的土填埋身後的地道，就可以安全的偷越邊界。當然，距離不能太遠，還要準備充足的食物和水。這樣做會不會把氣孔堵死呢？這是不必擔心的。既然小房子裡堆著一部分浮土，那麼在地道裡就一定有相當於那土堆體積的空隙存在，足以供偷越邊境者呼吸。

326 錯誤百出的考卷

阿倫在警察學校當學生。他以「販毒犯」為題寫了一份案例。內容如下：

> 某日中午，太陽當空照，在湖上留下長長的樹影。馬捷和沙多把一艘預先準備好的小船，推進了湖。他們順著潮流漂向湖心。這個湖是兩

個毗鄰國家的界湖，由地下湧泉補充水源，不會乾涸。馬捷和沙多多次利用這個界湖進行著走私的勾當。

他們在湖心釣魚，不時能釣到一些海鱒，把內臟挖出，然後裝進袋裡。夜幕降臨，四周一片漆黑，兩人把小船快速划到對岸，與接應人碰頭。然後一起把小船拖上岸，朝天翻起，船底裝著一個不漏水的罐子。他們把小包毒品放在裡面。他們進行得相當順利，午夜剛過 10 分鐘，便開始往回划，在離開平時藏船處以北半公里的地方靠岸。兩人將 100 包毒品取出平分了。5 分鐘後，一支海關巡邏隊在午夜時分發現這艘船時，沒有引起絲毫懷疑。但當他倆回到鎮上時，撞上了巡邏的警察，馬捷和沙多被緝拿歸案了。

福爾警長看完後，哈哈大笑，說：「這張考卷裡錯誤百出，阿倫應該被留級才對。」

這張考卷裡有多少處錯誤呢？

答案 試卷共有 4 處錯誤。

1. 中午，當太陽高懸天空中時，不論樹木多高多矮，都不會有陰影。
2. 水源靠地下湧泉補充的湖是沒有潮流的。
3. 海鱒是海水魚。
4. 販毒犯開始往回划時是「午夜剛過 10 分鐘」，因此「午夜時分」巡邏隊不可能在對岸發現他們的船。

327 是因電失火嗎

一天深夜，一家商店的財會室突然起火。雖經值班會計奮力撲救，仍有部分帳簿被大火燒毀。警官向渾身溼透的值班會計詢問案情。

「前幾天，我就發現室內的電線時常爆出火花。今天，我將全部帳簿翻了出來，堆在外面，準備另換一個安全的地方，不料電線走火，引燃帳簿，釀成火災。幸虧隔壁就是洗手間，我迅速放水，把火撲滅，才未釀成大禍。」「你能肯定是電線走火引起火災的嗎？」警官追問。「能。我們這裡沒有人抽菸，又沒有能自燃的其他物品和電器。對了，我剛才進來救火時，還聞到了電線被燒後發出的臭味。」

「夠了！」警官喝斥道，「你是因為擔心自己的貪汙問題暴露而故意縱火的吧？」請問警官是如何得出這一結論的？

答案 電線走火的失火絕不能用水滅火，只能用噴射四氯化碳或二氧化碳的滅火器滅火。會計說自己是用水把火撲滅的，又肯定說火災是電線走火引起，這顯然違反常規。

328 塑膠大棚起火案

植物學博士在自家院子裡蓋起塑膠大棚栽培稀有花草。可是在一個晴朗的冬日中午，大棚發生火災，所有花草付之一炬。是大棚中的枯草沾了火引燃的。然而奇怪的是，塑膠大棚裡沒有一點火源，也沒有放火的跡象。大棚外面的地面因昨晚下過一場雨溼漉漉的，所以如果有人來此縱火，照理會留下足跡的。可周圍沒發現任何足跡。博士找不出起火原因，便請摩斯偵探出馬查個究竟。摩斯偵探立即趕來，詳細勘查了現場。

「博士，昨晚的雨量有多大？」「我院子裡雨量表上顯示的是約27公釐，可今天從一大早起就晴空萬里沒有一絲雲彩呀。」「陽光直射塑膠大棚，裡面會產生多高的溫度？」「冬季是攝氏十七、十八度，可這個溫度是不會自燃起火的。」「沒有取暖設施嗎？」「是的，沒有。」「棚頂也是用透明塑膠做的吧。」「是的。」「果然如此……那麼，起火原因也就清楚了。」摩斯偵探馬上找到了起火的原因。

那麼，到底是怎麼起的火呢？

答案 塑膠大棚的棚頂有坑窪處。因昨晚下雨窪中積水，而積水正好形成凸透鏡狀，陽光折射聚焦。其焦點的熱量使塑膠大棚裡的乾草自燃

起火。

329無名火

熱衷於科學的萊頓把蠟燭吹熄後，掀起窗簾，刺眼的陽光射進來照在桌上凌亂的稿紙上。「啊！今天是星期日。我想應該要去教會一趟。」說完，他前往浴室洗臉。忽然電話鈴聲響起，萊頓臉尚未擦乾，就飛也似的跑到桌邊聽電話，臉上的水珠，還斷斷續續的往下滴。桌上有一塊長 20 公分、寬 10 公分的玻璃板，被兩本書架起了，恰似一座橋梁，而玻璃板下放置了一疊稿紙。

萊頓放下電話筒後，就往教會走去。一個多小時後，萊頓走進家門。忽然，一股烤焦的味道撲鼻而來，只見書桌已被大火燒掉過半，幸好發現及時將火撲滅了。

事後萊頓深覺奇怪，為何書桌會無故燃燒起來呢？於是他仔細觀察，想找出引起火災的蛛絲馬跡，結果令他失望了。最後，清理現場後，他帶著無奈的心情往浴室洗淨臉上的汙穢，突然腦裡靈光一閃，明白為何書房會無故起火了。

萊頓對失火原因有什麼發現？

答案 引致無名之火的原因，就是萊頓臉上滴下的水珠。由於水珠滴在玻璃表面，再經夏天日光照射，水珠因表面張力的緣故而變成半圓形，因此具有凸透鏡的作用，透過水珠的日光照射所集中的焦點，剛好射在玻璃板下的稿紙上，因此引起火災。

330起火爆炸案

郊外的一棟住宅發生爆炸並起火，經過消防員搶救後，終將大火撲滅。事後警方調查，發現住宅內有一名被燒焦的老婦屍體。經法醫檢驗，證實她死於瓦斯中毒。

「這麼說，在發生爆炸前，這位老婦人已經瓦斯中毒死亡了？」一位警員向警長問道。警長點頭道：「對。但奇怪的是，為何會發生爆炸呢？因為現場只有老婦一人，又沒有點燃煙火的痕跡；加上爆炸當日，那一帶正停電，也不可能是因漏電而引起的。實在令人傷透腦筋！」

正在沉思的警長，被陣陣電話鈴聲喚醒了。突然，警長右手拍了下後腦勺，然後說道：「啊！這不是引起爆炸的原因嗎！」

你知道警長為什麼恍然大悟嗎？

答案 其實電話鈴聲正是引起爆炸的原因。因為電話用電和電力公司不同，就算電力公司停電，電話還是照常工作的，因此電話響起，就會有電流通過，產生的火花與室內的瓦斯接觸而發生爆炸。經過調查後，證實死者當日，正等待一個長途電話，而這個長途電話就成為爆炸的引子。

331毀滅證據

朱衡悄悄的潛入了一棟住宅中，翻箱倒櫃的搜尋，因為他知道勒索他的商業犯罪文件放在這裡。不過，搜遍了每一個角落，他都無法找到這些文件。於是，朱衡決定毀滅這些證據文件，不讓它們落入警方之手。

他先把所有的門窗都小心關好，然後把浴室的瓦斯開著。之後，悄悄離開了大屋，又輕輕關上大門。5分鐘後，朱衡來到街頭的電話亭，打了個電話給住在該屋隔壁的鄰居，大致說他家附近發生了嚴重的大火，請盡快逃命之類的提醒。朱衡放下了電話，陰險的一笑，因為他知道目的就會達到。

朱衡究竟用什麼手段去毀滅遍尋不獲的證據呢？

答案 朱衡施放了滿屋的瓦斯，再打電話驚動左右的鄰居，目的是想製造混亂。當人在逃生時，下意識中都會呼喚左右隔壁的人一起逃生，只要一按電鈴，朱衡的目的將會達到。因為電鈴的火花是點燃瓦斯的好工具，若屋內發生爆炸，證據必然盡毀。

332失算的殺人犯

家庭用瓦斯比空氣輕，眾人皆知。住在老式木造公寓的大衛，早想害死樓上房客馬克。於是，他有一天實行計畫：他用掃把柄把天花板頂開，縫隙就出現了。打開瓦斯不點火，沒燃燒的瓦斯被放出來，就升到天花板，從縫隙鑽進樓上房間，馬克就會瓦斯中毒而死。這樣人家就不會以為他蓄意殺人，因為忘了關掉瓦斯去睡，是常有的事。

但是這如意算盤，卻終歸失敗。你知道為什麼嗎？

答案 家用瓦斯的確比空氣輕，但絕不是呈一直線往天花板上升。因為它隨著擴散或因對流而與周圍空氣混合在一起。所以期待它滲透到二樓房間絕非易事。而首當其衝的就是大衛自己的房間，他將先賠上自己的性命。

333音樂家之死

一個單身的音樂家剛從外面回到家裡，在二樓房間裡練習小號時，突然室內發生爆炸，音樂家當即死亡。警察勘查現場時發現窗戶玻璃碎片裡還摻雜著一些薄薄的玻璃碎片，可能是樂譜架旁邊的桌上，裝著火藥的一個玻璃杯發生了爆炸。奇怪的是，室內並沒有火源，也找不到定時引爆裝置的碎片。如果不是定時炸彈，為什麼定時引爆得那麼準確呢？真不可思議，根據鄰居的證言，爆炸前死者是在用小號練習吹高音曲調。

於是，警察馬上就識破了罪犯的手段。請問你知道是如何引爆的嗎？

答案 罪犯趁被害人外出家裡沒人時，悄悄的溜進屋裡，往火藥裡摻上氨溶液和碘的混合物。如在氨溶液裡摻入碘，在溼著的狀態時是安全無害的。但一乾燥其敏感度甚於 TNT 炸藥，哪怕是高音量的震動也會產生爆炸。所以，被害人在用小號吹奏高音曲調的一剎那，聲音震動了燒杯裡的炸藥引起了爆炸。

334 傭人的智慧

南非普利托利亞的土著黑人女子史東在一個荷蘭血統的白人家裡當傭人。這家主婦是個愛嘮叨的孤單老太婆。因工錢不菲，所以，史東只好忍氣吞聲的在她家工作。一個酷熱的傍晚，史東忙完了工作，正準備回土著人居住區時，女主人叫住她，並又沒完沒了的嘮叨起來。史東一氣之下就頂撞了女主人。於是，老太婆便暴跳如雷，大聲罵道：「妳一個黑鬼，竟敢頂撞我……」由於過分激動，老太婆突然心臟病發作，當場就一命嗚呼了。

驚慌失措的史東，本想馬上叫救護車，可又立刻打消了這個念頭。她想剛受到老太婆的訓斥，擔心如果讓警察知道了此事，肯定會懷疑是她殺害了老太婆。所況她急中生智，把老太婆的屍體拖進廚房，把廚房的窗戶關好，再打開大型電冰箱的門。這樣，電冰箱內的冷氣就可以降低廚房室內的溫度，屍體也很快會被冷卻，待第二天史東從土著人居住區來上班時，再把電冰箱的門關上，把窗戶打開，讓廚房恢復常溫。然後，她就可以裝作剛剛發現屍體的樣子去報告警察了。何況，這老太婆與附近的鄰居

沒什麼往來，今天一個晚上一直冷卻著屍體，屍體的變化狀態就會與常溫下的變化狀態不同，勢必會對推定死亡時間造成一定的難度。這樣，懷疑自己的可能性就會大大減輕。至少史東自己是這樣認為的。這些知識還是她在白人家裡當傭人時累積起來的。

那麼，她偽造現場成功了嗎？

答案 史東沒有成功。這是因為電冰箱冷藏室中的冷卻是利用液體製冷劑汽化時吸收電冰箱內的熱量，再向外散發的。因此，如果把窗子關嚴，電冰箱散發的熱量散不到室外去，只能全部積留在室內，再打開冰箱的門，冷氣、熱氣混合在一起，室內溫度絲毫不會降低。相反，由於電冰箱內不容易冷卻，壓縮機就得不到休息，就會反覆進行正、負、零的惡性循環，屍體反倒得不到冷卻。

335縱火滅口

百貨公司財務室發生了搶劫案，值班員李明被凶犯用鈍器擊打頭部受重傷，經搶救雖然脫離危險，但意識暫時喪失，醫生說約需一週時間才能恢復意識和記憶。刑警對被撬保險箱、辦公桌仔細勘查後，確認這是一起內部人員盜竊作案時被發現後轉化成搶劫的案件，凶手對財務室很熟悉。李明頭部做完手術後，全天接受氧氣罩治療。

公司裡的員工們敬佩李明保護公司財產的精神，紛紛前來探視，但無法與李明對話，只好觀察李明一番後將禮品放在窗邊桌上便離去，李明家屬則每天晚上將禮品收好。第三天中午，李明的單人病房突然起火，幸好消防人員及時趕到滅火，才使李明免於一死。

消防員和刑警共同勘查現場後，認為這是一起縱火案件，凶手一定就是那個搶劫犯，目的是殺死李明滅口。起火點被確定是放禮品的窗前那張桌子，起火物是桌上的一張晚報，但引燃物究竟是什麼未能查明。

當天上午先後有三人來探視李明，分別送來了鮮花、水果、迷你型觀賞金魚缸。消防員仔細檢查了三件禮物，未能發現引燃物，也未發現有什麼機關能引起火災。

幾天後，李明恢復意識與記憶，指出的搶劫犯果然是那天上午探視的三人之一，凶犯後來也承認了作案和縱火。他是怎麼縱火的呢？

答案

1. 凶手就是那天上午送迷你型觀賞金魚缸的人。凶手精心擺放了魚缸的位置，使太陽透過金魚缸聚焦在晚報上，猶如一個凸透鏡，點燃了報紙。
2. 凶手先用在常溫下會揮發但不會自燃、與磷不會發生反應的溶劑，將白磷溶解後塗抹在那張晚報上。過了一段時間，放在桌上的報紙上的溶劑揮發後，白磷發生自燃，導致火災。

336 開保險櫃的工程師

嚴冬的一天，工程師應偵探之邀來到偵探事務所。一進屋，見屋子中間擺著三個完全一樣的保險櫃。

「工程師，你能在 10 分鐘之內，不用工具把一個保險櫃打開嗎？這是一個保險櫃生產廠家準備在今春上市的新產品，並計劃推出這樣的廣告宣傳詞『連工程師也望塵莫及』。為慎重起見，保險櫃生產廠家特地委託我請你幫忙試驗一下。」偵探說道。

「還沒有我打不開的保險櫃呢，可如果 10 分鐘內打開了怎麼辦？」工程師問道。

「可以得到廠家一筆可觀的酬金。還是快進行吧，我用這個沙漏幫你計時。」

偵探把一個 10 分鐘用的沙漏倒放在保險櫃上面。工程師也跟著開始

工作。

前兩個保險櫃，工程師都在規定時間內打開了。沙漏上方玻璃瓶中的沙子還有好多呢。

「實話告訴你吧，酬金就在第三個保險櫃裡面。」偵探說。

「那好，請你把爐火再調旺些，這麼冷手都麻木了，手感太愚鈍。」工程師說。

偵探趕緊將煤油爐的火苗往大調了調，並將爐子挪至保險櫃前。工程師將手放在爐火上，烤了烤指尖。

然而，這次沙漏中的沙子都流到了下面，10 分鐘已過，但保險櫃還未打開。

「工程師，怎麼搞的？ 10 分鐘已經過去了呀。」

「怪了，怎麼會打不開呢，可……」工程師瞥了一眼煤油爐旁的沙漏。工程師有些焦急，額頭沁出了汗珠，可依然聚精會神的開鎖。約莫過了一分鐘，他終於把保險櫃打開了。櫃中放著一個裝有酬金的信封。

「這就怪了，與前兩次都是一樣的做法，這次怎麼會慢了呢？」他歪著頭，感到納悶。忽然，他注意到了什麼，「我差一點被你矇騙了，我就是在規定時間內打開的保險櫃，酬金該歸我了！」

「哈哈哈，還真騙不了你。」偵探將酬金交給了工程師。

那麼，他是用什麼手段做的手腳呢？

答案 沙漏放到了煤氣爐旁。為此，煤氣爐發熱使得沙漏的玻璃膨脹，漏沙子的窟窿也隨之變大，沙子很快落下，所以，即使上部玻璃瓶的沙子全部落到下面，其實也沒到 10 分鐘。

337 脆弱的防盜玻璃

某市一個大型珠寶展覽會上，人山人海。突然，一個男子迅速走到裝有一顆價值連城的鑽石的玻璃櫃前，掄起錘子一敲，玻璃「嘩啦」一聲破裂開來，男子搶出鑽石，趁亂逃走。

警方趕到現場，珠寶商哭訴道：「櫃子是用防盜公司製造的特別防盜玻璃做的，別說錘子，就是子彈打上去也不會破裂呀！」經過調查，警方認定那些碎玻璃的確是特別堅硬的防盜玻璃，珠寶商對其性能的描述也是實情，並無半點誇張。

警方百思不得其解，於是向名偵探皮特請教。皮特略一思索，便根據防盜玻璃的特性，指出了誰是罪犯。

你知道誰是罪犯嗎？為什麼？

答案 犯人是製造玻璃的人。這種鋼化玻璃，儘管很硬，但是只要上面有一個小小的裂縫，再照著那裡用點巧勁，就會像瓷碗一樣碎掉。知道這種常識的人應該不多，而且這明顯是有預謀的，普通人不知道，知道也不會去砸這種玻璃。而知道這種常識，又能製造這種漏洞的人，就只有玻璃的製造者了。

338 愚蠢的偽證

某大富翁的獨生女兒被綁匪綁架，數日後，屍體在郊外一棟別墅中被人發現。「這棟別墅已經兩年沒人來了。我今天來到這裡是想看一下房子準備賣掉，沒有想到打開衣櫥就發現了年輕女子的屍體，當時把我嚇得差點昏過去。由於這棟別墅常年沒人住，所以我想綁匪大概是在這裡藏匿過。」別墅主人這樣作證說。

但是警官在檢查衣櫥時，偶然發現裡面有樟腦丸，立刻嚴厲的說道：

「你作的是偽證。你說這裡兩年沒人來過完全是假的，你可能和這起綁架案有關，我們要對你進行調查。」

警官怎麼突然發現別墅主人是在說謊呢？

答案 警官在衣櫥裡發現了樟腦丸，這證明別墅主人說的是假話。如果別墅真是兩年沒有人來過，以前的樟腦丸應該早就汽化而消失得無影無蹤了。

339計程車奇案

夏日的一個夜晚，計程車司機小李開著車與女友外出後一夜未歸。直到第二天早上，人們才在郊外發現了他的汽車，他和女友相互依偎著坐在後排座位上，卻都雙雙命歸黃泉了。接到報案，警察局刑偵隊劉隊長立即率人前來勘查現場。

車子停在離公路不遠的一塊地勢較低的草地上，引擎還在運轉，車上的空調也開著。但門窗緊閉，車身、門窗完好無損，車內外也無打鬥的痕跡，兩人衣衫整齊，面容安詳。因此可以斷定，兩人之死非外來襲擊所致。那麼究竟誰是凶手？凶手又是用什麼方法把兩人殺死的呢？一連兩天，劉隊長苦苦思索，卻始終不得其解。正當冥思苦想之際，法醫的屍檢報告送來了。

「凶手原來是司機小李自己。」劉隊長看過驗屍報告，心裡的一塊石頭終於落了地。你可知小李和女友的死因？

答案 汽油燃燒後的產物是有毒氣體一氧化碳。由於小李在汽車靜止的情況下門窗緊閉，引擎排出的一氧化碳在車內越積越多，死神也隨之悄悄的降臨到了他和女友的頭上了。

340黑色春天

8 名中學生相約春天到深山郊遊，深夜才好不容易找到一間被荒廢了的密閉小屋。於是，他們破門而入，在那小屋內歇息，並且拿出早已準備好的食物，砌起了一個炭爐子，在那裡燒烤起來。忽然間，他們發覺飲用的水沒有了，於是推舉了一位較大膽的陳同學去取水。陳同學摸黑出去，好不容易找到水源，可是卻迷了路。

第二天早晨，陳同學才返回小屋，見小屋外面有許多警察，裡面的 7 名同學被抬出來，每人都面目發黑的死去，陳同學心裡異常恐懼。警方盤問了陳同學，發現他們的領隊是近日鬧得滿城風雨的「末日教」信徒。

究竟是否因此全體自殺呢？為什麼陳同學可以避過厄運？他有沒有嫌疑呢？

答案 事件應是意外，並沒有人有嫌疑。在密閉的小屋內燒起炭爐，一氧化碳就會不斷產生，如果沒辦法流通的話，室內的人必會中毒，而此毒氣由於無色無味，使人防不勝防。陳同學因取水而出去，逃過了災難。領隊是「末日教」信徒，但災難並非他所為，而是不經意中完成了他「集體自殺」的心願。所以說，居住的地方如果要生爐火，必須保持空氣流通是必要的常識。

341 水中命案

案子發生在山下的河川一帶。有 4 個朋友，相約一起去河裡遊玩。他們 4 個人，平時都是很要好的朋友，常相約去爬山或去游泳。「今天那條河漲水了，我們游泳時可以帶著氧氣筒。」田田說，「我把 4 個氧氣筒都裝好氧氣了。足夠 3 個小時用的，現在是 12 點，我們游到下午 3 點集合，返回船上。」

4個人各自下水，進行潛泳。下午3時，田田和另外一個潛水者龍龍上了船，15分鐘之後，另一位潛水者奇奇也上了船，一位叫明明的潛水者還沒上船。三個人在船上又等了大約一小時，感覺事情不妙，馬上就報警了。

警方派游泳好手潛到水底，在那裡找到了明明的屍體，他已經死亡多時了。經法醫檢查，明明死亡的原因是呼吸和心臟停搏所引起的。他在水中像睡覺那樣昏迷過去，然後才窒息的。

經過調查，那個氧氣筒並沒有什麼毛病，也沒有故障。警方發現，氧氣筒中裝滿了純氧氣，沒有混雜其他氣體。警察問：「是誰準備的氧氣筒？」「是我。」田田說。警方對他戴上了手銬，說：「你涉嫌謀殺明明，因而要拘捕你。」

到底是什麼原因使警方要拘捕田田呢？

答案 人不能吸入純氧氣，否則會進入麻痺狀態，以致死亡。因為是田田準備的氧氣筒，所以要拘捕田田。

342村長的詭計

柯南一次在美國南部旅遊時，來到一個村莊。當時村民們正在慶祝豐收，再過一會，慶祝活動就要進入高潮，那就是激動人心的26公里長跑比賽。可是不知為什麼，柯南發現人們的臉色都陰沉沉的，似乎不太高興。於是他找到了負責這次比賽的唯一一名裁判，詢問原因。

裁判說道：「這個村子每年都舉行一次長跑比賽，冠軍可獲1,000美元的獎金。老村長死後，他的兒子當了村長。他讓他自己的兒子傑克參加比賽。從那以後，傑克每年都拿冠軍，1,000美元的獎金也總是落到了他的手中。村長替長跑定了新規矩：運動員不是一起出發，而是每隔5分鐘起跑一個，穿進那邊的森林，在那裡轉個圈，然後再跑出森林，回到原先的起跑線上。而傑克總是第一個跑，我肯定傑克只是跑進森林後就躲在裡面，等到差不多的時候再跑出來而已。你知道，這場比賽就我一個裁判，我是從另一個村子被喊來的。我不怕這裡的村長，我想揭穿傑克的把戲，但沒人幫我的忙。這裡的村民敢怒不敢言。村長命令不許任何人跟在運動員後面。而且，如果村民們不參加長跑比賽，村長就威脅說要增加收稅。」

聽完裁判一席話，柯南說道：「你沒必要請誰來幫忙。你只需一捲皮尺，就足夠揭穿他的詭計。」

裁判聽從了柯南的建議，果然揭穿了村長的真面目。

柯南是怎樣揭穿村長詭計的？

答案 比賽結束時再量一下。在跑完 26 公里後，運動員小腿肚的周長大約會增加 1 英吋左右。

343 水中屍體之謎

一個夏天的早晨，貝加爾湖水面上發現了一具漂著的男屍，一艘小船翻扣在水面上和屍體漂浮在一起。看上去是划船遊覽時被風吹起的波浪打翻了船，而造成船翻人亡的。推定死亡時間是前天晚上 8 點鐘左右。死者是位於湖泊西南岸上某機械廠的製圖員，住在 5 層樓房的單身宿舍。因患有高處恐懼症，他的房間在一樓。

「他不會游泳吧！」警察去他的工廠向同事們了解情況。「經常見他去體育館的游泳池游泳，是和普通人一樣會游泳的。所以，當翻船後掉進水裡時，大概是發生了心臟停搏死去的吧。因為貝加爾湖的湖水即使是夏季水溫也是很低的。」同事們這樣回答說。

可是，警察突然注意到什麼，馬上明確的斷定說：「即使是溺水死亡，也不是划船事故，是罪犯偽造翻船事故的殺人案。」

那麼，這是為什麼呢？

答案 警察想起了死者有高處恐懼症，住在單身宿舍一樓的情況。有高處恐懼症的人，與害怕從高層樓上往下看一樣，同樣也會害怕乘船去深海和湖泊遊覽。乘小船時只要從船舷往水面下一看就會感到頭暈目眩，兩腿發軟。一個患有高處恐懼症的人是絕對不會自己到湖裡划船的。

344劫匪的圈套

慣犯庫克和比爾劫了一輛運鈔車。就在兩人慶幸得手的時候，身後響起了一陣警笛聲，得到指示的警車追了上來。摩托車沒油了，兩人只得棄車逃入農田。路過一座農舍的時候，庫克發現農舍的主人大概種田去了，裡面空無一人，農舍外有口很深的古井，便立刻想到了一個辦法。他對比爾說：「我們如果一直這樣跑，終歸是要被抓住的，不如躲到農舍裡去。我假裝是農舍的主人，等等警察來的時候，你就用防水袋套住錢，含上一根吸管，躲到水裡去。要是我不幸被抓住，錢就全部歸你。」比爾有點猶豫：「這樣行不行呢？警察恐怕沒有那麼好糊弄吧，再說井水那麼深……」庫克打斷了他的話：「蠢貨，難道你想被抓住嗎？井水深怕什麼，我會給你一根很長的管子的。」聽到遠處隱約響起來的警笛聲，比爾只好同意。

庫克把一根長5公尺、口徑不足2公分的管子交給比爾，幫他捆紮好錢放入井裡，自己卻沒有像他說的那樣裝扮成農舍的主人，而是到田地裡躲藏起來。半小時後，警察開始搜查這座村莊。雖然庫克隱蔽得非常好，可是警犬還是憑藉靈敏的嗅覺迅速找到了他。

當警察把比爾打撈上來的時候，卻發現他早就溺死了。警官詢問了比爾躲到井下的前後經過，對庫克說道：「你真是心狠手辣啊，為了獨吞錢財而殺了他！現在，你除了搶劫外，又添了一項故意殺人的罪名！」

警察為什麼說是庫克殺了比爾呢？

答案 那根管子不足 2 公分寬，卻有 5 公尺長。在這樣狹窄的空間裡根本無法完成空氣交換，比爾吸入的正是他自己呼出的廢氣，所以在井水裡溺死了。庫克想藉這個機會除掉比爾，自己可以獨吞劫款，可他的奸計還是被聰明的警察識破了。

345 誰是凶手

沐浴在晨光中的山村，從睡夢中醒來了。舉目望去，成群的牛羊在綠茵茵的山坡上奔跑、嬉戲。接著映入眼簾的便是咯咯覓食的雞群、嘎嘎追逐的鴨子……忽然，陣陣歡聲笑語傳來，循聲望去，原來是女孩們在湖邊梳洗打扮，碧綠的湖水，山色掩映，還蕩漾著村童嬉水玩耍的身影……然而今天，山村的生機蕩滌殆盡，就連晨光也好像失去光澤，展現在人們眼前的竟是滿目的死屍、斃命的牛羊。生靈在此已不復存在，真是慘絕人寰，令人震驚。這便是電視臺播放的尼斯湖慘案一組鏡頭的寫實。無獨有偶，同在喀麥隆，更大的不幸又在瑪瑙湖畔發生了，對此人們不禁要問，作惡多端的凶手是誰？

經科學家研究發現，微妙的化學平衡使尼斯湖、瑪瑙湖的水分成了奇特的若干層，而且最深層的水又含有極其豐富的碳酸鹽。然而這樣的化學平衡並不是穩定的，在外界環境的影響下，特別在地殼活動頻繁之際，分層的湖水便會受到擾亂，富有碳酸鹽的深層水就會上升，在壓力和溫度驟然變化下迅速分解，整個湖泊也就成了一個被猛然開啟的超大「汽水瓶」。凶手終於「捉拿歸案了，但你知道他是誰嗎？

答案 出乎意料的是，凶手竟是人們熟知的二氧化碳氣體。雖然二氧化碳本身並沒有毒，但空氣中含有超過 0.2%便會對人體有害，超過 1%以上即會使人畜窒息而亡。因而二氧化碳大量釋放下沉，災難也就不可避免了。

346 深海探案

在海底40公尺深的地方，有一個水生動物研究所。研究所裡有主任王海龍和三個助手——苗林、趙江、張豐。那裡的水壓相當於5個大氣壓。一天，吃過午飯，三個助手穿上潛水衣，分頭到海洋中去工作。下午1點50分左右，陸地上的趙文來到研究所拜訪。一進門，他驚恐的看到王海龍滿身血跡的躺在地上，已經死去。

警察到現場調查，發現王海龍是被人槍殺的，作案時間在1點左右，據分析，凶手就是這三個助手之一。可是三個助手都說自己在12點40分左右就離開了研究所。

苗林說：「我離開後大約游了15分鐘，來到一艘沉船附近，觀察一群海豚。」

趙江說：「我和往常一樣到離這裡10分鐘路程的海底火山那裡去了。回來時在1點左右，看見苗林在沉船旁邊。」

張豐說：「我離開研究所後，就游上陸地，到地面時大約12點55分。當時孫豔小姐在陸地辦公室裡，我倆一直聊天。」孫豔小姐證明張豐1點左右確實在辦公室裡。

聽了三個助手的話，警察說：「你們之中有一個說謊者，他隱瞞了槍殺王海龍的罪行。」

你能判斷出誰是說謊者和誰槍殺王海龍的嗎？為什麼？

答案 張豐是說謊者，他也是槍殺王海龍的凶手。因為研究所在水下40公尺的地方，大約有5個大氣壓，要想從這樣的深度游向地面，必須在中途休息好幾次，使身體逐漸適應壓力的改變。如果只用15分鐘游到地面，那麼一定會患潛水病。

347 不能唾棄的證據

斯德哥爾摩市的天空今天一直為烏雲所籠罩，巴克警探的心情也特別沉重。此刻，他正憂心忡忡的朝嫌疑犯的會計師事務所走去。這是件很棘手的案子，一富家幼子被綁架，雖然付了大筆贖金，可人質卻沒有生還。顯然罪犯一開始就沒打算歸還人質，恐怕早已將礙手礙腳的幼兒殺掉了。從這一點來看，罪犯肯定是熟悉被害人家內情者無疑。經偵查，常出入被害人家的會計師事務所會計師坎納里森被列為嫌疑對象。這家會計師事務所此前一直生意蕭條，最近卻忽然爆紅起來，這也不能不令人感到蹊蹺。

巴克與其同僚走進了坎納里森會計師事務所，見坎納里森正用舌頭舔著一張張印花往文件上貼。「哦，又是為那樁綁架案吧？」坎納里森一副不太情願的樣子，將兩人請至待客用的椅子上坐下。「我的合夥人赫雷斯剛好出去了，所以我就不請兩位用茶了，很抱歉。我因為身體不好，醫生禁止我喝茶，只能喝水，無論走到哪裡也總是藥不離身啊。」「坎納里森先生，您的血型是 A 型吧？我們從被送到被害人家的恐嚇信的郵票背面驗出了您的指紋，且上面留有 A 型血的唾液，您有舔郵票貼東西的習慣吧？」「咦，您連這……」「還是讓我來問您吧。您的錢是怎麼籌措到的？」「實際上……說起來你們恐怕不會相信，是我撿的。那是綁架案發生數日後的一天，剛好是那邊椅子的一旁，有一個別人遺忘的包，裡面裝的是現金。」「您告訴赫雷斯了嗎？」「沒有。我想大概會有人來問的，便保存起來。但始終沒見有人來問，於是……我對赫雷斯說錢是我張羅的，因為前一段時間他做得頗有成績，所以我也不想落後……」

坎納里森戰戰兢兢，以為自己會被逮捕，但巴克他們因無證據，所以便起身告退了。這是個失誤。坎納里森當晚便服毒自殺了。抽屜裡發現了盛毒藥的小瓶，但沒有發現遺書。

巴克後悔不已，為了消愁解悶，他和擔任坎納里森屍體解剖的法醫隨意攀談起來。談著談著，法醫忽然想起來了：「對，對，死者是非分泌型體質。」「糟了！坎納里森不是綁架罪犯，他是被罪犯所殺，而又被偽裝成自殺的。坎納里森的會計師事務所的經營狀況一旦好轉，肯定還有一個受益者，就是合夥人赫雷斯。而且，若將綁架罪犯的罪名轉嫁給坎納里森再偽裝其自殺，那麼事務所就會悄然落到赫雷斯一個人的手裡。」

「可是，斷定坎納里森不是綁架罪犯的證據又是什麼？而且，一個被醫生禁止連茶都不能喝的人，又怎麼可能讓其喝毒藥呢？」昨日與巴克同去的同僚提出疑問。

「證據是有的，而且是不能無視的證據。」巴克不慌不忙的說道。

那麼，是什麼證據呢？

答案 坎納里森為非分泌型體質，這就意味著其唾液、胃液等分泌液中不分泌血液型物質。因而根據上述分泌液判斷的血型容易被誤定為A型。且正因為綁架恐嚇信的郵票後面的唾液是A型，所以才認定是坎納里森的分泌物。由於赫雷斯不知個中原委，自以為同是A型血，才弄到了坎納里森觸摸過帶有指紋的郵票，再由自己舔後貼在恐嚇信上。

「坎納里森自己舔過的，正如我們昨日在事務所看到的，是工作上用的印花。說不定我們離開後他舔過的幾頁中就有被赫雷斯事前塗過毒的也未可知。至於抽屜中的藥瓶，也是赫雷斯的詭計。」

348貨車消失之謎

這是很難令人相信的那種異想天開的案件。一節裝著在展覽館展出的世界名畫的車廂，從行駛中的一列貨車中悄然消失了。而且，那節車廂還是掛在列車中段的。

晚上8點，貨車從厄普頓發車時，名畫還在車上，毫無異常。可到了下一站紐貝里車站時，只有裝有名畫的那節車廂不見了。途中，列車一次也沒停過，厄普頓至紐貝里之間雖然有一條支線，可那是夏季旅遊季節專用的，一般不用。第二天，那節消失的車廂恰恰就在那條支線上被發現了，但名畫已被洗劫一空。不可思議的是，那節掛在列車正中間的車廂怎麼會從正在行駛的列車上脫鉤，跑到那條支線上去了呢？對這一奇怪的案件，警察毫無線索，束手無策。

在這種情況下，著名偵探黑斯爾出馬了。他沿著鐵路線在兩站之間徒步搜查，尤其仔細看了支線的轉轍器。轉轍器已生鏽，但卻發現輪帶上有上過油的痕跡。「果然在意料之中。這附近有人動過它。」他將轉轍器上的指紋拍下來，請倫敦警察廳的朋友幫忙鑑定後得知，這是有搶劫列車前科的厄萊的指紋。於是，黑斯爾查明了厄萊的躲藏處，隻身前往。

「厄萊，還不趕快把從列車上盜來的名畫拿出來。」「豈有此理，你有什麼證據說我是罪犯？」「轉轍器上有你的指紋。當然，罪犯不光是你一個人，至少還應該有兩個共犯，否則是不會那麼容易就把貨車卸下來的。」黑斯爾揭穿了厄萊一夥的作案伎倆。

那麼，他們究竟是用什麼手段將一節車廂從行駛的列車上卸下來的呢？

答案 將三名罪犯分為 A、B、C，設被摘下的貨車為 X。A 和 B 潛入列車，C 在支線道岔的轉轍器處等候。列車從厄普頓一發車，A 和 B 就將一根粗繩子繫在貨車 X 前後兩節車廂的連接器上。繩子繞到 X 外側，和支線正相反的一側。當列車接近支線時，就打開 X 前後兩車廂上的連接器。即使打開，繩子也連接著，所以前後的車廂不會分離，照樣往前走。在支線等待的 C 在 X 前後車廂的邊輪踏上交叉點的一瞬間，迅速切換轉轍器。這樣，X 就滑上了支線。而不等 X 後部車廂的車輪踏上交接點，再把道岔轉轍器回位。這樣一來，後面的車廂就被粗粗的繩子拉著在幹線上行駛。

不久，列車接近紐貝里車站，速度減慢，被繩子拉著的後面車廂因為慣性會趕上前面車廂。這時，罪犯 A 和 B 再關上連接器，卸下鬆弛了的繩子，跳下列車逃走。另一方面，滑入支線的貨車 X 走了一

陣後會自動停下來，罪犯就可以輕而易舉的將裝在上面的名畫全部盜走。

★ 第 6 章　密碼科學 ★

「密碼」也是偵探小說和影視作品中出現頻率相當高的一個詞，因此，密碼科學也是偵探科學的一個分支，但因其有著很強的特殊性、綜合性，所以本書將其作為一個獨立章節。

俗話說「一物降一物」，有密碼技術，就有相應的破譯密碼技術，進而產生了密碼科學。中文字是世界上最古老的文字之一，因此可以毫不誇張的說，中文字字謎就是世界上最古老的密碼之一。字謎不僅供娛樂使用，學習中、生活中也能用得到，甚至破案中也能用到！無論是犯罪分子還是偵探，都把密碼作為達到目的的重要手段，字謎更是當仁不讓。用字謎破案不是神話，中國自古有之。

猜出字謎，恐怕是破譯出密碼的最簡單形式之一，但僅僅是破譯中文字密碼的初級階段，因為在偵探工作中，破譯中文字密碼是一項非常複雜的工作。中文字是音、形、義的綜合體，具有相當豐富的表意性，是世界上其他文字都無法比擬的。也正因為如此，中文字組合也具有了極大的「歧義性」，也便於編製密碼，而且難以找到通用的規律，需要根據實際情況區別對待。自古以來，透過標點、筆畫、讀音、字句、詩詞、對聯、書畫、啞謎等破譯文字密碼來斷案的例子比比皆是，表現了非凡的智慧。本章列舉了很多這樣的科學思維訓練遊戲，可以檢驗你對中文字的掌握程度。

相比中文字密碼，數字密碼、字母密碼就比較容易找到規律了。「8」之所以成為人們最喜歡的數字，就是因為它和「發」諧音，這其實就是一種簡單的數字密碼，只是探案工作中涉及的數字密碼要複雜得多而已。除中文字之外，世界上的其他文字，幾乎都是拼音文字，所以字母密碼成了用得最廣泛的密碼。在華語之外，我們最熟悉的文字莫過於英文了，因此，本書選編了一些簡單的涉及英文字母密碼的探案遊戲。這裡簡單介紹一下英文字母密碼的編排規律。

1．用字母表序號代表數字

26 個英文字母的正序和反序表如下。

26 個英文字母正序表

英文字母	A	B	C	D	E	F	G	H	I	J	K	L	M
對應序號	1	2	3	4	5	6	7	8	9	10	11	12	13
英文字母	N	O	P	Q	R	S	T	U	V	W	X	Y	Z
對應序號	14	15	16	17	18	19	20	21	22	23	24	25	26

26 個英文字母反序表

英文字母	Z	Y	X	W	V	U	T	S	R	Q	P	O	N
對應序號	1	2	3	4	5	6	7	8	9	10	11	12	13
英文字母	M	L	K	J	I	H	G	F	E	D	C	B	A
對應序號	14	15	16	17	18	19	20	21	22	23	24	25	26

2．反字母表

反字母表就是丹·布朗在《達文西密碼》一書中提到的阿特巴希密碼。它的原理是取一個字母，指出它位於字母表正數第幾位，再把它替換為從字母表倒數同樣的位數後得到的字母。比如，E 被替換為 V，N 被替換為 M 等。

明碼表：A B C D E F G H I J K L M N O P Q R S T U V W X Y Z。

密碼表：Z Y X W V U T S R Q P O N M L K J I H G F E D C B A。

3．手機鍵盤密碼

智慧型手機雖然已經普及，但利用傳統手機鍵盤（見下圖）編製密碼的方法卻會長期沿用。最簡單的手機鍵盤密碼，是採用坐標法加密，用數字替換字母，如 21 ＝ A，22 ＝ B，94 ＝ Z。其特點是：第一項數字為 2 ～ 9，第二項數字為 1 ～ 4。

複雜一些的手機鍵盤密碼，是把手機上的數字替換為鐘錶上的數字，如下圖所示。

4．電腦鍵盤字母密碼

電腦鍵盤（見下圖）字母密碼即把鍵盤上的字母按順序對應 A、B、C……，如 QWE ＝ ABC。上方的按鍵字母為明碼，下方的字母就是暗碼了。

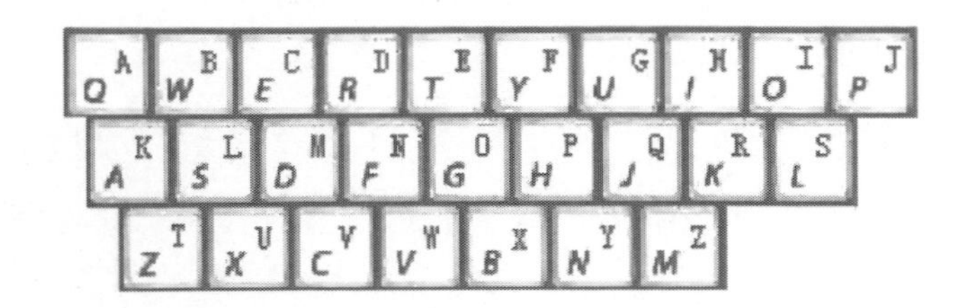

5．電腦數字小鍵盤字母密碼

電腦數字小鍵盤的字母分布規律如下：

7　8　9
4　5　6
1　2　3

對照小鍵盤，按照特別的編號輸入字母，根據組成形狀推斷含義。

英文字母密碼遠遠不只上述5種，上述5種是最簡單的。根據同樣的原理，所有的字母文字都可以編製密碼。所以，世界上的密碼類型數不勝數，也奧妙無窮，密碼科學也在「道高一尺，魔高一丈」的反覆較量中不斷發展。

利用密碼科學破譯密碼的過程，實際上就是歸納現象、總結規律、發現規律、利用規律的過程。歸納的目的在於探索事物的規律性，這是對在實踐中得到的科學事實進行概括的恰當形式，也是科學認知中不可缺少的步驟。

349 無字天書

從前，有一個外出經商的生意人，託人向在家的妻子帶回十兩銀子和一封信。受託之人卻存心昧銀，只交給商人之妻那封信，說：「你丈夫只託我帶回這封信給妳。」商人之妻打開信一看，是四幅畫：一幅畫有七隻鴨子；

一幅畫有一隻鵝用嘴拚命的拉著躺在地上、閉著眼睛的大象；一幅畫了一把倒掛的勺子和十隻蒼蠅；最後一幅畫著一個男人，在嫩柳成蔭的道路上走著。她笑了笑：「不對。這位大哥，他託你帶回了十兩銀子給我，請快給我吧！」說完，還指著畫，一一解釋著。帶信人一聽，大吃一驚，趕快掏出銀子，交給了商人之妻。

你看得懂這四幅畫的含義了嗎？

答案 商人之妻指著畫，是這麼解釋的：「七鴨 —— 是在喊我『妻呀』；鵝在拉死象 —— 是對我說『想死我啦』；勺子倒掛和十隻蒼蠅 —— 是說他為我『捎到十兩銀』；最後一幅是告訴我：『來春楊柳一發芽就回家。』」

350 無字家書

一個在外謀生的人託同鄉帶給妻子一封信和一包銀子。那個同鄉悄悄打開了信，看到裡面只有一幅畫，畫面上有一棵樹，樹上有八隻八哥，四隻斑鳩。他一想，信中並沒有寫多少銀子，於是便將銀子偷偷扣了一半。誰知見到了朋友的妻子後，她拿著信講：「辦事要老實啊！我丈夫託您帶一百兩銀子，為什麼只有五十兩了？」你能猜出她如何知道原來有銀子一百兩嗎？

答案 八隻八哥即八八六十四，四隻斑鳩即四九三十六，相加為一百。

351 宇文士及死裡逃生

隋末，宇文化及縊殺隋煬帝、毒殺少帝楊浩後，自己當了皇帝。一時，天下大亂，群雄四起。楊義臣與宇文化及的弟弟宇文士及是好朋友。

一天，他派人送來一個泥封瓦罐給宇文士及。宇文士及端詳著瓦罐，又揭開泥封的蓋子，裡面只有三樣東西：一顆紅棗，一條當歸，一塊飴糖。他怎麼也猜不透老友所指意思如何？為難之際，他胞妹宇文昭儀來了。她聽說是楊義臣送來的，立即明白了其苦心所在。她對哥哥說：「俗話有：『瓦罐不離井上破。』因此，這是楊先生暗示你儘早離開是非之地，否則會有殺身之禍。至於三樣物品，是要你趕快投奔某個人，此人哥哥是認識的。」宇文士及經妹妹提示、勸告，馬上收拾了行李，並帶上昭儀，一同投奔保護人去了。你知道物、人各指什麼？

答案 三物是隱喻，即早（紅棗）、歸（當歸）、唐（飴糖）。唐，指唐王李淵。

352武皇析字

唐朝武則天稱帝，徐敬業和駱賓王不服，謀劃造反，約定中書令裴炎為內應。裴炎寫給徐敬業的信被查出，信上只寫了「青鵝」二字。滿朝文武沒有一個人明白這是什麼意思。

後來把信呈送給武則天。武則天不僅看懂了其中奧妙，而且十分惱火，把裴炎給殺了，並於十二月前派李孝逸去鎮壓。徐敬業兵敗，南逃至海陵，為部將所殺。駱賓王下落不明。

「青鵝」兩字是什麼意思呢？

答案 武則天看了之後說：「青者，十二月；鵝者，我自與也。」原來，「青」字可以分解成「十二月」三字，「鵝」字可以分解成「我自與」三字，是裴炎約定徐敬業「在十二月打過來，我自然從內部與你們合作」之意。

353米芾觀畫巧斷案

北宋時，米芾在安徽無為縣任縣令，曾巧斷過這樣一件案子。有個做買賣的李老漢，上縣衙哭訴三家鄰居賒欠了他的貨款，賴帳不還。一個鄰居叫侯山，說要進一批山貨，將李老漢的銀子全借走了；另外兩個鄰居叫馬有德和朱進城，說要幫李老漢換貨，將他店裡的貨物悉數拿走了。但都是銀兩有借無還，貨物有出無進，搞得他身無分文。

米芾便把三個鄰居找來對質，他們都異口同聲的說：「生意人講究的是銀貨兩訖，即使賒欠，也得有憑證，他無憑無證，純屬誣告。」李老漢連聲叫屈：「大老爺明鑑，這三個惡鄰欺小人目不識丁，所立借據都是偽證。幸虧我早作防備，記下帳目，請大老爺審查。」說著呈上一卷畫。三個鄰居也不相讓，說道：「這種瞎塗亂畫算得了什麼帳目？」

米芾拿過畫卷一看，見幾幅畫雖然畫得都很粗糙，但形象可辨。第一幅是有隻猴子背靠著一座大山，正在吃山貨。第二幅是馱貨的馬蹄下有個嬰兒，但是馬屈著腿沒有往嬰兒身上踩下去。第三幅是一頭豬在城門內拱食。他端詳了一會，就頻頻頷首，若有所思，對三個鄰居說道：「這畫卷，可是真憑實據，鐵證如山，你們休得抵賴。」三個鄰居還是不認帳。米芾把每幅畫都解釋了一番，三個鄰居頓時傻眼了。

在審理此案時，米芾特地將李老漢的街坊鄰居都找來旁聽。其中不乏正義感的人。因為以前他們覺得李老漢拿不出帳目，又講不出畫中的內容，所以有話也不敢說。現見米芾一眼看透了事實的真相，也就紛紛出頭作證，說他們曾耳聞目睹過三人向李老漢借過銀兩，搬過貨物。而三人生意越做越興旺，李老漢卻變成了窮光蛋。

米芾對著侯山等人斥責道：「物證、人證俱在，你們還有什麼話可說？」侯山、馬有德、朱進城三人見抵賴不過，只得當堂將本息全數歸還給李老漢。李老漢收回本錢，重整旗鼓，生意又興旺起來了。

你知道米芾是怎麼解釋這三幅畫的含義的嗎？

答案　米芾指著一幅畫說：「這裡有隻猴子背靠著一座大山在吃山貨。難道不是你侯山賒欠他銀子做山貨生意嗎？」然後，他指著另一幅畫說：「這匹馱貨的馬，蹄下有個嬰兒，但是馬屈著腿沒有往嬰兒身上踩下去，這不就是馬有德行嗎？這馬馱的貨正是你馬有德搬走李老漢的貨物。」米芾又指著一幅畫說：「看這頭豬在城門內拱食，這些食物都是人們吃的東西，明明指出你朱進城從李老漢店中搬走的貨物。」

354螃蟹咒奸臣

宋室南渡之後，秦檜專權，讒害忠良，百姓敢怒而不敢言。那年元宵，高宗趙構，為了粉飾太平，下令百姓獻燈。在形形色色的綵燈中，有一盞蟹燈特別吸引人，只見牠大鉗怒張，八足齊伸，活靈活現。奇怪的是在八隻蟹腳的尖爪上各黏著一個字，連起來是：「春來秋往，壓日無光」。高宗站在燈前思索好一陣，也不知這八個字的含義。

這時，善於拆字的謝石已明白了，便在旁提示說：「皇上，蟹乃横行之物，百姓以此獻燈，必有深意。」趙構沉吟半晌，便令太監把蟹燈送給秦檜。秦檜收燈看到八個字後，勃然大怒，因無法找到獻燈的人，竟藉故把謝石殺掉了。你知道為什麼嗎？

答案　「春無日」、「秋無光（火）」，即「春」字去掉「日」，「秋」字去掉「火」，合在一起正好是個「秦」字，暗示秦檜似螃蟹般的横行霸道。

355進諫

朱元璋登基不久，準備封賞立下汗馬功勞的文臣武將和自己的親朋好友，可是，他想了想倒是有點為難：功臣有數，而沾親帶故的七親六戚卻多如牛毛，要是每個人都封他個官職，不就成了無功受祿、濫竽充數嗎？要是不封親朋好友為官，人家背後又會說三道四，講朱元璋當了皇帝便六親不認，再說面子上也過意不去。為此，明太祖舉棋不定，悶悶不樂。軍師劉伯溫深知明太祖的矛盾心理，又不便直言進諫，於是畫了一個身材魁偉的大丈夫，頭上豎著一束束亂得如麻的頭髮，每束頭髮上都頂著一頂小帽子。畫畢，敬獻給明太祖朱元璋。朱元璋細細觀賞，百思不解畫中含義。想了一夜，終於恍然大悟。次日一早，明太祖召見劉伯溫，笑道：「家卿此畫進諫得好，朕即採納。」從此，朱元璋只封有功之臣，不再封親朋好友為官了。你知道劉伯溫那幅畫的奧妙所在嗎？

答案 劉伯溫那幅畫寓意：冠（官）多髮（法）亂。

356 奇書救人

傳說朱元璋在鄱陽湖打敗了陳友諒，創立了大明江山，他打算將陳友諒兒子及部下錢、林、袁、孫、葉、許、李、何 8 員大將，9 姓家族，老少 1,000 餘口全部斬首。

這一天晚上，軍師劉伯溫赴御宴剛回到自己府上，守衛帶進一位從嚴州府（今浙江建德縣）來的信使，恭恭敬敬遞上一封信。劉伯溫見是同門師兄施耐庵的信，不敢怠慢，立即啟封，誰知道信內並無隻字片語，只倒出 9 粒瓜蔞仁和一條草根。劉伯溫收到這封奇怪的信，一時為不解其中之意而急得在府中踱方步，嘴裡一遍又一遍唸著：「瓜蔞仁，瓜蔞仁……」劉伯溫反覆的唸著，不知不覺將「瓜蔞仁」三字唸成了「寡留人」時，終於悟出了施耐庵寄 9 粒「瓜蔞仁」的奧祕，原來是要自己向朱元璋說情，保全 9 姓家族 1,000 餘口的生命。劉伯溫悟出了 9 粒「瓜蔞仁」的隱語後，自然也明白了那條「紅毛大戟」（一條草根）的用意，那是要他勸誡朱元璋不要殘殺無辜。如若不然，定會天怒人怨，重起干戈，大明江山不穩。

劉伯溫收下了「瓜蔞仁」和「紅毛大戟」（一條草根），在原信中放進

了一顆圓滾滾的東西，交給信使帶給施耐庵。施啟封一看，原來是一顆蓮子。他沉吟了一會，頓時喜上眉梢，鬆了一口氣說：「9 姓 1,000 餘口得救了！」

施耐庵為什麼這麼說呢？

答案 原來，劉伯溫寄的一顆蓮子，表達他與施耐庵心連心，蓮子就是蓮心，即連心。時隔不久，明太祖朱元璋果然在劉伯溫的力諫下，免了 9 姓 1,000 餘口的死罪。

357 蓮船隊罵貪官

明初，江西有個知府，姓甘名百川，人稱五道太守。上任不久就露出了貪官本相，到處伸手，明搶暗奪，搜刮民財。這一年元宵節，當地百姓用白紙糊了一艘旱地蓮船，遊行上街。船前面兩隻人扮的獅子，口裡啣著一個大元寶。船旁站著五個道士，都歪戴著帽子。中央一個道士舉著一根發黃的竹竿，僅竿頭上有點青色。這樣一支離奇的隊伍，緩緩的穿過鬧市，引來了許多閒人，看了都捧腹而笑。

原來，這是一齣諷刺劇，一首隱語詩，一則啞謎。它暗藏著四句話：「好個乾白船，兩獅都咬錢；五道冠不正，一竿青不全。」民眾就用傳統的文化娛樂形式，巧妙而又辛辣的揭露了甘百川的貪贓枉法。你知道其中的奧妙嗎？

答案 這是個諧音謎：「好個乾白船（甘百川），兩獅（司）都咬（要）錢；五道冠（官）不正，一竿（甘）青（清）不全。」

358十五貫

明朝時的無錫縣有個賣肉為生的尤葫蘆，因生意虧本，向親戚家借了十五貫錢，回家再做營生。晚間，當地賭棍婁阿鼠去尤家偷竊，殺死了尤葫蘆，盜走了十五貫錢。這事牽扯到尤葫蘆的繼女蘇戌娟和外地客商熊友蘭，他們被無錫知縣屈打成招，承認同謀殺人，竊錢私奔。蘇州知府況鐘奉派監斬兩人。兩人高呼冤枉，況鐘覺得案情確有不實之處，便向上峰請求複查。他來到尤葫蘆家中，在床後尋到一粒骰子。但查訪鄉鄰，都說尤葫蘆並無賭博惡習，當地只有婁阿鼠是個賭棍，但此人已失蹤好久。

況鐘假扮一個測字先生，幾經周折在惠山腳下的一座破廟裡尋找到了婁阿鼠。婁阿鼠做賊心虛正求神靈保佑，見測字先生來到，便取自己名字中的「鼠」字求測，以卜凶吉。況鐘問道：「你是自己問卜，還是代人測字？」婁阿鼠掩飾著說：「我是代人測字。」況鐘說道：「老鼠慣於夜間活動，而且善於偷竊。此人一定犯了偷竊的官司。」婁阿鼠一聽不由得心驚肉跳，但又急於要聽下文。況鐘繼續說道：「老鼠喜愛偷油，所以被竊之人姓尤，偷油油漏，這場官司恐要敗露。」婁阿鼠更加慌張了，問道：「可有解救之法？」況鐘躊躇了一會問道：「若要解救，你必須以實話告訴我，這字是測人還是你自己。」「是我自己，先生救我。」況鐘面露笑容，說道：「我給你四句解語：老鼠鑽洞，無人尋得，洞即是穴，穴下住鼠。」婁阿鼠當然聽不懂這四句解語，聽完況鐘的解釋之後，哭喪著臉說：「偷來的十五貫錢已被我用盡，我已身無分文，怎麼辦啊！」「不慌！」況鐘說，「我僱有小船一艘，正要開往蘇州，你不妨跟我同行。」婁阿鼠大喜過望，便隨同況鐘前往碼頭，果見那裡停有一艘小船。正待上船時，婁阿鼠突然喊道：「你不是測字先生！」況鐘以為情況有變，不由大吃一驚，問道：「你說什麼？」「我是說，你不是測字先生，倒是救命菩薩。」

小船直駛蘇州。婁阿鼠糊裡糊塗的被帶到府衙，當即被押進監獄。次日，況鐘將一干人犯提上大堂審問，婁阿鼠見威嚴的坐在公案後面的蘇州知府就是測字先生，自知事情敗露。待鄉鄰等人證和骰子物證出現在他眼

前時，見再也無可抵賴，便如實招供了殺人謀財的經過。

你知道況鐘的四句解語是什麼意思嗎？婁阿鼠又為何被騙上了船？

答案　「竄」字是「穴」字下面一個「鼠」字。況鐘告訴婁阿鼠，只有逃竄為上策，於是藉機把婁阿鼠騙上了船。

359茶中藏祕

明朝奸臣嚴嵩連夜寫著奏疏，編造羅洪先的罪名，準備早朝時在皇帝面前說他的壞話，治他的罪。羅洪先是嚴嵩的親家，這時還蒙在鼓裡。但是，嚴嵩的祕密被他的女兒發現了，爹爹這次要整倒的正是她的公公，這怎能不讓她著急呢？可是嚴府家法森嚴，即使做女兒的也不能隨便行動，更不要說去通風報信了。急中生智，她讓丫鬟送一杯茶給公公，再三囑咐說：「務必請我公公體會這茶的意思。」

羅洪先這時還沒有睡，他見兒媳婦派丫鬟送茶，心裡已是疑惑，半夜三更的還送茶水做什麼呢？打開茶碗一看，只見水面上浮著兩顆紅棗和一撮茴香，更是生疑。這個羅洪先亦是個官場人物，不過為人正直。他喝過各式各樣的茶，唯獨沒有見過棗子、茴香茶，而且兒媳婦帶來言語要好好體會茶中之味，這倒引起了他的警惕。聯想到今晚在嚴嵩舉行的宴會上，一些奉承拍馬屁的人都在一個勁的頌揚嚴嵩用巨魚骨頭當棟梁新造的客廳，自己聽不進去，力排眾議，當著客人的面批評客廳造得過於豪華和浪費，嚴嵩當場就拉下臉來。也許，這位心胸狹隘、報復成性的傢伙，正在打自己的主意吧。他想到這裡，再看看茶杯中那兩顆血紅的棗子和一撮茴香，頓時悟出它的含義來！羅洪先不覺驚出一身冷汗來，再也不敢上床入睡，第二天拂曉，就騎著快馬急奔故鄉。

嚴嵩看見親家已走，皇帝面前告狀的事只得作罷。從此以後，這兩位親家再也沒有往來。

你知道這茶的含義嗎？

早（棗）早（棗）回（茴）鄉（香），暗示羅洪先逃離這是非之地。

360板橋斷案

某地有位喪偶老者，續弦後為他又生一子。臨終時，老者寫下遺囑，囑照家人在他死後才許拆封。待老人死後，其家人打開遺囑，可老者所寫文字卻不具標點符號，因此惹來一場爭執。老者前妻所生女兒已出嫁，女兒女婿認為父親的家產應歸他們，照他們的讀法是：七十老翁產一子，人曰非是也。家產盡付予女婿，外人不得干預。

後妻自然不服，遂帶著幼子狀告到典縣太爺鄭板橋那裡。鄭板橋在對當事人實情做了調查後，對孤兒寡母深表同情，遂用硃筆將遺囑圈點了幾下，當眾誦讀，老者的女兒女婿便再也無話可說。

你知道鄭板橋是怎樣點的標點嗎？

七十老翁產一子，人曰：「非」，是也，家產盡付予，女婿外人，不得干預。

361招賢迷陣

在福建泉州西門外的潘山，有一座石橋，名叫「招賢橋」。傳說民族英雄鄭成功曾經在這座石橋上宣傳鼓勵群眾參加抗清義軍，故得此名。據說鄭成功曾用這樣的辦法招攬賢士，他叫人在橋上擺一張桌子，桌面寫著「招賢」二字，桌上還放著清水一碗，寶劍一把，以及已熄滅的蠟燭一根，旁邊還放著取火用的火刀、火石和火線。此招賢迷陣擺出後，吸引了許多人來看熱鬧，但仍摸不清這樣布置的招賢迷陣究竟有什麼作用？啞謎久久不能揭開。

過了一段時間，一個衣衫襤褸的彪形大漢，看了看桌上的擺設，略略思索了一會，便拿起寶劍，對著那碗清水狠狠劈過去，接著拿起火刀、火石和火線，狠盯著那被擊得粉碎的碎片和流滿一桌的清水，不慌不忙的打火點燃了蠟燭。

在旁守候的士兵，見狀連忙回去報告，鄭成功聽了大喜，認為這位大漢深明大義，正是他要招的賢士。請你想想看，鄭成功為什麼知道這位大漢深明大義，是個有所作為的人呢？

提示：請留意當時的局勢，是在明清兩朝交接的時代。

答案 意即「反清復明」。

362紀曉嵐的啞謎

紀曉嵐是《閱微草堂筆記》的作者，素以機巧狡黠著稱。他與兩淮鹽運史盧雅雨是兒女親家，盧雅雨揮霍無度，虧空了大量公款，朝廷準備抄他的家產嚴辦。紀曉嵐當時做侍讀學士，經常出入乾隆的內廷，知道了這件事。他決定把這一情況通知盧雅雨，但是又怕走漏風聲，吃罪不起，最後終於想出了一個辦法：他將一小撮茶葉裝在一個信封裡，然後用麵糊加鹽封好，派人送到盧府。

盧雅雨接到這封內外都沒有寫一個字的古怪信後，仔細觀察了一番，沉思良久，很快便領悟了其中的奧祕，把餘財迅速安頓他處。到了查抄的時候，所存資財寥寥無幾。和珅派人偵得紀曉嵐曾送信給盧雅雨的事，報告了乾隆。乾隆責備紀曉嵐，紀曉嵐力辯信中實無一字，經乾隆再三追問，紀曉嵐才招認這封信實際上是一個隱藏著六個字的啞謎。請你猜一猜，這六個字是什麼？

答案 鹽案虧空查抄。

363 智破暗語

有一天，偵察員小王看見他所監視的一個間諜突然把一個什麼東西放在一棵老樟樹的樹洞裡。等間諜走後，小王迅速趕到原地，仔細查看樹洞裡究竟有什麼東西，結果只發現一個小藥丸那麼大的小紙團。小王打開一看，上面寫著這樣四句話：「主人不點頭，十人一寸高，人小可騰雲，人皆生一口。」

小王看過紙團以後，仍搓成一團照樣放進樹洞裡，並請另一位偵察員監視這個間諜的動靜，自己立刻趕回向首長報告。當天深夜兩點左右，幾個間諜鬼鬼祟祟的鑽進了早已布好的包圍圈，一個個束手就擒。

您知道樹洞中的紙條上寫的是什麼內容嗎？

答案 洞中的紙條上寫的是「王村會合」。

364 畫師作畫罵慈禧

1900 年，八國聯軍進攻北京，嚇得慈禧太后從西直門偷偷溜出，向西安逃去。滿朝文武官員也都隨駕逃之夭夭了。後來，慈禧派人與洋人訂立了喪權辱國的條約，八國聯軍這才撤出北京城。第二年，太后才回來。慈禧一回到北京城，別的什麼也顧不上，光想為自己的六十六大壽慶賀一番。可這時圓明園已燒得片瓦無存，頤和園還可以修復。她就降旨，動用建立海軍的經費庫銀修建頤和園為她慶壽。

慈禧要做一個豪華的大屏風，找了 20 多個能工巧匠花了三個多月工夫，製出一架金龍盤玉柱的紫檀屏風。又指派著名畫師李奎元在屏風中間畫上一幅最美的圖畫，以便擺在祝壽用的仁壽殿裡。從那以後，李奎元就關起門來一個人在屋裡作畫。

畫作成的第二天，慈禧帶著滿朝文武官員都來看這幅老畫師的巨作。

太監走到屏風前，畢恭畢敬的掀開黃綾幔帳。大家一看，上面畫著一個活生生的大胖小子，紅肚兜，豆綠褲子，胖嘟嘟的身體，一張粉紅臉蛋，一對大眼睛，跪在午門前，手托一個又紅又大的壽桃。畫的背景是各國軍旗迎風招展，大隊兵馬殺氣騰騰，洋槍大砲嚴陣以待，洋人的將領耀武揚威，真是一幅軍陣圖。文武百官齊聲喝彩。有的說：「這是仙童祝壽。」有的說：「這是萬國來朝。」慈禧左看看，右瞧瞧，先是點點頭，後又搖搖頭，最後勃然大怒。傳旨把畫師火速帶來。沒多久，太監回奏：「畫師昨天夜裡逃得不知去向了。」

慈禧狠狠的問文武百官：「你們看了半天，知道這畫是什麼意思嗎？」群臣恐慌的不敢做聲。你知道是什麼意思嗎？

答案 這種畫叫諧音畫，意思是罵慈禧在洋兵千軍萬馬前臨陣脫（托）逃（桃）。

365 袁世凱輓聯

竊國大盜袁世凱一命嗚呼之後，全國人民奔走相告，手舞足蹈。這時，四川有一位文人，揚言要去北京為袁世凱送輓聯。鄉人聽後，驚愕不解，打開他撰寫好的對聯一看，寫著：

袁世凱千古；
中國人民萬歲！

人們看後，不禁啞然失笑。文人故意問道：「笑什麼？」一位心直口快的年輕人說：「上聯的『袁世凱』三字，怎麼能對得住下聯『中國人民』四個字呢？」文人聽了「哧」的一聲笑了起來，解釋了一番，眾人都哈哈大笑。

你知道這副對聯的含義嗎？

答案 袁世凱對不住中國人民。

366 對聯罵漢奸

一天，汪精衛攜老婆前往岳王廟進香，剛一踏上臺階，一和尚送他一束鮮花。他高興的接過鮮花，只見花上繫著白色綢帶，寫著「忍戎乍多」四個字。汪心想，忍者為先，戎之在躁，兵不厭詐，貴在多謀。便以為是在讚揚自己。僧人又帶他們來到岳王墓，墓前也放著一束同樣的鮮花，花上也繫著一條白色綢帶，上寫「言貝人父」四個字。汪精衛一下明白了，丟下鮮花，狼狽的逃出廟門。你知道為什麼嗎？

答案 言忍（認）貝戎（賊）人乍（作）父多（爹）。合起來就是：認賊作爹。

367 簡訊求救

2011 年 7 月 30 日，一名男子應女性網友邀請來 A 城旅遊，不料被騙入傳銷據點。在手機被傳銷人員收走前，該男子向姐姐發了一條簡訊，內容是：「身在 A 城，現錢不多，傳達平安，消除顧慮。」傳銷人員雖然看到了，但也沒在意。家人反覆思索領會意思後，立即「組團」來 A 城營救。該男子被當地警方解救出來，並隨家人回到了家中。你知道這則簡訊的意思嗎？

答案 這是一則「藏頭詩」簡訊，意思為「身現（陷）傳消（銷）」。

368 炸彈按鈕

警察局的考官在起爆器上設了四個按鈕，按鈕旁分別放著小刀、小圓鏡、梳子和雪花膏。然後請考生根據這四件東西的含義去選定按鈕，一次起爆成功。有一個聰明的考生仔細觀察了一番，起爆成功了，你能猜出他按的是哪個按鈕嗎？

答案 按下梳子旁的按鈕，因為寓以「一觸即發」的含義。

369木條的含義

在某住宅社區發生一起凶殺案，一位公司職員被殺死在家中。從現場看，死者似乎正在擺放根雕，從同事口中也得知死者喜歡根雕藝術。現場的一切痕跡都遭到故意破壞，看來凶手和死者很熟悉。

令警察很難理解的是死者兩隻手合握著一根長木條，並試圖將兩隻手合攏在一起，似乎向警方暗示什麼。警長聞訊趕來，仔細觀察一番後說：「我知道死者手中木條的含義，我們應按照死者留下的線索去破案。」

果然他們很快抓到了凶手，那麼死者手中的木條到底有什麼含義呢？

答案 暗示凶手姓「林」。

370臘子橋

一天，警長接到一份案情報告，說在當地破獲一個走私集團時，在罪犯身上查獲了一張寫有「臘子橋」三個字的小紙條。據偵察，這是走私集團的暗號。警長認為，該鎮只有一座橋，假定紙條上的「橋」就是指的這座橋，那麼，「臘子」二字肯定是接頭時間了。警長又悟中現在正是春節前，與「臘」不無關聯。這樣，三天後的一個深夜，警長及其助手依照破譯的「暗語」，守株待兔，果然大功告成，將前來接頭的罪犯逮著了。

你知道「臘子橋」三字暗喻什麼嗎？

答案 該鎮上只有一座橋，因此「臘子」可能是接頭時間。子是子時，就是深夜十二點。當時是臘月，按解謎離合法，可得臘月二十一日深夜接頭的暗號。

371 走私集團的祕密暗號

警方在被捕罪犯身上查獲一張寫著「胖子逃樹中不訓話了」的奇怪紙條。破譯專家很快斷定，這張紙條是該走私集團的祕密聯絡暗號。經過周密部署，與警察局共同出動，終於當場捕獲了這個走私文物的犯罪集團。你能破譯出那張紙條上暗示的接頭時間與地點嗎？

答案 因為月、半，也就是十五日；「子」是子時，即午夜時分；「逃樹中」剩下一個「村」字；「不訓話了」是一個「川」字（河）。全文是：「在十五日午夜（十一時至一時）在村子的河邊碰頭。」

372 接貨時間

警方截獲了一份神祕的電文：「朝：貨已辦妥，火車站交接。」經過周密分析，認定這是一群犯罪分子在進行一項祕密交易。警察局立即召開會議，決定抓獲這幫犯罪分子。可是這份電文只有接貨地址，沒有接貨的具體時間，使破案無從著手。這時一位偵察員提出：「從今天起嚴密監視候車室，直到抓獲罪犯為止。」在座的大部分同事認為也只能這樣。

警長沉思片刻後，向大家說出了罪犯的接貨時間。根據警長的判斷，果然在這天抓獲了一個大型走私集團。你能破譯這份電文嗎？

答案 「朝」拆開為「十月十日」，又有早晨之意，所以警長判斷，接貨時間為「十月十日早晨」。

373 謎語破案

警方在嫌疑犯住所搜到了一張神祕紙條，上面寫著：「長耳士兵無兩足，牛走獨木不慌忙，十人只有一寸長，有人駕雲上面走，一人當有一個口。」根據警長分析，這裡每句話分別暗隱一個字。他將文字譯出，匯報給上級主管。這果然是一個走私集團聯絡的暗號，後來他們全被擒獲。你知道警長是如何向上級主管匯報的嗎？

答案 紙上暗隱的五個字是：「邱生村會合。」根據這個線索，警察部門一舉破獲了這個走私集團。

374 數字信

有一個人，做起工作來很認真，技術又好，不過有個缺點，喝起酒來一醉方休。喝醉了酒，不是罵人，就是打架。親戚朋友都勸他少喝酒，甚至不喝，卻總是改不了。

一天，這位愛喝酒的朋友收到一封信。拆開一看，信紙上寫的全是數字：

99

81797954

7622984069405

76918934

1.91817

奇怪呀，這麼多數字，什麼意思？怎麼一點點文字說明都沒有呢？從筆跡看，是他的小外甥寫的。你知道這封信的意思嗎？

答案 打電話怕數字聽錯，0 讀成「洞」，1 讀成「幺」，2 讀成「兩」。這封全是數字的信，讀起來，原來是這樣的：

舅舅

不要吃酒吃酒誤事

吃了二兩酒不是動怒就是動武

吃了酒要被酒殺死

一點酒也不要吃

375 數字電報

某縣是有名的產糧大縣。不久前，糧庫中有一批稻米被盜。縣警察局的偵察員在破案的過程中，發現郵局裡有人拍了一份電報，電文僅僅是「1 2 6 3」四個數字。偵察科科長是位資深警察，他分析情況後，立即布置了暗哨，終於將盜竊分子一網打盡。

你知道偵察科科長是怎樣發現線索的嗎？

答案 「1 2 6 3」即可唱成「都來拉米」。

376 數字案件

某市信用社 250 萬元被盜。市警察局組成了專案小組，並向本市交通、運輸、郵電等部門發出了緊急通報。

第二天上午，郵電所的劉所長急急忙忙拿著幾封電報跑進了警察局的大門，匯報說：「剛才有個男的，一下子發了 10 封電報，內容都是一樣的，都只有『1 2 5 7』四個數字，我覺得這件事有一點怪，您看會不會跟那個案子有關？」警長接過劉所長手裡的那 10 封電報一看，的確內容都是一樣的，是分別發往附近幾個縣市的，發報人的姓名和地址都是同一個。警長立即召集所有值班的偵察員開會研究，大家透過分析電報的內容，終於得出了結論，發報人就是罪犯。

警察人員到底是如何根據電報的內容，判斷出發報人就是罪犯的呢？

答案 罪犯為了隱蔽，在電文中沒有使用明白的文字，而是利用了音樂簡譜中的四個音符「1、2、5、7」作為密碼，即諧音「都來收息」，通知他的同夥們到他家去分贓款。

377 祕密通道

油畫大師戈赫年輕時曾在A市的美術公司工作。一天，經理讓他送一幅畫到一位紳士家裡。這個紳士性情古怪，一直過著獨居的生活。之前，戈赫曾經把畫家米勒（Jean-François Millet）的《拾穗者》的複製品送去給他。

戈赫來到紳士家裡，見大門開著，就徑直走了進去。他聽見從臥室裡傳來一陣陣痛苦的呻吟聲，便衝了進去。只見一位警察被擊倒在地，而那個紳士不知到哪裡去了。「祕密的……從洞裡……逃走……」地上的警察費力的用手指了指床底下。戈赫往床下看看，那裡有個像蓋板一樣的東西，猜測那紳士是從這裡逃走的。「蓋板的開關……米勒……」警察說著就嚥氣了。戈赫鑽到床下，想把蓋板揭開，可是蓋板卻紋絲不動。

警察不是說起米勒嗎？這大概指的是米勒的那幅畫，這正是上個月他送來的《拾穗者》的複製品，是不是與蓋板有關呢？戈赫就把這幅畫取了下來，看了看畫框和畫後面的牆壁，都不見有什麼開關。為了尋找蓋板的開關，戈赫仔細的搜遍了房間裡的每一個角落。當他在一架鋼琴及鋼琴的四周搜尋的時候，突然若有所悟，打開鋼琴按了兩個鍵。果然，奇蹟出現了，床下的蓋板啟動後，打開了。原來蓋板下面是一個洞，紳士把警察打傷後從這洞裡通過下水道逃走了。戈赫弄清了這個祕密通道，才去向警察局報案。

你知道祕密通道是怎麼找到的嗎？

答案 米勒的畫與開關沒有關係，那麼，這「米勒」會不會是別的意思？是不是音符1、2、3、4、5、6、7中的3和2呢？「米」是3，「勒」是2。戈赫這麼一想，就打開鋼琴按了一下3和2的琴鍵，終於找到了祕密通道。

378 漢英字典

翻譯家潘琪在自家的書房裡被刺死身亡。潘琪是一個人獨居，門鎖可能是被凶手破壞的。命案現場沒有打鬥痕跡，也沒有財物被搶走，因此分析可能是熟人所為。

潘琪在被殺前似乎還在工作，桌上放有稿子和漢英字典，他坐在椅子上，趴倒在桌面，背上留有刀刺痕跡。命案現場並沒有找到凶器，而且大概是凶手為避免死者留下死亡訊息的關係，所以房間裡並沒有什麼文具，也找不到任何指紋。

凶手留下的線索不多，可是潘琪的手指卻指著桌上漢英字典的某一頁。可能是在凶手離開之後，奄奄一息的潘琪翻開手邊的漢英字典，想藉由指出該頁來告訴大家凶手的身分。總而言之，這就是潘琪留下的臨死訊息。

警方判斷的犯罪時間裡，曾被目擊者看到出現在命案現場附近的嫌犯共有4人。此外，在潘琪手指著的漢英字典的書頁上，是印著順序從chaw到cheer的單字。到底誰才是真凶？

嫌犯名單如下：

1. 趙紅——和潘琪有婚約，但是發現潘琪要和別的女人結婚後，彼此的關係就惡化了。1969年2月18日生。（女）
2. 李麗——和潘琪從小就是同學。有賭博的習慣，還欠潘琪一大筆錢。1965年10月9日生。（女）
3. 趙勤——交由潘琪翻譯的外國推理小說以便宜的價格變賣而被降職，

從此與潘琪交惡。1958 年 5 月 8 日生。（男）

4. 查理 —— 與潘琪是在留學時認識，和潘琪的未婚妻糾纏不清，而形成三角關係。1966 年 7 月 31 日生。（男）

答案 是查理，理由是「字典那頁應有 chary」。

379 數字密碼

華威探長接到湯生夫人打來的報警電話：湯生先生被綁架了。湯生擁有百萬家產，是這個鎮上的首富。探長駕車趕到了湯生的鄉村別墅，湯生夫人告訴探長：「兩小時前我接到一個陌生人的電話，說如果希望湯生繼續活著，那麼必須付給他 20 萬美元。接到電話，我才知道湯生被綁架了，那是昨天晚上的事。」湯生夫人說：「昨天我到姨媽家去了，今天上午才回家，想不到會發生這樣的事情。」「罪犯沒講過以什麼方式交付贖金嗎？」探長問。「他只是要我把 20 萬美元準備好，什麼時候交錢，交到什麼地方，他說會再打電話給我的，如果報警的話，湯生腦袋就跟身體再見了。」湯生太太抽泣著說。探長又詢問了湯生家的僕人，僕人說：「沒看清楚不速之客的臉，好像有 40 多歲，戴著墨鏡，帽沿壓得很低，但從湯生先生把來人帶進書房這一點可以看出，來人肯定是湯生先生的熟人，因為先生從不將陌生人帶進書房的。」

探長見再也問不出有價值的線索，就開始了搜查。書房裡沒發現外人的痕跡，即使在明顯是「客人」用過的咖啡杯上也沒留下指紋。鞋印留下了，但明顯是經過處理的平底光面鞋，從這裡無法打開缺口。「看來，罪犯是逼著湯生先生從後門出去的，但這並不重要，重要的是這本桌曆。」探長對湯生夫人說，「這上面潦潦草草的寫著 7891011。夫人，昨天妳離開湯生先生之前，看到過桌曆上有這些數字嗎？」「沒有，湯生沒有往桌曆上記事的習慣。」「那麼說明這數字非常重要，很有可能，這數字代表罪犯的名字，或是罪犯的地址。夫人，妳知道湯生先生得罪過哪些人嗎？或者妳提供一個可疑分子的名單給我⋯⋯」「舒克、麥特、傑森、查利⋯⋯可是，湯生得罪的人不一定就是綁架者呀！」湯生夫人不解的問。

探長笑了笑說：「妳已經把罪犯告訴我了，罪犯就是加森。當罪犯逼著湯生從後門出去時，湯生看見桌上的桌曆，飛快的在桌曆上記下了一串數字，但湯生怕被罪犯發現，沒敢直接寫上罪犯的名字，而是採用了數字代碼。7、8、9、10、11，這一串數字把罪犯告訴我了！」

你知道罪犯是誰嗎？

答案 在英語裡，7月、8月、9月、10月、11月的字頭連起來正好是J-A-S-O-N，根據這條線索，探長逮捕了Jason（傑森）。

380「好好」的故事

秋天的一個夜晚，藝術大師曼夫被殺，不過他在臨死之時，用自己的血寫下了一行血書，提示凶手是誰。因為秋季的緣故，血跡很明顯。這行字寫著：「小心好好是殺我的凶手。」警長看了這個句子，不禁莫名其妙。

事後，抓了三個當晚和曼夫接觸過的人。第一個叫劉好人。他和曼夫見面時間最早，而且是最早離開的一個，只因他名字中有個「好」字，才被懷疑。第二個叫瑪麗，她美麗而擅長交際，曼夫正在追求她。當晚她和死者相處時間最長，嫌疑最大。第三個是曼夫的老友李浩東。他嫌疑極小，無殺人動機，和死者屬生死之交，只因他平常被人稱為「老好人」而被懷疑。

你能猜到誰是殺人凶手嗎？為什麼？

答案 其實立竿見影的是和「好」字有關係的兩個人應無問題，就是名字叫劉好人的和老友李浩東因為被稱為「老好人」也是胡亂拉扯的。只有瑪麗有最大的可能。明白「好」字的含義，就明白和肯定她是疑凶，因「好」字拆開是「女」「子」二字。全句是：「小心女子，女子是殺

我的凶手。」

381 凶手的名字

一名年輕人死在了一棟26層高的大樓旁邊，警方斷定死者是從這棟樓的樓頂上落下墜地而死。警方發現在這名死者的手心上用筆寫著一個「森」字，像是在暗示著殺人凶手的名字，卻因時間有限而只寫了一個字。筆就落在他手邊的地上，而且只有他的指紋。看來確實是墜樓的同時掏出筆寫在手心上的。警方根據監視電梯的人員舉報，找到了案發當時也在樓頂上的五名疑犯，他們都與死者認識，找到了他們，但是他們誰都不承認自己是推死者墜樓的人。他們分別叫張宇、劉森、趙方、張森、楊一舟。這時警方想起了死者手心上的那個字，認定了殺人凶手，你知道那個殺人凶手是誰嗎？為什麼是他呢？

答案 凶手是張森。從推理的角度來看，先把五個人的名字都看一遍，「張宇、劉森、趙方、張森、楊一舟」，你會發現，如果凶手是趙方和楊一舟，那麼被害人只寫他們名字中的一個字就可以代表凶手了，因為沒有其他人名中有相同的字，比如趙方的「方」字或楊一舟的「舟」字，而「張宇、劉森、張森」這三個人的名字中有相同的字，如果凶手是張宇，被害人只寫「宇」字就可以了，所以不是他。同樣，如果是劉森，只寫個「劉」字就可以代表他了，所以凶手就只剩下張森了。

382 找到了6位數

德國女間諜哈莉以「舞蹈明星」的身分出現在巴黎，任務是刺探法國軍情。在她結交的軍政要人中，有一位名叫莫爾根的將軍，原已退役，因戰爭需求又被召回到陸軍部擔任要職。將軍最近因老伴去世，頗感寂寞，對哈莉追求得也很急切。不久，哈莉弄清楚了將軍的機密文件全部放在書房的祕密金庫裡。但這祕密金庫的鎖用的是撥號盤，必須撥對了號碼，金庫的門才能打開，而這號碼又是絕密的，只有將軍一個人知道。哈莉想：莫爾根年紀大了，事情又多，近來又特別健忘。因此祕密金庫的撥號盤號碼，肯定是記在筆記本或其他什麼地方，而這個地方絕不會很難找、很難記。每當莫爾根熟睡後，她就檢查將軍口袋裡的筆記本和抽屜裡的東西，但都找不到這號碼。

一天夜晚，她用放有安眠藥的酒灌醉了莫爾根，躡手躡腳的走進書房。這時已是深夜兩點多鐘。祕密金庫的門就嵌在一幅油畫後面的牆壁上，撥號盤號碼是 6 位數。她從 1 到 9 逐一透過組合來轉動撥號盤，但都沒有成功。眼看天將透亮，女傭人就要進來整理書房了，哈莉感到有些絕望。忽然牆上的掛鐘引起了她的注意。她發現來到書房的時間是深夜 2 點，而掛鐘上的指針指的卻是 9 點 35 分 15 秒。這很可能就是撥號盤上的號碼，否則掛鐘為什麼不走呢？但是 9 時 35 分 15 秒應為 93,515，只有 5 位數，這是怎麼回事呢？她進一步思索，終於找到了 6 位數，完成了刺探情報的任務。

她是怎麼找到的呢？

答案 如果把它譯解為 21 點 35 分 15 秒，就變成了 6 位數，即 213,515。

383 字跡辨凶

浴室裡發現了一具屍體，住在 7 號房間的李西小姐手被反綁著，溺死在浴缸裡。偵察人員趕到現場，發現浴缸裡有枝鉛筆，浴缸壁上有鉛筆字「6」。經辨認，是李西小姐臨死前寫的，顯然與凶手有關。偵察人員經調查，發現住在 6 號房間和 9 號房間的兩位先生都很可疑。飯店保全正要去抓

住在6號的先生時，偵察人員卻指著住在9號的先生說：「凶手是他！」你知道為什麼嗎？

答案 李西小姐的手被反綁了，浴缸上寫的應該是倒字，所以不是「6」，而是「9」。

384 玻璃窗上的線索

一個炎熱的晚上，法國坎城海灘邊的一座大廈裡，突然傳出兩聲槍響，劃破了這夜的寂靜。大廈裡頓時一片混亂。等到警察趕到槍響處——大廈715房間時，發現剛住進大廈的貴族後裔安娜夫人已身中兩槍而亡。

大名鼎鼎的比利時偵探波洛當時也正住在這裡，應警長米洛克的邀請，也趕到了715房間。在案發現場，安娜夫人斜靠在面向海灘的落地窗前，潔白的紗裙被鮮血染得斑斑駁駁，腳下掉有一支已經開了蓋的口紅。撩開淺綠的窗簾，窗玻璃上留有口紅寫下的一組數字：「809」。根據現場情況，波洛和米洛克都一致推斷出，凶手是在安娜夫人正在窗前的梳妝臺上化妝時突然闖進來的，猝不及防的安娜夫人背靠落地窗，在凶手一步步逼近時，急中生智，用身體擋住凶手視線，背著手用口紅在窗玻璃上寫下追查凶手的線索。可是「809」究竟是指什麼呢？在繼續搜查中，從安娜夫人手提袋的夾縫裡，發現了一個捲緊的紙筒，裡面寫著：「因為父親的冤仇，幾個家族的後裔都打算謀害我。我若遇害，請追查以下三人，其中一人是凶手：M．科波菲爾——806，C．凱菲茲——608，D．米歇爾——908。」

米洛克一陣高興，可是當他比較了紙條和窗玻璃上的數字後，失望的直搖頭：「這些號碼哪個也不是809，難道是別人做的？」波洛想了想，笑著對米洛克說：「警長先生，不是別人做的，凶手就是C. 凱菲茲——608。」「可數字不一樣呀？」米洛克疑竇未開，經過波洛一番解釋後才恍然大悟。警方按照這條線索，迅速抓住了那個殺害安娜夫人的凶手。

你知道數字為什麼不一樣嗎？

答案 當時，安娜夫人背著玻璃窗，只能反手寫。由於反手關係，她寫的608，從正面看，就成了 809。

385車牌號碼謎團

一個正在穿越人行道的男子被突如其來的一輛車撞倒，肇事汽車停都沒停便逃之夭夭。被撞男人奄奄一息，在被送往醫院的途中，只說了逃跑汽車的車號「6198」，便斷氣了。

警察馬上通緝了該車牌號碼的車輛，雖然找到了嫌疑犯，但對方有確切的不在現場的證據，而且車壞了，在案發前就已送修理廠修理。

如此說來，罪犯的車牌號碼不是「6198」。那麼，它應該是多少號呢？

答案 被車撞後仰面倒在路上的男子，將逃跑車輛的號碼看顛倒了，「6198」的數字如果上下倒過來看就成了「8619」，也就是說，罪犯的真正車牌號碼是「8619」。

386奇怪的車牌號碼

一輛汽車肇事後逃跑了，警長福爾立即趕到了出事地點。一位目擊者說：「當時發現自己車的後面有一輛車突然拐向小路，飛馳而去，他順手記下了那輛車的車牌號碼。」福爾說：「那可能就是肇事的車，我馬上叫警察搜捕這輛 18UA01 號車！」幾小時後，警察局告知福爾，目擊者提供的車牌號碼 18UA01 是個空號。現在已把近似車牌號碼的車都找來了，有 18UA81 號、18UA10 號、10AU81 號和 18AU01 號共四輛車。

福爾環顧了所有的車牌號碼，終於從四輛車中找出了那輛肇事車。請

問他是如何判斷的呢？

答案 福爾想，目擊者提供的雖然是空號，但肇事汽車必定與此車牌號碼有關聯。經過分析，他斷定 10AU81 號是肇事車。理由是目擊者從自己汽車的後視鏡中看到並記下的車牌號碼恰好是相反的，左右位置顛倒了。

387 奇怪的算式

福爾警長應邀到數學教授喬治家去做客，在約定的時間到了喬治家的大門口。當他正準備按門鈴時，發現大門是半掩著的，便走進了教授的家中。

他坐在了客廳的沙發上，沒有看見喬治本人。掃遍了整個客廳後，目光停在了一臺桌上型電腦的螢幕上，這時是運算狀態，上面打著「101×5」的一道算式。福爾看了覺得十分納悶，喬治教授計算這個還要用電腦？

突然，福爾從這道算式中覺察到了什麼，立即撥響了警察局的電話。你知道其中的原因嗎？

答案 101×5 算出了是 505，但在電腦上顯示的是：SOS，福爾看到它後立即做出反應：喬治遇難了。所以他才撥打了 110。

388 三顆氣球

保羅是個喜歡畫畫的 14 歲學生，一天，他獨自一人來到郊外的山上寫生。他畫了一幅又一幅素描，畫夾子裡已經有了厚厚的一疊作品。就在這時，一個黑臉大漢從後面將他抱住，然後把他帶到了山坡上的一棟小房子裡。綁匪把保羅往屋子裡一推，就命令保羅向家裡打電話，讓家裡拿 100 萬元現金來贖人，否則就要撕票。保羅按照綁匪的意思向家裡打了電話。

「小子，你還算合作。就委屈你暫時在這裡住著了。我出去辦點事。」綁匪說完鎖上門就走了。保羅一個人坐在黑暗的房子裡，思索著怎麼逃出去。

保羅發現房子很結實，密不透風。要想逃跑是不可能的，怪不得那綁匪連自己的手和腳都不用捆就那麼放心的出去辦事去了。百無聊賴的保羅翻著口袋，想找個可以玩的東西來打發時間，誰知只找到了三個氣球。突然，他的腦子裡閃現出老師在自我救護課堂上講的一個求救方式就是用氣球來示範的，他高興得跳了起來，很快把氣球吹好，然後扯了毛衣上的線，將氣球放在了房子的外面。等候著有人能看到，通知警察來救自己。

傍晚的時候，一個森林警察巡山時，發現了氣球。將氣球取下來，心裡還在想是誰這麼搗蛋將氣球放在人家房子旁邊，不料竟然在上面看到求救信號，於是他馬上通知了山下的警察，警察立刻將保羅解救了出來。

保羅是如何發的求救信號呢？

保羅把氣球吹上氣後，兩個挽成 S 一個挽成 O，三個氣球放在一起就是 SOS 的求救信號。

389 智獲鉅款

某甲因貪汙鉅款而被拘留審查。但經過依法搜查，卻不見鉅款蹤影。某甲深知罪責難逃，急於消除罪證。一日某甲的妻子來探望，某甲遞出一張紙片說：「這是我的遺言。」看守人員檢查了內容，見是一首悔恨詩：

綠水滔滔心難靜，彩虹高高人何行？
筆下縱有千般語，內心淒涼恨吞聲。
帳面未清出破綻，單身孤入陷囹圄。
速去黃泉少牽掛，毀了一生怨終身。

看守人員見沒有什麼，就轉給某甲妻，某甲眼見計將成功，不禁高興萬分。正在這時，檢察官趕來要過詩，凝神看了幾遍，終於喊道：「有了！」即按信中所暗示的內容，一舉查獲了鉅額贓款。

檢察官怎麼知道贓款的隱藏地點的？

答案 此詩是一首「藏頭詩」，每句開頭一字為暗示處。8 句開頭的字連起來，則為「綠彩筆內帳單速毀」。故而檢察官在綠色的水彩筆筒內找到了贓款藏匿的清單。

390奇詩

第二次世界大戰時，在德國法西斯占領下，巴黎的《巴黎晚報》上，刊載了一首無名氏用德文寫的詩，表面看來是獻給元首希特勒的：

讓我們敬愛元首希特勒，
永恆英吉利是不配生存。
讓我們詛咒那海外民族，
世上的納粹唯一將永生。
我們要支持德國的元首，
海上的兒郎將斷送遠征。
唯我們應得公正的責罰，
勝利的榮光唯軍隊有分。

難道這位法國無名作者真的這麼厚顏無恥嗎？不，巴黎人懂得這詩怎麼讀，他們邊讀邊發出會心的笑聲。不久，納粹下令搜捕這位勇敢機智的無名詩人。你知道這首詩該怎麼讀嗎？

答案 巴黎人把詩分成上下兩截來讀。此詩的真正讀法為：

讓我們敬愛，永恆英吉利；讓我們詛咒，世上的納粹。我們要支持，海上的兒郎；唯我們應得，勝利的榮光。元首希特勒，是不配生存；那海外民族，唯一將永生。德國的元首，將斷送遠征；公正的責罰，唯軍隊有分。

391 林肯的推理

此事發生在林肯擔任律師的時候。一天，農場的記帳員在出納室被謀殺了，他右手握著一枝筆，倒在大門前的地上，大門上有 MN 兩個字母，是記帳員臨死前用手中的筆寫的。出納室的地上散落著很多文具用品，倉庫裡邊的錢也被搶光了，凶手大概是在記帳員工作的時候進來的，當記帳員向門口逃去時，被凶手追上而殺死的。

門上的字一定是記帳員被害前寫下了凶手姓名的第一個字母。這字母透露出是黑人莫利斯· 紐曼（Morris Newman）的嫌疑，他的姓名前兩個字母是 MN。紐曼太太見丈夫被抓，覺得很冤枉，因為凶案發生時，他們夫妻倆都在農場工作。她想到林肯是保護黑人的，就去找林肯律師代為辯護。林肯思考一番後，從農場的工人裡找出一個名叫尼克· 華特森（Nick Watson）的人。這個人平時愛賭博、愛喝酒，品行很不好。林肯對他說：「是你殺死記帳員的！」「胡說，你有什麼證據？」林肯說：「記帳員在門板上寫了 MN 兩個字母。」「MN 是那個黑人，我的名字是 NW ！」林肯笑著說：「案發當時，你在哪裡？」接著做了一番推理，讓尼克· 華特森無言以對，終於承認了自己是凶手。

你知道林肯是怎麼推理的嗎？

答案 記帳員被逼到門前時，背著門站立，他此時把拿筆的右手繞到背後，在門板上寫下凶手姓名的頭兩個字母。手放在背後寫的字上下左右都會反過來，NW 就變成 MN 了。

392河畔謀殺案

在大峽谷河上游發現了古代遺蹟。於是，文物工作者波特、亞瑟和史特勞斯三人組隊前往考察。一天夜裡，波特一人外出調查後便再也沒有回旅館，大家都很為他擔心。第二天上午，波特的屍體在河邊的懸崖下被人發現了，看上去像是死於墜崖，純屬意外事故。

經法醫鑑定，波特死於昨晚十點左右。勘查現場時，發現死者右手邊的沙地上寫著一個「A」。「這是臨終留訊。是死者被殺前將凶手姓名留下作為線索吧？」朗波偵探問道。「那個叫亞瑟的很可疑。因為他名字的開頭是『A』。」警官說道。

亞瑟辯解說：「別開玩笑了，我一直待在旅館裡，怎麼會殺波特呢？」「等等，醫生，被害者是頸骨折斷後當場死亡的。昨晚十點你在哪裡？」「我一個人在房間，沒有辦法提出證明。不過，如果我有嫌疑，史特勞斯也有嫌疑。」史特勞斯生氣的說：「你在胡說什麼？」「不對嗎？昨天波特偶然發現了許多陶偶，你要求和他共同研究，結果遭到拒絕。」「我承認，但你也說過這話。還有那個叫拉維爾的老頭也很可疑。」警官追問：「哪個拉維爾？」「就是那個對鄉土史很有研究的拉維爾。他一個人默默的調查遺蹟，我們加入後他很生氣，對我們提出的問題，他一概不回答。」

警官雙手環抱胸前，不知在想什麼。突然，朗波有了新發現：「被害者把手錶戴在右手腕上，那麼，波特應該是個左撇子了？」「對！」「嗯，還有一個問題，史特勞斯先生，你和波特認識多久了？」「昨天才見面的。」「很好，凶手是誰已經很清楚了。」

那麼，到底凶手是誰？是如何判斷的？

答案 被害者是頸骨折斷後當場死亡的，他根本不可能在地上留下字跡。所以，「A」字是凶手寫的。可以肯定不是拉維爾，因為拉維爾根本不認識這三位考古者，當然不可能知道「A」這個字母。亞瑟也不是凶手，如果是他，就不會留下自己名字的符號。沒錯，凶手就是史特勞斯，他將三人中的一個殺害，嫁禍於另一個人，目的是將三個人的研究成果據為己有。

393少尉破密函

法國某保安局少尉裴齊亞捉到一名亞爾薩斯的間諜，從他身上搜到了一份密函。密函全文如下：「B老師，就援助貴校球隊出外比賽一事，明天5點請與領隊到我家詳談。」受過特務訓練的裴齊亞少尉，很快就破解了間諜攜帶的這份密函。

你可知道它的真正內容是什麼嗎？

答案 「援隊一點到達。」破解的方法是逢五字抽一字，標點不算。

394巧妙的情報電話

某國正在緝捕一個在逃的走私犯。一天，洛奇無意中來到豪華俱樂部，他發現坐在吧臺處的一群人，正是通緝的逃犯。由於他們不知道洛奇的真正身分，所以沒有注意他。為了迅速捉拿這群人，洛奇立即利用旁邊的電話通知總部。

機智的洛奇裝著和女友通電話，這群人聽到的電話內容是這樣的：「親愛的麗娜，妳好嗎？我是洛奇，昨晚不舒服，不能陪妳去跳舞，現在好多了，全靠豪華俱樂部的詹姆斯上個月送的特效藥。親愛的，不要和目標生氣，我們會永遠在一起的。請妳原諒我的失約，我的病不是很快就好了嗎？今晚趕來妳家再向妳道歉，可別生我的氣呀，好吧，再見！」

這群人聽了這番情話，大笑了一陣子。可是五分鐘後，他們被警察包圍了，唯有舉手投降。你能明白洛奇打電話的巧妙手法嗎？

答案 在通話時，洛奇一講到無關緊要的話，就用手掌心掩緊話筒，不讓對方聽到。這樣，總部就收到了一段「間歇式」的說話：「我是洛奇……現在豪華俱樂部……和目標……在一起……請你……快……趕來。」

395 怪盜基德的預告函

某市美術館有一批印象派大師的名畫，將在5月14日展出，它們分別是《泉》、《向日葵》、《火種》、《秋的惡作劇》、《古鎮》、《墮落天使》、《彩虹》和《自畫像》。

但是展出前一星期，也就是5月5日星期六的上午，美術館突然收到怪盜基德的預告函。研究了一上午，美術館的館長也不知道上面寫的是什麼，於是帶著預告函去請教偵探亨利。亨利看了半晌，決定把預告函告示全市，請全市的所有人一起來幫忙破解。

以下就是怪盜基德的預告函：

> 乘著康乃馨的祝福，紳士一刻間，就偷走大地之子的禮物，潘朵拉的魔盒。
>
> 怪盜基德
> 5月5日

那麼，請你試著解開謎底吧！

答案 乘著康乃馨的祝福——日期是母親節。

紳士一刻間——紳士和申時諧音，也就是下午3點；一刻，就是15分。所以時間是下午3點15分。

大地之子的禮物——大地之子指的是普羅米修斯，他送給人類火種。

潘朵拉的魔盒——宙斯由於普羅米修斯幫人類偷了天火勃然大怒，

而送來魔盒到人間懲罰人類。

所以是：母親節那天下午 3 點 15 分取走《火種》。

396 神祕的暗號

警方截獲一封犯罪組織的密信，內容如下。

X 先生：

如若您想救出 Y，您須解開密碼，向未來邁進，我在 XX 銀行中 11、12、13 箱其中之一藏了一張支票，能不能拿到就只能看您了……

當獅子怒吼的開端，東方神獸正在與王決鬥，這空虛的深溝到底有多長，唯有全能的天神所知。

黑手

根據這封信的內容，你知道支票在哪個箱子裡嗎？

答案 如果「獅子怒吼的開端」是指獅子座，獅子座的英文為 Leo，開頭字母為 L；東方神獸是龍（LONG），龍在十二生肖排名為 5；王字拆開可謂十二（王中間的十和上下的二），「空虛的深溝」就是指 L，這樣把 5 和十二當作 L 的那兩條邊的長度，根據勾股定理，結果就是 5 的平方加 12 的平方的根號為 13，答案就是 13。

397 暗號愛好者的遺言

一個暗號愛好者被殺死在自家房裡，屍檢表示死者死前仍有 20 分鐘的掙扎。大偵探對現場進行調查，發現死者左手死抓著福爾摩斯偵探大全，右手中留有一張字條的碎片。經過鑑定，字條上的筆跡是被害人生前所寫（字條排除凶手栽贓）。

碎片有十張，分別是：

231

912

1911

518

42

125

112123

25

25

9

大偵探看了看碎片，有點迷惑不解。這時助手說，嫌疑人是這三個：A（律師）、B（水手）、C（送貨員）。

聰明過人的大偵探一聽，再看看福爾摩斯大全上的柯南·道爾畫像，恍然大悟的說：原來被害人是這個意思！

第二天，大偵探得出字條上的意思，立刻逮捕了嫌疑人。

那麼問題來了：字條到底是什麼意思？凶手又是誰？

答案 數字對應了英文字母，下面是所有的對應情況。

42：db

231：wa bca

125：abe le ay

518：eah er

1911：aiaa sk aik saa

112123：aababc kuw kblc alaw

25：be y

9：I

912：iab il

25：be y

I was killed by a lawyer

以上這些訊息中，最特別的就是 9 所代表的字母 I 了，所以我們有理由將 I 作為主語放在首位。

接下來比較能引起注意的就是 231 所代表的 wa 了，它可能是 was 的前部分，所以將 9 231 放在一起，得到：9 231 ＝ I wa。

我們既然判斷有 was 這個詞，所以在 wa 後面可接 s 了，那有 s 的就只有 1911 了，這樣就變成：9 231 1911 ＝ I was k。

這是個謀殺案件，所以看到 k 應該聯想到 kill 等詞語，所以，9 231 1911 912 ＝ I was kil。

以此類推，得到：

9 231 1911 912 125 ＝ I was kille

9 231 1911 912 125 42 ＝ I was killed b

到這裡，很顯然能知道這是個被動句型，by someone。

所以，9 231 1911 912 125 42 25 ＝ I was killed by。

關鍵的地方到了。知道如下詞彙。

律師（lawyer）、水手（sailor）、送貨員（carrier）。

剩下的數字只有：518 112123 25。

我們就該想這 3 組數字代表哪個職業呢？

518 代表的是 eah 或 er，只有 er 能有意義，所以馬上能排除水手（sailor）。25 代表的是 be 或 y，我們可以推測應該是代表 Y 的意思，要不然送貨員（carrier）中的 r 不能出現那麼多次，所以基本上鎖定凶手是律師（lawyer）了。

最重要的問題來了，112123 代表的是什麼意思，看過上面的表和律師的英文拼寫，應該能迅速的得出 112123 代表的意思是：alaw。

所以這樣一來，所有的數字都串聯起來了。

即：9 231 1911 912 125 42 25 112123 25 518 ＝ I was killed by a lawyer。

所以凶手就是律師。

398 破解情報密碼

M 國諜報員截獲 1 份 N 國情報。

1. N 國將兵分東西兩路進攻 M 國。從東路進攻的部隊人數為「ETWQ」；從西路進攻的部隊人數為「FEFQ」。
2. N 國東西兩路總兵力為「AWQQQ」。

另外得知東路兵力比西路多。

請將以上的密碼破解。

答案

$$E = 7，W = 4，F = 6，T = 2，Q = 0$$

$$7,240 + 6,760 = 14,000$$

只能是 $Q + Q = Q$，而不可能是 $Q + Q = 1Q$，故 $Q = 0$。

同樣只能是

$$W + F = 10$$

$$T + E + 1 = 10$$

$$E + F + 1 = 10 + W$$

所以有以下三個式子。

1. $W + F = 10$
2. $T + E = 9$
3. $E + F = 9 + W$

可以推出 2W ＝ E ＋ 1，所以 E 是奇數。

另外，E ＋ F>9，E≥F，所以推算出 E ＝ 9 是錯誤的，E ＝ 7 是正確的。

399 破譯密電

某國情報部門截獲了一份密電，內容是由字母密碼構成的。下面 8 個密碼，都是由 3 個字母組成的。其中有 4 個密碼代表了 4 個三位數：571、439、286、837，一個字母和一個數字對應。請把 4 個三位數所對應的密碼找出來。

WNX　RWQ　SXW　XNS　PST　NXY　QWN　TSX

答案 837 → SXW，439 → NXY，286 → PST，571 → RWQ。

這個推理題，可以採用「嘗試與修正」的方法。例如，假定第一個 WNX 代表第一個三位數 571，那麼 W ＝ 5，N ＝ 7，X ＝ 1。代入其他密碼為：

□ 15 □ 5 □ □□□ □ 57 71 □ □□ 1 17 □

這幾組數和給定的 439、286、837 對不上。這就否定了 WNX 對應 571 的假定。再假定第三個密碼 SXW 是 571……這樣做下去，只要有足夠的耐心，答案總是可以找到的。「嘗試與修正」是一個重要方法，在科學研究和工程設計中常要用到它。

但是，如果用比較的方法，結合綜合和分析的本領來解這道題，可以較快的得到結果。例如，837、286 這兩個三位數，在第一位和第二位出現了同一個數字 8。現在來看看密碼中有哪些是第一位和第二位出現同一個字母的，可以找到五組：SXW、TSX；XNS、NXY；SXW、PST；WNX、QWN；WNX、RWQ。其中「SXW、TSX」和「WNX、QWN」這兩組密碼的第一位和第二位、第二位和第三位是相同的字母，4 個三位數中沒有這種情況；XNS、NXY 這一組密碼

的特點是第一、第二兩個字母互換位置，4 個三位數中也沒有這種情況。因此可以否定它們代表兩個三位數的可能性。

再來看 837、286 這兩個三位數，除了都有一個 8 以外，其餘數字都不相同，這個特點與 WNX、RWQ 及 SXW、PST 這兩組字母相符合。這樣，再用「嘗試與修正」的方法，把兩個三位數和這兩組字母進行比較、分析……

400 密碼電報之謎

已是凌晨時分，警察局偵察二室依然燈火通明，老王桌上放著一份剛剛截獲的密碼電報，內容如下：

8375 7464 3447 7416 9242 6271 5582 6376 5222 7305 3261 1244 3213 6288 9218

老王陷入了沉思。據可靠消息，最近，某販毒組織的成員已祕密潛入香港。偵察二室根據國際刑警組織的資料，對多名可疑人員進行了調查，但沒有發現有價值的線索。老王再次翻開剛入境的三名可疑人員的資料，暗暗思索：這封電報到底是發給誰的呢？密文內容是什麼呢？

臺商王先生，前天由臺灣飛抵香港，目前下榻在海江飯店 1243 房間。

美籍華人趙先生，昨天下午抵達香港，目前下榻在濱天大廈 2413 房間。

馬來西亞李女士，昨天晚上抵達香港，目前住在王子飯店 2217 房間。

提示：與區位碼輸入法有關，密鑰正是該成員的房間號碼。

答案 密碼電報解密後為 3587 4476 4734 4671 2294 2167 5258 3667 2252 3570 2136 2414 2331 2868 2891。

密文：明天下午兩點在你對面的 2414 房間見（注：4 個數字對應一個中文字）

破解是這樣的：密碼最後重複兩遍的 2413 是密鑰，把前面的數字按 2413 重新排序，得到一組四位原始碼，把這組原始碼，按區位輸入法輸入電腦，就可以得到如下文字：明天下午兩點在你對面的 2414 房間見。所以電報是發給趙先生的。

★第 7 章　魔術解密★

曾經有這樣一句膾炙人口的網路流行語：「下面就是見證奇蹟的時刻了！」它源於一句魔術師表演時的臺詞。魔術是一種以隨機應變為核心的表演藝術，是製造奇蹟的藝術。它是依據科學的原理，運用特製的道具，巧妙綜合視覺傳達、心理學、化學、數學、光學及形體學、表演學等不同科學領域的高智慧的表演藝術，抓住人們好奇、求知心理的特點，製造出種種不可思議、變幻莫測的假象，從而達到以假亂真的藝術效果。所有的魔術都是利用科學原理進行的表演，所有的「奇蹟」都是科學知識造就的。當你了解了它運用的科學知識時，不僅見證到了奇蹟，更是對自身科學素養的昇華。

401 無源之水

拿一把湯匙放在手肘下方，會有水滴落湯匙中。你知道水是從哪裡來的嗎？

答案 拿一小截面紙蘸水夾在耳朵後方，表演時用手掌捂住耳朵，輕輕壓，水自然順手肘而滴下。夾在肘關節內側也可以。

402 鋼珠穿錢

塑膠瓶一個，A4 紙捲成圓筒狀，紙筒口徑以緊套住瓶口為準。硬幣一枚，依瓶口大小而定；小鋼珠一顆，別的玻璃珠也可以。具體操作步驟如下。

A. 將硬幣放在瓶口。

B. 將紙筒套住瓶口。

C. 將小鋼珠從紙筒上端投入。

D. 鋼珠穿過硬幣掉落瓶內。

你知道其中的奧妙嗎？

答案 鋼珠落下敲擊硬幣使硬幣翻轉，鋼珠自然穿過硬幣掉落瓶內。這是一種自然現象。

403 空碗生錢

具體操作步驟如下。

A. 手持兩空碗顯示碗內並無錢幣。

B. 將碗口向下使兩碗重疊。

C. 將兩碗翻轉使碗口向上。

D. 取上端的碗將兩碗蓋合。

E. 請觀眾打開碗，錢幣已在碗內。

你知道其中的奧妙嗎？

答案 先將錢幣藏在碗底用手壓住，注意步驟 B 兩碗重疊時。要用上端的碗遮住放錢幣的碗底。

注意：碗底厚度不一，可以機動調整錢幣數量。

404筆會走路

雙手十指結合，大拇指夾住筆，大拇指緩緩放開，筆不會掉落，還能左右移動。你知道其中的奧妙嗎？

答案 將筆套固定，夾在右手中指，雙手結合時中指不加入，藏於手掌內側左右移動。最好手掌騰空表演，看起來才神奇。

405針扎氣球

魔術師拿一個大氣球向觀眾交代，然後拿出一個鋼針從氣球中間穿過，奇怪的是氣球沒破。魔術師是怎麼做到的呢？當魔術師再次把針插入氣球時，只聽得「啪」一聲，氣球爆炸了，這又是為什麼呢？

答案 魔術師事先對氣球已做如下處理：將充足氣的氣球稍微放掉一點氣，然後在氣球相對的兩端分別貼上一條 3 公分長的透明膠帶。魔術師右手拿針，從上往下在貼膠帶處插入氣球，從另一端貼膠帶處穿出，膠帶能使「傷口」不再擴大，因此氣球內的氣體是十分緩慢的洩漏的。抽出金屬針，輕輕彈一下氣球，讓它在空中漂浮一會，使觀眾看到它「安然無恙」。

當魔術師再次把針插入氣球時，只聽得「啪」一聲，氣球爆炸了，因為這次不是從膠帶處插入的。這第二次穿刺是十分必要的，由於氣球有了「傷口」，氣體在慢慢跑出來，氣球就越變越小，所以必須讓它炸掉以「滅口」。

406 神奇氣球

把氣球塞入透明塑膠瓶，將氣球吹口套在瓶口，請一位觀眾上臺，讓他將氣球吹脹。觀眾用盡全力，也無法將氣球吹脹。但魔術師輕輕一吹，氣球卻脹了起來，並可保持鼓脹不會漏氣。魔術師是怎麼做到的呢？

答案 事先在塑膠瓶上穿一小孔，用透明膠帶黏好（當然不能被看出來），這樣觀眾就不可能把氣球吹脹了。魔術師表演時，先玩弄一番道具，轉移觀眾視線，趁機取下透明膠帶。手指按住小孔，吹氣時放開小孔，吹脹後要按緊，就能使氣球保持鼓脹不漏氣。小孔被堵住後，就算使出吃奶力氣也無法吹脹氣球。你可以試試看。

407 飛杯不見

魔術師端出一個圓瓷盤，盤內有一把敞口壺，一只玻璃杯，然後用一塊手帕蓋在杯口上。魔術師拿起杯子和手帕，向觀眾走去，手一抖動杯子不見了。魔術師是怎麼做到的呢？

答案 原來祕密在手帕中，手帕中有一塊圓形鐵圈，像杯子口一樣大小。

其實走向觀眾的時候，杯子已經沒有了。因為鐵圈和杯口一樣大，所以觀眾不會注意到。

408空中抓菸

魔術師走向舞臺向空中一抓，一根香菸就抓在手上，然後放回一個帽子中；向上一抓，又是一根香菸。就這樣連續幾次，那香菸是從哪裡來的呢？

答案 原來魔術師在右手的中指上，套了一個半圓形的鐵皮像金戒指的模樣，上面有個小尖頭，香菸就插在上面，當手一彎的時候，香菸就出現，手一伸直香菸就不見了。其實香菸就是一根，表演時注意觀眾的角度。

409硬幣入球

1. 魔術師從口袋中拿出一個小球，讓觀眾打開檢查，裡面空無一物，放在觀眾手中。
2. 魔術師再從口袋裡面拿出一枚硬幣，讓觀眾檢查，放在魔術師的左手。
3. 這時候，再從口袋中拿出一塊手帕，蓋在觀眾的手上面。
4. 魔術師在觀眾的手上方慢慢的展開手，硬幣沒有掉下，攤開手心，硬幣不見了。
5. 觀眾將手中的球打開，發現硬幣居然在球裡面。

答案 其實很簡單，只是加了一些球和硬幣的手法。準備兩個一樣的球，兩枚一樣的硬幣，一塊手帕。事先在一個球 A 內裝一枚硬幣 A，放在左手，用夾球法夾住；球 B 放在右口袋內，硬幣 B 和手帕放在右口袋內。

1. 首先交代左右手是空的。
2. 右手從口袋裡面拿出另外一個球，讓觀眾檢查，拿回來後，用掌中遁球的手法將 B 換成 A，放在觀眾的手中。最好提醒觀眾握緊，以免讓自己做手腳。
3. 這個時候，球 B 在右手，放入口袋中，趁機拿出一枚硬幣 B，交代後，用掌中遁幣的手法留在右手。
4. 在這個時候，右手伸入右口袋，拿出手帕，趁機丟下硬幣。
5. 把手帕蓋在觀眾的手上，把手慢慢的展開，硬幣沒有掉下，攤開手心，硬幣不見了。

410 巧彈硬幣

準備 14 枚同樣大小的一元硬幣，紅筆一枝。表演前，先請觀眾摸摸硬幣，證明不是假的，也沒有用膠水或膠紙把硬幣黏起來。先把 12 枚一元硬幣疊高，再用紅筆把另一枚硬幣的邊緣塗上紅色，然後放在從下面數上來的第 7 個位置；跟著把餘下的一枚硬幣豎立在桌子上，距離那疊硬幣約 3 公分。接著向大家做介紹：「下面我為大家表演用一枚硬幣，將這疊硬幣中的一枚，我希望最好是有紅點的這一枚從中擊出，而這疊硬幣不倒。當然也有可能是這紅點硬幣的上一枚或下一枚。」只見魔術師用拇指和食指把豎立著的硬幣朝那疊硬幣彈去，其中一個硬幣被彈走了，整疊硬幣卻沒有被推倒。你知道其中的奧妙嗎？

答案 如果把豎立著的硬幣放在那疊硬幣旁邊，就會發現豎立著的硬幣會和其中一枚硬幣有一個接觸點，彈擊的衝力可把那枚硬幣擊走。為什麼整疊硬幣不會被推倒呢？那是因為物體的慣性，令整疊硬幣保持著原來疊在一起的狀態。

411 報紙盛水

魔術師把水倒進一個用報紙捲成的漏斗裡，這已經夠令人驚訝了，報紙怎能包住水呢？但他還是一本正經的把報紙漏斗的下面折起來，不至於讓水流出來；而觀眾們卻在等著看，水是否從報紙下面流出來，出乎意料，魔術師突然把報紙往空中一扔，按住後將它展開，滴水不見，報紙完全是乾的。然後再將這張報紙捲起來，從報紙裡往玻璃杯裡倒水。

這個魔術的道具只需要兩件普通的日常用品：一個有握把的大玻璃杯和一張報紙。此外還需要一件輔助道具 —— 一個直徑為 3 ～ 4 公分、高 15 公分的透明塑膠容器，容器上面有一個掛耳。你知道其中的奧妙嗎？

答案 表演時，玻璃杯放在桌子上，杯子的後面（從觀眾角度看）掛著塑膠容器。現在把報紙捲成漏斗形，右手拿起杯子，拿著漏斗形報紙的左手在玻璃杯後面從下而上提起，杯後的塑膠容器於是就掛到報紙裡去了。杯中的水就可倒進位於漏斗形報紙裡的塑膠容器裡了（注意不要讓水弄溼報紙）。等水倒得差不多了，拿報紙的手又由下而上的提起來，讓玻璃杯將透明塑膠容器掛走，然後放下玻璃杯。為了加強表演效果，魔術師故意裝作十分小心的拿著報紙的樣子，意為不讓水晃出來，但突然間他將報紙往空中一扔，或者乾脆往觀眾席上扔去。接著重新把這張報紙捲成漏斗形，將水從報紙裡倒回杯子 —— 先將掛在玻璃杯上的塑膠容器放入漏斗形報紙中，然後把塑膠容器裡的水倒入杯子，又按同樣方法把空塑膠容器掛走，將杯子放好，再展開報紙給觀眾看。

412 魔筒取物

魔術師面前的桌子上放著一個四方形的筒，正面是漏窗，透過漏窗可以看到裡面還有一個筒。魔術師將外筒拿起，並從各個角度給觀眾看，然後重新套在內筒上。這時將手伸過去拿內筒，觀眾透過漏窗可以看見魔術師的手。拿起內筒，向觀眾證明它也是空的。一旦內筒塞進外筒，魔術師的手就伸進內筒，取出無數手帕、花朵。最後將外筒拿掉，放在一邊，再提起內筒，桌上出現了一盆花。魔術師是怎麼做到的呢？

答案 觀眾是無論如何也發現不了其中奧祕的，因為內筒裡有一個用黑色紙板做的管子，由於外筒的內壁塗了不反光的黑色，所以即使將內筒拿出來給觀眾看時，透過漏窗也發現不了裡面的黑色管子。當然，外筒和內筒是不能同時取出來亮相的，所以這兩個筒只能輪番出示。兩個筒都用薄木屑板做成，黑色管子的下面有個封底，可將兩個筒及管子直接放在桌子上，也可加一個架空小平臺；這樣更能避嫌，不致使觀眾想到桌子板裡會有什麼祕密。如果最後要變出一盆花，則黑色管子不應有底。

必須注意一點，即表演時從上面不許有光線照入筒內，否則黑管易被發現，表演前應從觀眾角度試看一下光線。倘若能在黑管上口內壁黏一個金屬片，在這金屬片上固定一小塊煙火紙，表演一開始就用菸頭或蠟燭將煙火紙引燃，產生煙火，既好看又有說服力（表示裡面即使有東西，也被燒壞了）。

此外，還可變出絲綢手帕和壓縮的圓柱報紙燈籠，而且可以在燈籠的底部裝上微型電池和微型燈泡，事先將它們的電路接通，但用絕緣紙隔開，並讓絕緣紙與燈籠上部的提把相連。這樣，一旦提起燈籠，絕緣紙便被抽掉，燈籠就亮了起來。一般可放六個紙燈籠，變出來後掛在桌子上方的細鐵絲上，甚是吸引人。

413 鳥籠飛遁

魔術師用手拿著一個四方形鳥籠，不加任何遮蓋，突然鳥籠不見了。鳥籠由兩個金屬框架組成，用金屬棒相連，看上去似乎這個鳥籠非常結實。實際上這些金屬棒是活動的，因此鳥籠可很快被傾倒放平。魔術師右手的手腕後面有一個皮做的硬袖口，一根強有力的橡皮筋固定在硬袖口上；橡皮筋的另一頭穿過袖子，繞過背部，從左手的袖口裡出來，拿在手裡。表演時，將橡皮筋的末端掛在鳥籠上，雙手拿著鳥籠，同時壓鳥籠的窄頭，雙肘張開一個角度，橡皮筋於是拉緊。只要魔術師很快往前壓，把籠子推倒，橡皮筋便立即將拆散了的鳥籠拉進左手袖子裡，到達魔術師背部。你知道其中的奧妙嗎？

答案　面對這一突如其來的消失動作，人的眼睛無法及時識破。後來，遁變的東西越來越大，如正在播送節目的收音機、開亮的檯燈、盆花、煤油燈等，在這種情況下應先用方巾一遮，以便掩護東西消失。大鳥籠顯然是不可能透過袖子消失的，它們必須隱遁在別的地方，比如，藏到托盤或小魔桌之類的底座裡去。但這些底座往往顯得很小，人們根本不會想到它們容得下收音機和檯燈這樣的大件物品，實際上這些東西是很快解體後消失在底座中的。不過表演這一節目時，觀眾和演員須保持一定距離，如果距離太近，觀眾除了看得真切以外，還會聽見道具發出的聲音，祕密容易被戳穿。

414「鋸人」魔術

「鋸人」是魔術史上令人驚訝不已的傳統節目之一。表演時，魔術師讓他的助手們把一個長方形木箱抬到一張桌子上。箱子的上面和四周均可打開，向觀眾交代以後，一位女助手躺進箱子，將頭和腳露在箱子兩端的小孔外面。於是，魔術師拿起鋸子，把箱子連同女助手一鋸為二，在鋸縫中再插入兩塊板。現在可使箱子的兩部分互相脫離了，觀眾們看到女助手的腳在動、臉在笑。

答案 「戳穿西洋鏡，一點不稀奇。」原來，參與表演的有兩名女助手，第二名助手事先早就躺在桌子裡面了。這位人們看不見的女助手可透過箱子底部的翻板把腿伸進箱子，使腳露在箱外，而當著觀眾的面進入箱子的女助手卻把腿蜷了起來。

415 人體三分身

舞臺中擺一個立櫃，櫃門上繪有一個粗線條的人物輪廓，其頭部、左右手及左腳處都開有一個洞。魔術師打開櫃門，請一位女演員進入櫃中，並隨手關上櫃門，這時，女演員面部對著頭部洞口，左右手和左腳也各伸出洞口外。魔術師指指櫃中女演員手足，女演員的手、腳搖了搖，證明她確實在櫃裡。接著，魔術師取兩塊薄鋼刀片，一一插入櫃腰中間，隨後向右邊一推，櫃中間被分開了，櫃中間還能容魔術師的一塊手帕揮來揮去，以示櫃中間確被移開，顯然女演員的確被分成三段了。雖然女演員的頭、手和腳各分布於三處，但令人驚奇的是，她的頭、手和腳還能自如的活動呢！最後，魔術師將櫃中間推回原處，拔出薄鋼刀片，打開門，女演員仍笑容滿面的從櫃中走了出來。你知道其中的奧妙嗎？

答案 「人體三分身」是一套現代的外國大型魔術，法國魔術家 1982 年在法國巴黎舉行的世界魔術錦標賽時，做了精彩的表演。「人體三分身」的機關除了道具設計精巧以外，關鍵是根據色彩學的原理對道具進行繪製，從而使觀眾產生視覺誤差。推開櫃中間後，中段和上下段相連的部分看上去很狹窄，似乎人體無法通過，其實它是有一定寬度的。只要女演員腰身苗條，有一定的柔腰基本功，側身在櫃中間是不成問題的。

416 花式單手洗牌

我們知道，新開封的撲克牌都是按固定順序排列的。很多魔術師在表演撲克牌魔術時，把「花式單手洗牌」作為開場節目來熱身，這還是一種既花俏又迷惑人的洗牌手法，就是打開一副新的撲克牌，先向觀眾展示其固定順序，然後進行一番讓人眼花繚亂的單手洗牌，撲克牌卻仍然保持其固定順序。你知道魔術師是怎麼做到的嗎？

答案 先單手拿牌，牌底向掌心，拇指端貼在牌的一邊，在牌的中央偏左，將三指放在右邊。中指正好在中線上，小指放在牌的後部，防止牌向下滑。讓下半部掉在掌中，我們稱為甲，仍留在手指上的稱為乙，如圖 7-1 所示。

圖 7-1

食指離開其原來的位置，向下彎曲著，直到貼著了甲的底牌，它把甲往上推起，其一邊擱在拇指的底部，使甲斜靠拇指而與乙成直角，如圖 7-2 所示。

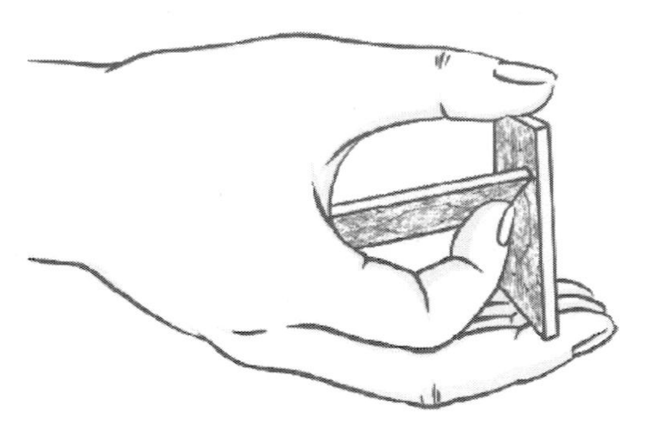

圖 7-2

拇指把乙放開，改拿著甲，如圖 7-3 所示。此時食指縮開，讓乙掉在掌上。最後再把甲放開。使兩疊重合，洗牌過程可以算完成。

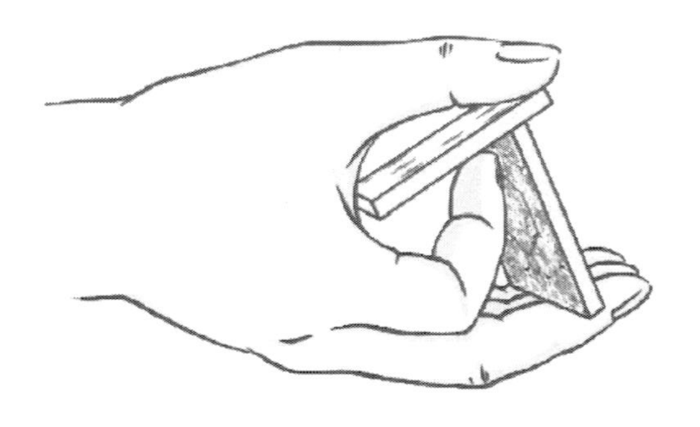

圖 7-3

當然更難的是下面的一種。方法是在做到甲與乙兩疊互成直角。提起食指，讓其指甲頂著乙的牌底，然後把拇指放開，拇指又把甲的大部分扣住，使其底部的那七、八張落在掌中。食指此時放開，讓乙落在其上，如圖 7-4 所示。

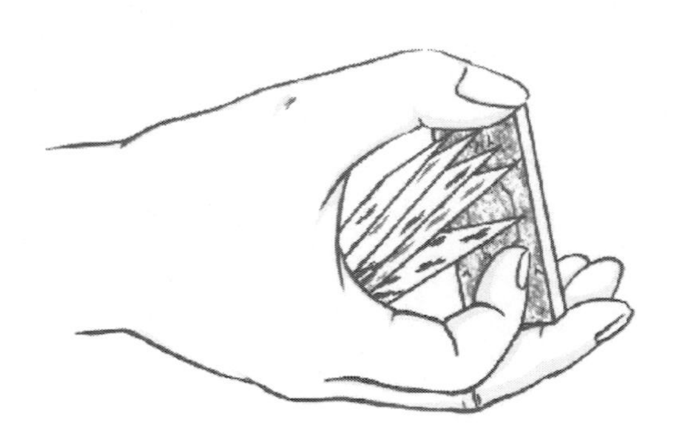

圖 7-4

乙牌現在加厚了，以食指再把它推起，中指則按著它的牌頂，以助食指將之撬起。拇指再鬆下數張牌，食指把乙放於其上。如此重複，直到甲的牌完全去掉為止。

其實這種洗牌的方法是一種迷惑人的洗牌法：它始終沒有調亂牌頂和乙牌的次序，不過由於觀眾為其花式所迷惑，便注意不到它的破綻了。其實只要你仔細研讀其方法，加以練習，很快就可以學會的。

417 二牌變五

魔術師拿出一副牌的其中兩張，牌背向觀眾交代後，說明沒有夾帶；然後手一晃動，觀眾眼前出現 5 張撲克牌 1、2、3、4、5。怎麼一下變成 5 張了呢？魔術師又一晃動，又變成兩張撲克牌。你知道其中的奧妙嗎？

答案 原來只有兩張牌，另外三張不同的點是剪下來貼在一個角上。演員一晃動就是換一個方向，調一個頭。當然，手法要熟練，調頭要自然，這樣就能收到良好的效果。

418 紙牌魔術

魔術師請一位觀眾抽一張牌，並在紙牌的任何部分撕下一角，將這一角保存好。然後魔術師把這張牌撕碎、燒成灰，並與火藥拌和。另一位觀眾拿著一根釘子，魔術師請他把火藥和釘子裝到槍膛裡去。接著，他拿過槍，對著牆壁射擊。從槍口射出的釘子將被撕碎的紙牌釘在牆上，只是缺了給觀眾撕掉的一角。將那撕去的一角取來核對，完全吻合。魔術師是怎麼做到的呢？

答案 這一奇妙魔術的奧妙在於，當魔術師拿到被觀眾撕掉一個角的紙牌時，同時將另一張紙牌放在上面，也撕掉類似的一個角，他就用這張牌繼續表演下去，而原牌由助手拿到後臺去了。槍是經過處理的，即魔術師可以偷偷的把釘子重新從槍裡拿出來。助手在臺後將牌用釘子釘到一小塊木板上，這塊板用和舞臺背景牆相同的壁紙貼上。牆上有一個孔，小木板從此孔後面推過去，孔前掛著有線相連的一塊壁紙。當魔術師開槍射擊時，助手將線一拉，這塊壁紙便落到地上，於是小木板出現了，看來好像釘子及紙牌都是射上去的。

419 魔術變牌

表演前買一副普通撲克牌，記住就是一副普通撲克牌，並找一個觀眾上臺驗證，讓他確認我們的撲克牌確實沒有動過手腳。這還不算結束，順便邀請他幫我們把牌洗一下。在他確認洗好後交給我們的魔術師。魔術師可以接過撲克牌了，握住哪隻手都可以。我們先假設為左手，右手隨手從牌背上抓起一張牌讓觀眾看一眼牌面的花色和點數，然後放回到牌面上。現在可以問觀眾：牌面上的第一張牌是什麼牌，當然觀眾會齊聲說是方塊 5（這裡假定剛才觀眾看到的是方塊 5）。魔術師將第一張方塊 5 當眾拿出，再放入全副牌中，再用右手在牌背上一拍，說聲：「方塊 5 出來。」將第一張頂牌拿起示眾，果然是方塊 5。請觀眾將全副牌再檢查一遍，全副牌中僅有一張方塊 5。那方塊 5 是怎麼從牌疊中跑到牌背上來的呢？

答案 具體操作步驟如下。

1. 將一副普通撲克牌交給觀眾檢查，證明牌無祕密；再請觀眾將牌任意洗幾遍後，交給魔術師。
2. 魔術師接過觀眾洗過的牌後，用雙提牌法抓起牌頂的兩張牌示眾，觀眾看去是一張牌，且這張牌是方塊 5。
3. 魔術師將兩張牌放回牌背，然後問觀眾牌疊上的第 1 張牌是什麼牌，觀眾都會說是方塊 5。
4. 魔術師拿起第 1 張頂牌，不讓觀眾看到牌面即插進全副牌中，觀眾就會誤認為插進去的是方塊 5，而實際上是其他牌，方塊 5 仍留在牌頂。這時，可再問一次觀眾：「觀眾們，方塊 5 在牌頂嗎？」觀眾們當然會說方塊 5 在牌疊中間。用雙提牌法抓起兩張頂牌示眾，觀眾看出魔術師手中只一張牌，且不是方塊 5，證明方塊 5 確實被插進牌中了。
5. 將兩張牌放回牌背，在牌背上用右手拍打一下，說聲：「方塊 5 出來。」請一位觀眾將第 1 張頂牌拿起示眾，方塊 5 果然跑到上面來了。
6. 請觀眾再將全副牌檢查一遍，證明全副牌中只有 1 張方塊 5。

420 測試緣分

魔術師和女孩各拿一副撲克牌，將牌洗幾遍。為了證明洗牌沒有祕密，魔術師和女孩調換了手中的牌。魔術師請女孩在腦海中想像並猜測魔術師喜歡什麼牌，準備選哪一張，然後，再決定自己選一張喜歡的牌。過一會，兩人各從牌疊中選出一張牌放在牌疊頂上，並將牌洗亂。這時，魔術師和女孩再把各自的牌疊調換回來，各自從牌疊中找出剛才選的那張牌放在表演桌上。然後，兩人同時將自己選的牌翻開示眾，大家看到兩人的牌竟然都是紅桃10。魔術師對女孩調侃道：「我們倆動作一樣，愛好也是那麼一致，這真是緣分天注定呀！」

這個節目無須特別的準備，隨時隨地可以表演。用的兩副牌最好是背面顏色不同的，我們現在假設一副的背面是紅色，另一副是藍色的。你知道其中的奧妙嗎？

答案 洗牌後看自己的底牌，記住這張牌，因為它就是發揮關鍵作用的指示牌了。假設你看到的底牌是「方塊8」，不要被女孩發現啊。然後互換牌，接著你的牌就是她的了，她的牌就是你的了。請她跟你一樣把手中的牌打開，從中挑出任何一張「自己最喜歡的牌」，不讓對方看到。要求女孩和你一樣，把自己挑出的那張牌放到頂牌上面，疊整齊後，都放回桌上。請她與你同時切牌，這樣，各自挑出的牌就分別被埋進兩副牌中去了。她並不知道，在切牌時正好把你最初看過的底牌「方塊8」疊到她挑的那張牌上去了。

注意，你可以叫她多切幾次牌，但每次必須是單切，這樣就可以保持指示牌一直位於那人挑選的牌的上面。同時使她相信，你們相互都不可能知道對方挑選的牌在什麼地方。

接下來，和女孩再把各自的牌疊調換回來，各自從牌疊中找出剛才選的那張牌放在表演桌上。你也從手中的牌中找到你的指示牌——「方塊8」，並找著那張緊靠它右邊的一張牌，當然就是女孩挑選的那一張了。

421 大象牙膏

魔術師拿出一個裝有白色物質的飲料瓶放在桌子上，再拿出一瓶醋精和半杯紅色液體。魔術師向瓶中倒入一些紅色液體，再倒入少許醋精，這時候，瓶子裡的白色物質開始緩慢膨脹、上升，最後從瓶子裡源源不斷的冒出來帶有彩條的白色泡沫，像是一條很長的牙膏，如果大象刷牙，想必就要擠出這麼長的牙膏吧！魔術師是怎麼做到的呢？

答案 魔術師事先將一袋染髮劑二號劑（白色膏體）放入瓶中，再放進去一小袋食用高活性乾酵母、少許小蘇打、洗潔精、洗髮液、雙氧水。加入的紅色液體是染成紅色的熱水，熱水使乾酵母溶解，促使雙氧水發生反應，在這裡酵母造成催化劑的作用；醋精與小蘇打反應會產生大量二氧化碳氣體，加入洗潔精和洗髮液是為了產生泡沫，反應產生的氣體如同吹泡泡一樣，讓泡沫大量產生，形成如同牙膏狀的泡沫。

422魔液吞紙

魔術師手持一個燒杯，燒杯裡有一些液體。他對觀眾說：「我的手裡拿著一個燒杯，在這個燒杯裡，盛放著一種神祕的液體，這種液體在很久以前就沉睡在這裡，沒有人敢驚醒它，如果它被驚醒，將釋放出一種不可思議的魔力。下面，我就要讓它從沉睡中醒來，大家看好了。」魔術師拿出來一捲衛生紙的紙捲，把紙捲展開，將其放到燒杯裡。接著，魔術師用玻璃棒將燒杯裡的衛生紙壓到液體裡。隨著玻璃棒的輕輕攪動，那些紙竟然悄無聲息的逐漸消失在這種神祕的液體裡，液體的顏色由無色變成棕色。幾分鐘之後，神祕液體將衛生紙全部吞噬。「大家看到這種神祕液體的魔力了吧？是不是真的很可怕？大家記住了，千萬不要招惹它！」魔術師說道。你知道其中的奧妙嗎？

答案 魔術師說這種液體很神祕，其實它並不神祕，它就是硫酸。硫酸具有極強的腐蝕性，能夠毫不費力的將衛生紙「消化掉」。魔術師事先將硫酸注入燒杯，表演的時候拿著燒杯，對觀眾隨便講一些有關「魔液」的故事就可以了。

423白紙顯字

魔術師手拿一張白紙，向觀眾交代後，再用碘酒塗在白紙上，紙上立即顯現出字跡。你知道其中的奧妙嗎？

答案 事先在白紙上用米湯寫好幾個字，晾乾後就看不出來了。由於碘酒遇澱粉後能變成藍色，所以用碘酒塗在米湯寫過的紙上，便可顯現出藍字。

424神祕墨水

表演開始，魔術師拿出一張白紙，向觀眾展示，紙上沒有任何字跡。魔術師說：「我用一種神祕墨水在這張紙上寫了字，可是沒有人能看到。下面我就讓大家看見這些字！」魔術師又取出一根蠟燭，用打火機點燃。接著，魔術師將這張紙拿到蠟燭火焰上方去烘烤。這時候，令人感到不可思議的事情發生了，紙上逐漸顯現出字跡。魔術師是怎麼做到的呢？

答案 這個魔術的祕密就在這張紙上。在表演之前，魔術師用毛筆蘸著洋蔥汁在紙上寫了字。寫完字之後，將紙晾晒十幾分鐘，紙上就看不到寫字的痕跡了。表演的時候，用燭火烘烤，紙上的洋蔥汁受熱，就呈現出清晰的字跡。這是因為，洋蔥汁能使紙發生化學變化，形成一種類似透明薄膜一樣的物質，這種物質的燃點比紙低，往火上烘烤，它就燒焦了，顯現出棕色的字跡。蔥汁、蒜汁、檸檬汁、番茄汁、醋都有這種特性。

425「神水」顯字

魔術師拿出一小張白紙，向觀眾展示，白紙上沒有字跡。接著，魔術師端出來一個瓷盤，瓷盤裡盛滿清水。魔術師對觀眾說：「我這裡有一盤神水，它到底有多神奇，我暫時保密，幾分鐘之後，朋友們自然會領略到。」魔術師將小張白紙浸入瓷盤清水中，很快，白紙上開始依稀顯現出紅色字跡。字跡越來越明顯，最後白紙上清晰的顯現出「大漠孤煙直，長河落日圓」兩句唐詩。魔術師是怎麼做到的呢？

答案 在表演魔術之前，魔術師用酚酞溶液在白紙上寫了字，晾乾之後紙上沒有任何痕跡。瓷盤裡盛放的不是清水，而是鹼水。酚酞是一種酸鹼指示劑，在鹼性溶液中與氫氧根離子結合成一種顯紅色的結構。當拿著用酚酞寫好字的白紙到鹼性溶液裡一浸，白紙上就出現了紅色的字。

426牛奶凝固

魔術師拿出一杯牛奶，請觀眾檢查牛奶沒問題之後，將牛奶杯子裡倒入一些液體，然後魔術師用玻璃棒稍稍攪動，杯子裡的牛奶很快凝固，形成絮狀物質。魔術師是怎麼做到的呢？

答案 魔術師向牛奶中加入的液體是檸檬汁。檸檬汁含果酸，牛奶含有大量的蛋白質，果酸遇到牛奶中的蛋白質就會使蛋白質變性凝固，變成絮狀物質。

427盤中驚變

魔術師拿出一個瓷盤和一袋牛奶，將牛奶倒入瓷盤。接著，魔術師分別向盤中滴入各種顏色的溶液，然後魔術師拿起一根棉花棒，插到盤子中間，魔術師稍稍用力擠壓，盤中的牛奶開始翻滾起來，各種顏色不斷的混合、擴散、翻滾，景象十分壯觀。你知道其中的奧妙嗎？

答案 色素溶液滴到牛奶中時，由於色素溶液化學性質穩定，而且牛奶密度略高於水質顏料，所以幾種水質顏料加入後可以短暫漂浮在牛奶表面。魔術師手持的棉花棒事先飽蘸了洗潔精，加入洗潔精後，水質顏料表面張力迅速下降並形成擴散效果，牛奶開始變得不均勻，開始翻滾起來，洗潔精溶解過程持續進行，牛奶就持續翻滾。

428瓷盤煎蛋

魔術師拿出一顆雞蛋，向觀眾展示後，將雞蛋打在燒杯裡。然後，魔術師拿起玻璃棒攪拌雞蛋，直攪到混合均勻。魔術師把裝著蛋液的燒杯放到桌子上，然後端過來一個瓷盤，瓷盤裡有少許液體。魔術師再把瓷盤放到桌子上。「如果我沒猜錯的話，有很多朋友不知道我想做什麼。我要做什麼呢？我要做的是一件很新奇的事情，我要用這個瓷盤，把這顆雞蛋煎熟！說做就做，朋友們看好了！」魔術師拿起燒杯，將燒杯裡的蛋液倒進瓷盤。「大家都看見了，我已經把雞蛋倒進盤子裡了，可是這樣還不行，這樣雞蛋是不會煎熟的，還缺少一樣東西，缺少什麼呢？火？不對，缺的是水！好！我這就加點水——」

魔術師拿起水瓶，向盤子裡輕輕注入少許清水。奇蹟出現了！這時盤子裡有熱氣出現，蛋液開始凝固。魔術師用玻璃棒輕輕攪拌，蛋液進一步凝固。幾分鐘之後，一盤漂亮的煎雞蛋呈現在觀眾面前。魔術師是怎麼做到的呢？

答案 這個魔術用的瓷盤是普通的瓷盤，可以用來盛雞蛋，絕不能用來煎雞蛋。魔術的祕密在於，魔術師事先在盤子裡放上少許硫酸。魔術師將雞蛋倒入瓷盤之後，瓷盤裡很平靜，暫時沒有看到明顯的變化。這時魔術師向盤子裡注入少許清水，硫酸遇水產生大量的熱，這些熱量將雞蛋「煎」熟。

429雞蛋「游泳」

魔術師將一燒杯水放到桌子上，又拿出來一顆雞蛋，向觀眾展示。觀眾確認雞蛋沒有問題之後，魔術師對觀眾說：「這顆雞蛋沒有問題吧？當然沒有問題，這是一顆新鮮的雞蛋。我們都知道，如果把雞蛋放入水中，雞蛋會沉到水底，可是，我今天偏要這顆雞蛋漂浮在水面上，讓它游泳，而不是潛水。朋友們看好了！」「雞蛋『游泳』！雞蛋『游泳』！」魔術師一邊說，一邊用手輕輕的將這顆雞蛋放入燒杯。說來也奇怪，這顆雞蛋放入燒杯之後，果然沒有「潛水」，而是浮在水面上「游泳」。魔術師是怎麼做到的呢？

答案 這個魔術的祕密在燒杯裡。燒杯裡的水不是普通的水，而是濃度很高的鹽水。在表演之前，魔術師將大約100克食鹽倒入燒杯，加入清水，然後用玻璃棒攪拌，最後製成濃鹽水。濃鹽水的密度比普通水大，所以把雞蛋放進去之後，雞蛋的浮力就比在普通水中的大，雞蛋就會漂浮在水面上，而不是沉到水底。

430雞蛋變醜

魔術師拿出一個新鮮的雞蛋，向觀眾展示，讓觀眾相信這是一個普通雞蛋。接著，魔術師又拿出一個裝著水的燒杯，放到桌子上。魔術師對觀眾說：「大家都已經看見了，我手裡拿著一個蛋殼光滑的好看的雞蛋，下面我要做的事情是，我要讓這個漂亮的雞蛋變得醜陋無比，朋友們相信嗎？如果我做到了，可不要責怪我殘忍啊！」魔術師說完之後，將這顆雞蛋放入燒杯裡。在觀眾的注視下，這顆雞蛋落入燒杯，浸入水中，雞蛋沒有下沉，而是漂浮在水面上，雞蛋浸入水中的部分，眨眼之間，長滿了無數的小泡泡！這個原本很漂亮的雞蛋，已經變成了一個醜陋無比的怪物。你知道其中的奧妙嗎？

答案 這個魔術的祕密在於鹽酸溶液。魔術師在表演之前，將清水倒入燒杯，注意不要太滿，然後再注入少許鹽酸。鹽酸和雞蛋殼發生化學反應，生成二氧化碳氣體，這些密集的二氧化碳小氣泡將雞蛋包裹，原本好看的雞蛋就變成猙獰的怪物了。

431雞蛋生煙

魔術師將一盒雞蛋放在桌子上，隨意拿出一顆雞蛋來，向觀眾展示，這是一個新鮮的雞蛋。接著，魔術師又拿出來一個拋棄式針筒，針筒裡面盛放著一些液體。魔術師對觀眾說：「我拿著一顆雞蛋，還有一個針筒，你們猜我要做什麼？猜不到吧，我要替雞蛋打針！有的朋友會覺得有些不可思議吧，我現在告訴大家，我替雞蛋注射之後，會有奇怪的事情發生，請大家拭目以待，表演馬上開始！」魔術師左手握住雞蛋，右手執針筒，真的將針筒的針頭插入雞蛋，並動作熟練的將針管裡的液體推了進去！魔術師剛剛拔出針頭，奇怪的事情立刻發生了！白色的煙霧從雞蛋裡鑽出來！你知道其中的奧妙嗎？

答案 這個魔術的祕密在於濃鹽酸與濃氨水相遇，發生化學反應，產生煙霧。魔術師事先對表演用的雞蛋做了處理，用拋棄式針筒在雞蛋的兩端扎兩個小孔，然後用小碗接著，將蛋液慢慢抽出來。最後蛋液被抽空，只剩下一個完好的蛋殼。然後用針筒抽取少量的濃氨水，注射到蛋殼裡。清洗針管之後，再用針管抽取少許濃鹽酸，然後用塑膠蓋將針頭扣嚴，減少濃鹽酸揮發。表演之前，將注入濃氨水的雞蛋殼放在其他雞蛋當中，做好記號。表演的時候，準確無誤的將這個「雞蛋」拿到手，表演的時候，將濃鹽酸注入蛋殼內，濃鹽酸揮發出氯化氫，濃氨水揮發出氨氣。兩者在空氣中相遇立即反應生成氯化銨固體，固體小顆粒分散到空氣中形成白煙。這些煙霧再從針孔擠出來，在觀眾看來，就像雞蛋生煙了。

432手指冒煙

魔術師把拇指和中指合攏並摩擦，指尖就冒煙了！而魔術師卻安然無恙。你知道其中的奧妙嗎？

答案 之所以會冒煙，是因為指尖塗了一種特別的脂，之後只要摩擦指尖即可。脂的製作方法如下。

1. 取下火柴盒的擦紙，放在菸灰缸或廢棄的盒子上，使之燃燒產生灰。
2. 火完全滅了，過一會，輕輕的將灰移開，特別的脂就做成了。

433瓶口熏字

魔術師拿出一張白紙，向觀眾展示，觀眾確信紙上沒有字。魔術師又拿出一瓶液體，轉開蓋子，將白紙放在瓶口，沒多久，紙上出現字跡，「春節」兩個紅色大字清晰的呈現在觀眾面前。魔術師是怎麼做到的呢？

答案 在表演之前，魔術師用酚酞溶液在白紙上寫字，寫好之後平放晾乾。魔術師拿出來的那瓶液體是濃氨水。酚酞遇鹼性物質顯紅色，瓶中揮發出來的氨氣遇到酚酞溶液中的水生成氨水，具有鹼性，使酚酞變紅色。將用酚酞寫過字的紙晾乾後放在盛有濃氨水的試劑瓶口熏，立即顯現出紅字跡。

434香火燒字

魔術師拿出一張紙向觀眾展示，紙上有用毛筆寫的一個「好」字。然後，魔術師將一根線香點燃，用香火去燒紙上的字。很快，香火將白紙點燃，令觀眾感到驚奇的是，燃燒的區域僅僅限於「好」字，燃燒區域逐漸擴大，幾分鐘之後，「好」字被燒成鏤空形狀。魔術師是怎麼做到的呢？

答案 魔術師事先準備好一些香灰，放進杯子中加水攪拌，用紗布過濾，用毛筆蘸過濾後的溶液在紙上寫字，注意要多寫幾遍，然後晾乾備用。香灰中有一種含鉀的物質，這種物質可溶於水，並能降低紙的燃點，所以紙張塗上香灰水比較容易燃燒，並且只在寫字區域蔓延開來。

435噴水燃紙

魔術師把幾張紙放在桌上，端起茶杯含一口水，然後把水噴在紙上，紙便立刻燃燒。你知道其中的奧妙嗎？

答案 事先把一小塊金屬鈉夾在紙裡，把水噴在紙上。鈉遇水後就燃燒，紙便也被點燃了。

436布燒不焦

魔術師拿一塊布，用火柴點燃，待火滅以後，布仍然完整無損，並沒燒焦。你知道其中的奧妙嗎？

答案 事先把布用水浸溼，然後灑上少許酒精，因酒精遇火即燃，而布是溼的，所以燒不壞。

437紙不怕燒

魔術師拿出一個坩堝放在桌子上，坩堝裡有一些液體。魔術師又拿出火柴，將坩堝內的液體點燃，坩堝裡的液體開始劇烈燃燒，可以看到淡藍色的火焰。魔術師用鑷子夾起一張普通白紙，拿到坩堝上方去燒，可是無論怎麼燒，這張紙就是燒不起來。魔術師是怎麼做到的呢？

答案 魔術師在表演之前，準備好6毫升二硫化碳，再準備好16毫升四氯化碳，然後將這兩種藥品放到一個坩堝裡，用玻璃棒攪拌均勻。點燃之後，用鑷子夾一張普通的紙放在火焰上，紙卻燒不起來。這是因為，二硫化碳是容易燃燒的液體，燃燒時可看到藍色火焰，生成二氧化碳和二氧化硫氣體，同時放熱。但四氯化碳卻不能燃燒，遇火可分解為二氧化碳、氯化氫、光氣和氯氣等。因有四氯化碳在裡面，四氯化碳大量揮發時帶走了不少熱量，因此火焰的溫度被降低而無法達到紙的著火點。

438鋼筆點燭

魔術師拿出一支鋼筆，向觀眾展示，並對觀眾說：「我這支鋼筆，看起來很平常，但是它除了能寫字外，還有鮮為人知的功能，如果朋友們不相信，馬上就能眼見為實了。」魔術師又拿出一根蠟燭，點燃，然後將蠟燭固定在桌面上，緊接著，魔術師一口氣吹滅了蠟燭，然後，魔術師不慌不忙的用鋼筆筆帽的一端觸碰正在冒煙的燭芯，令人驚奇的是，蠟燭竟然被點燃了。你知道其中的奧妙嗎？

答案 這個小魔術的祕密隱藏在鋼筆筆帽上。魔術師事先將幾根火柴的藥粉刮下來，集中到一起，然後將鋼筆筆帽這一端碾壓藥粉，使鋼筆上沾上藥粉。火柴頭的藥粉中含有氯酸鉀、二氧化錳、硫磺等氧化劑和易燃物，遇到高溫之後引起易燃物燃燒。蠟燭被吹滅之後，冒煙的燭芯溫度仍然很高，此時用鋼筆上的火藥觸碰，就會引燃藥粉，重新點燃蠟燭。

439 線灰懸針

魔術師拿出一段棉線，向觀眾展示之後，將一根鋼針繫在棉線的一端。魔術師對觀眾說：「我的手裡拿著一根棉線，棉線的下端繫著一根縫衣服的鋼針，我用棉線提起鋼針，沒問題吧？當然沒問題了，如果用火把棉線燒一下，燃燒之後的灰燼還能提起鋼針嗎？不敢確定吧，我說可以，並且我能做到！大家請看——」

只見魔術師一手用鑷子夾起棉線，一手拿起打火機，點火。魔術師從下方點燃棉線，火舌迅速上竄，轉眼之間，原本好端端的棉線已經化為灰燼。令人驚奇的是，剩餘的線灰並沒有散落，而是依舊保持著原來的形狀懸垂著。令人更加不可思議的是，那根鋼針依然牢固的懸垂在線灰的下端。魔術師是怎麼做到的呢？

答案 這個魔術的祕密藏在這段棉線裡。在表演魔術之前，魔術師將大約100克食鹽倒入燒杯，加入清水，再用玻璃棒攪拌，使燒杯裡的食鹽充分溶化，製成高濃度鹽水。接下來，魔術師拿來一段20公分長的純棉線，將其浸泡到鹽水裡。大約浸泡十幾分鐘之後，用鑷子將棉線撈出來，在陰涼通風處晾乾。再將晾乾的棉線重新浸泡到鹽水裡，如此反覆浸泡10次，這時的棉線已經吸飽了鹽分，在棉線的外面形成一層結實的鹽殼。魔術師用火點燃棉線之後，被鹽殼包裹的棉線化為灰燼，鹽殼是不會燃燒的，所以依舊保持著原來的形狀，並且使鋼針依舊懸垂，這就是線灰懸針的祕密。

440火苗穿巾

魔術師右手拿著一塊紗巾，左手拿著一個啟燃火苗的氣體打火機，然後他將紗巾往火苗上一靠近，火苗即穿過紗巾頂面。他又把紗巾移來移去，既不見燒毀紗巾，也沒有把火熄滅，頗為離奇有趣。魔術師是怎麼做到的呢？

答案　表演前，將氣體打火機啟燃（火苗大小要適中），然後將紗巾從火苗底部一邊貼近，並馬上用右手來回牽動，這樣，紗巾就不會燒壞了。由於氣體打火機的火苗底都是向上浮起的（與其他火苗不同）。故能穿過薄紗巾上面。因此，只要不斷往復牽動紗巾，即可使火苗浮於紗巾上面了。

441可樂燃燒

魔術師走上臺，拿出一罐可樂，對觀眾說：「這是一罐可樂，很多人都喜歡喝可樂這種飲料，這種飲料是不會燃燒的，是這樣吧？如果我把它點燃呢？什麼？不可能？我說可以讓可樂燃燒，你不相信？還是眼見為實，敬請期待！」接著，魔術師拉開可樂鐵罐上的拉環，拿起打火機，準備點火。魔術師點燃打火機，將火苗湊近開口，「呼」的一聲，一股火焰從鐵罐裡噴出來！魔術師拿過一個拋棄式紙杯，當眾將罐裡剩餘的可樂倒出來。「哎呀，剛才一下子燒掉那麼多可樂，只剩下這麼多了，真有點可惜！」魔術師有些惋惜的說。你知道其中的奧妙嗎？

答案 這個魔術的祕密在可樂罐裡。在表演之前，魔術師用絲線將火藥棉捆紮成一小團。火藥棉在化學上叫做硝化纖維，是用普通的脫脂棉按照一定比例配製的濃硫酸和濃硝酸發生了硝化反應，反應後生成硝化纖維，即成了火藥棉，這種火藥棉燃點很低，遇火即燃，發出耀眼的火光。魔術師將可樂罐開啟，將其中的一部分可樂倒出來，大約 1/3 到一半就可以了，這樣做是為了替火藥棉騰出空間，以免火藥棉沾溼。臨表演之前，將火藥棉球用絲線在拉環上繫好，將火藥棉塞進罐裡，然後把開口重新壓好，把絲線藏到拉環鐵片下面，消除開啟過的痕跡。

442可樂消失

魔術師拿出一個拋棄式紙杯，讓觀眾看看紙杯的裡外面，表示紙杯沒問題。接下來，又拿出來一罐可樂，當著觀眾的面打開可樂，然後將可樂徐徐倒入紙杯。魔術師放下可樂，將紙杯杯口向下傾斜，甚至完全朝向地面，可樂沒有流出來。杯子裡的可樂哪裡去了呢？觀眾感到非常不可思議。魔術師當著觀眾的面，將紙杯捏扁，丟到垃圾桶裡。魔術師是怎麼做到的呢？

答案 這個魔術的祕密隱藏在那個拋棄式紙杯裡。在表演之前，魔術師將少許凝固粉倒入紙杯。凝固粉的主要成分是聚丙烯酸鈉，是一種無毒的水溶性直鏈高分子聚合物。凝固粉具有瞬間吸水的特性，能夠使液體在很短的時間內「凝固」。因為凝固粉較少，並且呈現白色，和紙杯杯底顏色相當接近，因此在向觀眾交代紙杯的時候，觀眾不會發現其中的祕密。紙杯裡的凝固粉吸收可樂之後，將可樂凝固在杯底，如果不用力震動，即使杯口向下傾斜，甚至朝向地面，也不會掉出來。

443可樂沸騰

魔術師拿出一瓶可樂，放在桌子上，他對觀眾說：「你們看過可樂沸騰嗎？如果沒有看過，我這次讓大家體驗一次可樂沸騰！」魔術師拿出幾顆白色小顆粒，轉開可樂瓶蓋，快速把這些小顆粒塞進瓶子裡，魔術師隨即快速撤離。還沒等魔術師走遠，可樂瓶子「呼」的一聲，像一座小火山一樣爆發了！瓶中的可樂噴湧而出！四處噴濺！大約持續了半分鐘，可樂瓶中才漸漸平靜下來。你知道其中的奧妙嗎？

答案 這個魔術的祕密在於那幾顆白色顆粒——薄荷口香糖。可樂加薄荷糖，就會發生可樂沸騰現象，多數人認為是薄荷糖裡的一種叫做阿拉伯膠的化學物質遇到含有碳酸成分的可樂後，讓水分子的表面張力更易被突破，以驚人的速度釋放出更多的二氧化碳，導致可樂噴湧。

444杯中奇蹟

魔術師拿出一個陶瓷杯，告訴觀眾：「這是一個普通的陶瓷杯，裡面什麼都沒有，下面我要創造一個奇蹟，請大家拭目以待。」魔術師將杯子傾斜一下，讓觀眾看一看杯子裡面，果然觀眾什麼也沒看到。魔術師拿過一瓶水，開始小心的向杯子裡加水。不得了了！有一種奇怪的東西從杯子裡面鑽出來了！觀眾大為驚訝，魔術師不動聲色，繼續小心的加水，杯子裡的東西越來越大，很快就膨脹到杯口外面！你知道其中的奧妙嗎？

這個魔術的祕密藏在陶瓷杯裡。魔術師事先在杯子裡放入少許凝固粉，這種物質具有極強的吸水功能，能夠在極短的時間內吸收大量的水。因為數量極少，並且呈白色，與陶瓷杯底顏色相同，因此觀眾不容易發現杯裡的祕密。魔術師小心的加水，就是讓凝固粉有足夠的吸水時間，因此杯中的凝固粉吸收了大大超過杯子容量的水，不斷膨脹，最後遠遠超出杯口，十分壯觀！

445淨水神功

魔術師拿出一個燒杯，將一小塊泥土放入，然後對觀眾說：「我有一種特殊能力，就是能讓渾濁的水變清澈，大家請看。」魔術師向燒杯裡倒入清水，燒杯裡的水馬上變渾濁。緊接著，魔術師又從衣袋裡拿出一塊大絲巾，用絲巾把杯子蓋住。然後魔術師把左手壓在絲巾上，口中似乎唸唸有詞。幾分鐘之後，魔術師拿掉絲巾，觀眾發現杯子裡渾濁的水，竟然變得清澈見底了。你知道其中的奧妙嗎？

這個魔術的祕密在於明礬。明礬是由硫酸鉀和硫酸鋁混合組成的複鹽，具有淨化水的功能，是一種常見的淨水劑。杯子裡泥沙粒子均帶負電荷，靜電斥力使它們無法形成較大粒子沉澱下來。明礬遇水發生化學變化，硫酸鋁和水反應生成白色絮狀的沉澱：氫氧化鋁。氫氧化鋁是一種帶正電荷的膠體粒子，它一碰上帶負電荷的泥沙膠粒，彼此中和。失去電荷的膠粒很快聚結在一起，粒子越結越大，終於沉入水底。這樣水就變得清澈乾淨了。魔術師在表演之前，準備少許明礬粉末，藏在右手心裡，在用絲巾蓋住燒杯的一瞬間，暗中將明礬粉末投放到燒杯裡。魔術師蓋好杯子，左手放在絲巾上，假裝在「發功」，其實是等待明礬在水裡發生反應，把水淨化。

446 水中曼舞

魔術師將一個玻璃魚缸放到桌子上，玻璃魚缸裡盛滿清水。只見魔術師用手拿藥匙在水面上一揚，馬上出現一種奇異的景象。水面上出現一些藍色的小顆粒，這些小顆粒逐漸擴散，無數條蔚藍的絲線靜悄悄的向水下垂落。幾分鐘之後，這些蔚藍的絲線開始在水中游動，向水下四處瀰漫，就像藍色精靈在水中曼舞。你知道其中的奧妙嗎？

答案 魔術師在水中加入的物質是極少量的亞甲基藍藥劑。這些亞甲基藍藥劑在水面上逐漸擴散，向水下垂落，留下美麗的軌跡，形成一幅非常壯觀的景象。

447 水中飄雪

魔術師將一個金屬半透明的茶壺放到桌子上，然後拿出燒杯，從茶壺向燒杯裡倒水，剛開始倒出的水清澈見底，最後倒滿燒杯之後，燒杯裡卻出現奇異的景象：水中好似有雪花在片片飄落，觀眾感到困惑不解。魔術師是怎麼做到的呢？

答案 這個魔術的祕密隱藏在茶壺裡。魔術師在表演之前，將燒杯裡注入大半杯清水，然後加入約 100 克硼酸，再點燃酒精燈，將燒杯放在酒精燈上加熱。在加熱過程中不斷用玻璃棒攪拌，這樣能夠促使硼酸快速溶化。硼酸全部溶化之後，燒杯裡的液體已經成為高濃度的硼酸溶液，稍稍冷卻後，將這些溶液裝入一個超薄的塑膠袋，紮好。然後將這一包硼酸溶液放入茶壺底部，因為這個茶壺的下半部不透明，觀眾不能夠發現這個祕密。在進行魔術表演的時候，向茶壺裡注入清水，這些清水都在硼酸液體的上面。魔術師從茶壺向燒杯裡注入清水，剛開始倒出來的都是清水，在倒水的過程中，魔術師暗中用力，茶壺裡的特製活塞將茶壺底部的塑膠袋壓破，因此後來注入燒杯的都是熱的硼酸溶液。熱的硼酸溶液遇到燒杯裡的涼水，溶液中的硼酸開始析出，凝結成固體，從水面紛紛向下飄落，像水中飄落的雪花。

448點水成冰

魔術師小心翼翼的將一個裝滿透明液體的塑膠盒放在桌子上，然後對觀眾說：「今天我為大家帶來一個非常新奇的節目，希望朋友們能夠喜歡！」然後魔術師伸出左手食指，在塑膠盒透明液體的液面上輕輕一點，奇蹟發生了，整個塑膠盒裡的液體，突然間變成了「冰」。魔術師是怎麼做到的呢？

答案 在表演之前，魔術師在燒杯裡倒入大半杯乙酸鈉，然後加滿水，點燃酒精燈，將燒杯放在酒精燈上加熱，在加熱的同時用玻璃棒攪動，使乙酸鈉充分溶解，然後再試探著加入一些乙酸鈉，直到不能再溶解為止，最後製作完成。將乙酸鈉過飽和溶液倒入乾淨的塑膠盒，將塑膠盒放入冰箱中冷卻。待其完全冷卻後，就可以拿出來表演了。乙酸鈉過飽和溶液有個特性，在沒有外力，比如震動、摩擦作用時，就沒有晶體析出。當它受到外力影響時，就會立刻出現晶體析出。當魔術師用手指按壓靜止的乙酸鈉過飽和溶液的液面時，塑膠盒裡立刻出現針狀晶體，眨眼之間，塑膠盒裡的液體幾乎全部凝結成「冰」，好像氣溫驟降，一下子降到攝氏零下若干度。

449北極冰山

魔術師拿出一個燒杯，燒杯裡裝滿灰白色液體，然後魔術師拿過來一個塑膠瓶，用鑷子從裡面夾出幾塊白色結晶體，放入燒杯，這些小小的結晶體在水面不停的移動、旋轉，似沉非沉，就好像是北冰洋中的一座座正在融化的冰山，在洋流的衝擊下緩慢移動。魔術師是怎麼做到的呢？

答案 表演節目之前，魔術師將一小匙小蘇打放入燒杯，再將一小匙檸檬酸放入燒杯，然後加入清水，製成混合溶液。魔術師用鑷子夾著放入燒杯裡的是合成樟腦。小蘇打與檸檬酸在水中發生化學反應，產生二氧化碳氣泡，使溶液上下翻滾，合成樟腦的密度稍大於水，在水面上不斷運動，就像是北冰洋中的一座座冰山。

450碎冰燃燒

魔術師拿出一個燒杯和一支試管，燒杯中盛裝半杯液體，試管中盛滿液體，魔術師將試管中的液體全部倒入燒杯中。然後用小鐵勺攪拌幾下，杯中析出像碎冰一樣的固體。魔術師用小鐵勺撈出一些，放在瓷盤裡。然後掏出一個打火機點燃，將火苗移向瓷盤中的「碎冰」，試圖點燃。只聽「呼」的一聲，這些「碎冰」開始燃燒！烈焰灼灼，熱氣逼人。你知道其中的奧妙嗎？

答案 灼燒的當然不是真正的碎冰，而是把乙酸鈣飽和溶液放到酒精中析出的乙酸鈣晶體，就像碎冰一樣，點燃即燃燒。乙酸鈣溶於水，不溶於乙醇，當把乙酸鈣飽和溶液倒入酒精時，它的溶解度降低，乙酸鈣析出，把酒精包住，形成極像碎冰的膠凍。表演之前，魔術師用20毫升水加7克乙酸鈣，製成乙酸鈣飽和溶液，然後將乙酸鈣飽和溶液倒入試管備用。接下來，魔術師用量筒量好100毫升酒精，盛放到燒杯裡。表演的時候，將試管中的乙酸鈣飽和溶液加到燒杯中的酒精裡就可以了。

451 海水凝固

魔術師拿出兩個玻璃杯，分別裝有半杯淺藍色液體和半杯透明液體，魔術師拿起透明液體，將其倒入淺藍色液體中。奇怪的現象發生了：玻璃杯中的淺藍色液體顏色變深，並有藍色絮狀的物質生成，彷彿藍色的海水凝固了。你知道其中的奧妙嗎？

答案 魔術師事先用鹼面和清水製成鹼水，裝進一個玻璃杯裡，然後再將少許硫酸銅放入燒杯，加入清水，製成硫酸銅溶液，裝進另一個玻璃杯。表演的時候將鹼水倒入硫酸銅溶液中即可。鹼水和硫酸銅溶液發生化學反應，硫酸銅中的銅離子遇到鹼水中的氫氧根離子發生離子反應，生成藍色絮狀沉澱。

452 海底火山

魔術師將一個透明的大玻璃缸搬到桌子上，然後將一個紅墨水瓶放到水中。接下來，魔術師轉開墨水瓶蓋，很快，一股殷紅的液體從墨水瓶中湧出，從水底向水面升騰、擴散。幾分鐘之後，紅色幾乎瀰漫了整個水體，彷彿海底火山爆發。你知道其中的奧妙嗎？

答案 表演之前，魔術師準備少許紅墨水，一燒杯開水，將開水倒入紅墨水瓶中，倒滿，然後轉緊瓶蓋。準備大約半玻璃缸清水，水深超過墨水瓶 2 ～ 5 公分比較合適，水溫低一些比較好。表演開始，將墨水瓶置於水底，轉開瓶蓋之後，墨水瓶裡的開水溫度高於外面的水溫，因此開水帶著紅墨水上升，頗像海底火山爆發噴湧的火紅的岩漿，形成海底火山爆發的奇觀。

453海底世界

魔術師拿出一個燒杯，燒杯中盛滿透明液體。魔術師用藥匙先後向燒杯裡加入少許白色藥劑，燒杯的液體變成紅褐色。接著魔術師又向燒杯裡加入少許藍色晶體。這時，燒杯裡出現奇特的變化，五顏六色的物質在緩慢生長，有的像海底礁石，有的像珊瑚，彷彿是美麗的海底世界。魔術師是怎麼做到的呢？

答案 美麗的「海底世界」是矽酸鈉、硫酸鋅、硫酸鐵、硫酸亞鐵、硫酸銅這些藥劑發生化學反應的結果。在表演之前，魔術師將200克矽酸鈉倒入燒杯，再倒入清水，矽酸鈉和水的比例大致是4：6。然後用玻璃棒攪拌，使矽酸鈉充分溶解，製成矽酸鈉飽和溶液。然後分別輕輕加入少許硫酸鋅、硫酸鐵、硫酸亞鐵、硫酸銅。這些藥劑在水中發生化學反應，這些小晶體與矽酸鈉發生化學反應，結果生成藍色的矽酸銅、紅棕色的矽酸鐵、淡綠色的矽酸亞鐵、白色的矽酸鋅。當把這些小晶體投入玻璃缸裡後，它們的表面立刻生成一層不溶解於水的矽酸鹽薄膜，這層帶色的薄膜覆蓋在晶體的表面上。這層薄膜只允許水分子通過，而把其他物質的分子拒之門外。當水分子進入這種薄膜之後，小晶體即被水溶解，在薄膜內生成濃度很高的鹽溶液，由此而產生了很高的壓力，使薄膜鼓起直至破裂。膜內又重新鼓起、破裂……就這樣循環下去，每循環一次，「珊瑚」、「礁石」就新長出一段。於是「海底礁石」、「珊瑚」就慢慢生長起來了。

454「豆漿」與水

魔術師拿出兩個玻璃瓶，分別裝有大半瓶金黃色液體和小半瓶透明液體，魔術師拿起透明液體，將其加入金黃色液體中。奇怪的現象發生了：玻璃瓶中的金黃色液體變成豆漿顏色，持續幾分鐘之後，豆漿的顏色消失，變成一瓶清水。你知道其中的奧妙嗎？

答案 魔術師事先用鹼面和清水製成鹼水，裝進一個玻璃瓶裡，然後再將少許明礬放入燒杯，加入清水，接著用玻璃棒不停攪拌，最後製成明礬溶液，裝進另一個玻璃瓶，這就是魔術師在表演時拿出的金黃色液體。表演的時候將鹼水倒入明礬溶液中，開始的時候，明礬溶液與一部分鹼水發生化學反應，明礬是十二水硫酸鋁鉀，有鋁離子，鹼性水中有氫氧根，促進了鋁離子的水解，生成氫氧化鋁，氫氧化鋁繼續發生化學反應，生成溶解於水的無色的偏鋁酸鈉，這就使白色的「豆漿」變成了清水。

455 奇幻魔壺

魔術師在桌上放四只玻璃杯，表演開始，魔術師拿出一把茶壺，對觀眾說：「這是一把很普通的茶壺。神奇，往往出自平常，這把平常的茶壺，將為朋友們帶來無比神奇的感受。」然後魔術師取少許茶葉放入壺中，再把熱水瓶中的熱水倒入壺中，等了幾分鐘之後，倒一杯茶在 A 杯，魔術師端起 A 杯先喝一口，還請前排觀眾喝一口。接著，魔術師把茶倒入 B 杯中，杯中的茶水變成了一杯黑墨水，魔術師又把茶倒入 C 杯中，仍是一杯清茶。而後把 A、B、C 三杯全倒入茶壺中，魔術師將茶壺的水重新倒入 A 杯，發現是一杯墨水。魔術師接著向 B 杯倒茶，B 杯是一杯清茶，倒入 C 杯，是一杯墨水。魔術師再把茶倒入 D 杯中，又變為清茶。A、B、C、D 四杯水兩種顏色，魔術師又分別將四杯全倒回壺中，魔術師再將茶壺裡的水分別倒入 A、B、C、D 四杯，四杯全是清茶。魔術師是怎麼做到的呢？

答案 這個魔術的祕密是：茶葉內含有鞣酸，鞣酸與硫酸鐵反應生成黑色的鞣酸亞鐵，然後鞣酸亞鐵迅速在空氣中被氧化為不溶於水的墨水色物質鞣酸鐵，將草酸加入已經形成鞣酸鐵的茶水中，草酸把鞣酸鐵再還原為鞣酸亞鐵，墨水色消失。魔術師在表演開始拿出四個杯子，A 為空杯，B 杯中放少許硫酸鐵白色粉末，C 為空杯，D 杯中放少許草酸粉末，還有少許草酸粉末放在靠近 B 杯處的桌面上。魔術師把 A、B、C 三杯全倒入茶壺中，然後將茶壺的水重新倒入 A 杯，發現是一杯墨水。這時魔術師故意和觀眾說話，以分散觀眾注意力，在講話時把右手食指很自然的擦桌上的草酸粉末。草酸粉末沾在右手食指上，魔術師用右手端 B 杯，食指很自然的放在杯口內。向 B 杯倒茶，茶淋在食指上使草酸淋入杯內，杯內是一杯清茶。

456清水變色

魔術師面對觀眾，拿出一瓶礦泉水，讓觀眾看清楚，他的手裡的確是一瓶清水。接下來，魔術師左手握住水瓶，右手拿過來一塊大絲巾，將左手和水瓶蓋住。然後，魔術師對觀眾說：「我們生活在一個奇異的世界，在這個世界上，有時會發生令人不可思議的事情。只要我們心靈純潔，許下美好的願望，努力去爭取，美好的願望就會實現。現在請大家在心裡許下一個美好的願望，只有自己知道，不要說出來。接下來，我們一起來想像最美好的清晨的景色，讓我們的心願隨著初升的太陽升騰。讓我們來默默祈禱。如果我們的願望在不久的將來實現，那麼，我手中的清水將會改變顏色，呈現出彩虹般的美麗的色彩，這是真的。請大家在心裡默唸：我的心願一定會實現！下面，將是我們見證奇蹟的時刻——」

魔術師拿開絲巾，天啊，他手中的礦泉水竟然變成了鮮豔的玫瑰紅色。魔術師是怎麼做到的呢？

答案 這個魔術的祕密就在礦泉水瓶的瓶蓋內側。事先將少許雙面膠貼在瓶蓋內側，然後將兩小片高錳酸鉀黏貼在雙面膠上，轉好瓶蓋。表演之前向觀眾展示水瓶的時候，水瓶要直立，觀眾看到的只是一瓶普通的礦泉水而已，無法發現瓶蓋裡的藥片。魔術師用絲巾將左手和礦泉水瓶整個蓋住，然後開始對觀眾說話。這時候魔術師左手開始傾斜，瓶口向下，瓶子裡的水將高錳酸鉀浸泡。高錳酸鉀有快速溶於水的特性，幾分鐘之後，瓶子裡的水已經變成高錳酸鉀溶液了，呈現出鮮豔的玫瑰紅色。魔術師向觀眾說了一大堆許願之類的話，其真實的目的就是為了拖延時間，讓瓶子裡的高錳酸鉀溶解到水中。

457馬鈴薯變色

魔術師把一個馬鈴薯放到桌子上，然後用小刀切開。接下來，魔術師張開左手，讓觀眾看，手裡空空的，什麼也沒有。接著，魔術師將左手翻過來，輕輕壓在半個馬鈴薯上，幾分鐘之後，魔術師拿開左手，觀眾們吃驚的發現，那半個馬鈴薯的剖面，已經變成藍黑色。你知道其中的奧妙嗎？

答案 這個魔術的祕密就在魔術師的手上。在表演之前，魔術師準備一小瓶碘酊，把碘酊倒出來一些，然後將棉花棒的一端蘸上碘酊。向觀眾交代左手的時候將棉花棒藏在左手心裡，讓觀眾看掌心的時候，將棉花棒轉到手背後面。表演的時候將棉花棒轉到手掌心，一邊和觀眾閒聊，一邊用棉花棒帶有碘酊的一端在馬鈴薯剖面上塗抹。因為澱粉是葡萄糖的高聚體，碘酊中含有碘，澱粉與碘相遇，澱粉呈現藍黑色。

458鮮花變色

魔術師拿出一根小樹枝，小樹枝上綴滿紅的、黃的、白的、橙色的花朵。魔術師把小樹枝插到一個燒杯裡，用一個小噴壺向花朵噴霧。當噴出的霧落到花上時，花的顏色全變了，潔白的花朵變成了鮮豔的玫瑰紅，橙色的花變成棕色……在觀眾驚訝的目光中，魔術師又拿起另一個小噴壺向花束上噴霧，向這些花噴霧時，又出現了另外的景象：粉紅色的花恢復了潔白的顏色，紅色的花變成藍黑色，淡黃色的花變成深紅色……你知道其中的奧妙嗎？

答案 在表演之前，魔術師將醋精倒入一個小噴壺備用。然後用食用鹼面和水勾兌成鹼水，裝入另一個小噴壺。然後分別取少許酚酞、甲基紅、甲基橙、剛果紅、石蕊試劑分別放入五支試管當中。然後分別向五支試管中加入清水，製成五種溶液。再用五種溶液分別將小樹枝上的紗布花浸溼，然後晾乾，浸過剛果紅的紙花是大紅色，浸過甲基紅的是淺橙色，浸過石蕊試劑的是淺藍色，浸過甲基橙的是黃色，而浸過酚酞的是白色。浸過的這些化學藥品都是人們通常所稱的「指示劑」。這些指示劑會隨溶液的酸鹼性不同而變化其顏色，所以小樹枝上的「花朵」能夠改變顏色。魔術師第一次噴出的是鹼水，第二次噴出的是醋精。

459 桃花盛開

魔術師拿出一根插在蘿蔔上的掛滿溼紙花的小樹枝，立在桌子上，然後快速用一個透明的廣口大玻璃瓶將紙花扣住。倒扣的大玻璃瓶裡馬上發生了奇異的變化，小樹枝上的白紙花逐漸變成粉紅色，而且顏色越來越深，越來越鮮豔，最後變成嬌豔欲滴的粉紅花朵，宛如朵朵桃花盛開。魔術師是怎麼做到的呢？

答案 在表演之前，魔術師將少許酚酞用清水勾兌成酚酞溶液，然後裝到小噴壺裡備用。接下來，魔術師將衛生紙撕成小片，折疊成小紙花，用細線捆紮在小樹枝上。再把小樹枝固定在白蘿蔔上，用裝有酚酞溶液的小噴壺向紙花上噴水，直到小紙花全部浸溼。接下來，用玻璃棒在白蘿蔔上面扎幾個小坑，滴入幾滴濃氨水，之後盡快用大玻璃瓶嚴密的倒扣起來。酚酞是一種結構較為複雜的有機化合物，在鹼性溶液中與氫氧根離子結合成一種顯紅色的結構。瓶中揮發出來的氨氣，遇到酚酞溶液中的水，變成一種水合氨，呈鹼性，與水作用生成氨水，具有鹼性，使酚酞變紅色。在密閉的玻璃瓶裡，濃氨水揮發，使浸透酚酞溶液的白紙花變成嬌豔欲滴的「桃花」！

460白糖變紅糖

魔術師手持一個燒杯，燒杯裡盛放著一些白糖。他對觀眾說：「大家都看到了，我手中的燒杯裡裝著一些白糖，非常甜的白砂糖，我下面要做的，就是在現場，在朋友們面前，讓這些白糖變成紅糖。」魔術師從旁邊拿過來另一個燒杯，在這個燒杯裡盛放著一些液體。接著，魔術師將白糖倒入這個燒杯。這時候，燒杯裡的白糖變成黃色。魔術師將燒杯放下，拿起礦泉水瓶，向燒杯裡滴入少許清水，燒杯裡黃色的糖立刻變成黑紅色，並開始膨脹。膨脹之後的黑紅色物質極像紅糖，並散發出類似紅糖的香味。「現在，我的白糖變成紅糖了！」魔術師自豪的說。現場的觀眾則感到有些不可思議。你知道其中的奧妙嗎？

答案 濃硫酸有強烈的脫水性，可使糖類碳化。這個魔術的祕密在第二個燒杯裡。事先將少許濃硫酸滴入這個燒杯，然後倒入白糖，很快白糖就被硫酸浸泡，白糖變成黃色。這時魔術師向燒杯裡滴入少許清水，硫酸遇水會產生大量的熱，加之硫酸脫水反應過程中放出的熱量，使白糖碳化，最後呈現出酷似紅糖的焦糊狀。

461「紅茶」變墨水

魔術師拿出一個燒杯放到桌子上，對觀眾說：「這是半杯『紅茶』，我要讓它消失。」魔術師拿出一個礦泉水瓶，瓶中裝有灰白色的液體。魔術師將水瓶中的液體倒入燒杯，將燒杯裝滿，滿杯的液體呈現出藍色，很像藍色的墨水。魔術師是怎麼做到的呢？

答案 在表演之前，魔術師將少許鹼面放入一瓶清水中，使清水變成鹼水。然後魔術師又將微量石蕊放入燒杯，加水攪拌，製成石蕊溶液，看上去像一杯紅茶。表演的時候，魔術師將鹼水和石蕊溶液匯集到一起，石蕊是一種弱的有機酸，在鹼性溶液裡，石蕊水解發生的電離平衡向右移動，電離產生的酸根離子是其存在的主要形式，因此使溶液呈藍色。

462火紙變棒棒糖

魔術師開始表演。他手中拿著一個小紙捲，對觀眾說：「我手中是一個小紙捲，此時它看上去很平常，其貌不揚，不過幾分鐘之後，大家就會看到不尋常的景象，我下面開始表演。」魔術師一隻手拿著小紙捲，另一隻手點燃打火機，他將火苗迅速湊近小紙捲，突然，「呼」的一聲，小紙捲立刻迸發出一道火光！頃刻之間，魔術師手中的小紙捲完全消失，他的手中竟然出現一根棒棒糖。魔術師是怎麼做到的呢？

答案 這個魔術的祕密就在於這個小紙捲。這個小紙捲不是普通的紙張，而是火紙，火紙是一種用濃硫酸和濃硝酸以及宣紙製作的魔術道具，在魔術商店都可以買到。火紙燃點非常低，遇火即燃。點燃後火光大，燃燒速度快，燒完無灰燼，場面壯觀，魔術師可以以此轉移觀眾注意力，藉機變出一些物品。魔術師事先將一根棒棒糖剝去包裝紙，藏在火紙裡。表演時點燃火紙，眨眼之間火紙燒光，魔術師的手中就剩下棒棒糖了。

463鐵釘變金釘

魔術表演開始，魔術師將一個燒杯放到桌子上，燒杯裡盛放著淡藍色的液體，魔術師又拿出一些嶄新的鐵釘，然後滿面笑容的對觀眾說：「我想把這些鐵釘變成金釘，我用一塊絲巾就可以辦到。不相信？眼見為實，請大家注意看。」魔術師將手裡的鐵釘放進燒杯裡。然後，魔術師從口袋裡拿出一塊漂亮的絲巾，向觀眾交代絲巾沒問題之後，用絲巾將燒杯罩住。緊接著，魔術師將右手對準絲巾「發功」，幾分鐘之後，魔術師喊一聲：「變！」同時拿掉絲巾。魔術師用鑷子從燒杯裡將鐵釘夾出來，鐵釘已經變成紫銅色的「金釘」了。魔術師是怎麼做到的呢？

答案 實際上，「鐵釘變金釘」只是一個極為普通的化學反應，魔術師燒杯裡裝的那種淡藍色的溶液是硝酸銅溶液。表演之前，魔術師準備一些硝酸銅試劑，加入清水，再用玻璃棒攪拌，使之成為硝酸銅溶液。鐵釘放入硝酸銅溶液裡，溶液發生置換反應，銅顆粒析出，附著在鐵釘表面，鐵釘就變成了紫銅色，好似金釘一樣。

464瓶子吹氣球

魔術師拿出一個玻璃瓶，玻璃瓶裡面盛裝一些透明液體，接著又拿出一個氣球放在桌子上，氣球裡面也裝有一些東西。魔術師將玻璃瓶除去瓶蓋，將氣球嘴套在玻璃瓶口上。魔術師用手將氣球抬高，氣球裡面的東西掉到玻璃瓶中，瓶子中立刻湧起大量泡沫，氣球被吹起來，越吹越大。你知道其中的奧妙嗎？

答案 魔術師事先準備一些小蘇打，裝到氣球裡，然後再將一些醋精裝到玻璃瓶裡，表演的時候，將氣球套在玻璃瓶口，讓氣球裡的小蘇打掉到瓶子裡就可以了。小蘇打的主要成分是碳酸氫鈉，遇酸會產生水和二氧化碳氣體，而醋精的有效成分是醋酸。兩者反應會生成醋酸鈉、水、二氧化碳。二氧化碳衝出瓶口，將氣球快速「吹」起來。

465 刺破玻璃球

魔術師拿出一盤五顏六色的玻璃球，將盤子放在桌子上之後，對觀眾說：「這是一盤漂亮的玻璃球，我將用它們表演不可思議的節目。」魔術師從盤子裡隨便拿出兩個小玻璃球，雙手各執一個，互相碰撞，發出清脆的響聲，讓觀眾相信這些玻璃球是真的。接下來，魔術師從針盒裡抽出一根鋼針，準備用這根針去刺玻璃球。魔術師閉目凝神，猛一用力，鋼針竟然刺入玻璃球！魔術師將穿在鋼針上的玻璃球向觀眾展示。你知道其中的奧妙嗎？

答案 這個魔術的祕密在裝玻璃球的盤子裡。盤子裡裝的並不全是玻璃球，裡面混入幾個「水球」，這幾個水球是用「水晶寶寶」做成的。「水晶寶寶」是一種高分子的親水材料，將一些「水晶寶寶」顆粒放入清水中，經過五六個小時，這些小顆粒就長成美麗的酷似玻璃球的小水球，將這些小水球放入玻璃球當中，觀眾很難辨別真偽。為了讓觀眾確信玻璃球是真的，魔術師從盤子裡拿出兩個真的玻璃球用力撞擊。鋼針無法刺入玻璃球，但是刺入這些小水球卻異常輕鬆，為了迷惑觀眾，魔術師在用針刺入的時候裝作很吃力的樣子，這樣可以增強表演效果。

466數字魔術

同樂會上，同學們一致要求教數學的王老師出一個節目。王老師微笑著走到講臺前說：「我為你們表演一個數字魔術吧！」說完，王老師拿出一疊紙條，發給每人一張，並神祕的說：「由於我教你們數學，所以你們腦子裡的數字也聽我的話。不信，你們每人獨立的在紙條上寫上任意 4 個自然數（不重複寫），我保證能從你們寫的 4 個數字中，找出兩個數字，它們的差能被 3 整除。」

王老師的話音剛落，同學們就活躍起來。有的同學還說：「我寫的數字最調皮，就不聽王老師的話。」沒多久，同學們都把數字寫好了，但是當同學們一個個唸起自己寫的 4 個數字時，奇怪的事果真發生了。同學們寫的數字還真聽王老師的話，竟沒有一個同學寫的數字例外，都讓王老師找出了差能被 3 整除的兩個數字。

你知道王老師數字小魔術的祕密嗎？

答案 其實，同學們寫在紙條上的數字並不是聽王老師的話，而是聽數學規律的「話」。因為任意一個自然數被 3 除，餘數只能有 3 種可能，即餘 0、餘 1、餘 2。如果把自然數按被 3 除後的餘數分類，只能分為 3 類，而王老師讓同學們在紙條上寫的卻是 4 個數字，那麼必有兩個數字的餘數相同。餘數相同的兩個數字相減（以大減小）所得的差，當然能被 3 整除。

467未卜先知

小魔術師拿出 5 個圓木板，木板上各有一些數字，他把這些數字一一抄在黑板上。它們是：2,475、5,124、4,951、1,249、9,512。小魔術師把這些木板放到一個小盒混合弄亂了，隨手從中間拿起一個，面朝內拿在手裡，現在他請觀眾在黑板上的幾個數字裡隨意挑一個，一位觀眾站起來挑選了「5,124」，小魔術師請他上來把黑板上的其餘數字擦掉，僅留他選好的這個數字。隨後小魔術師亮開手裡的小板，板上的數字竟真的和觀眾選的那一個數字完全一致。為什麼在那麼多數字裡，小魔術師恰好和觀眾選的是一樣的呢？

答案 小魔術師的木板不是觀眾所看見的 5 塊，實際上是 6 塊，多出的一塊正是整個魔術的關鍵。在這第 6 塊木板上寫有 5 個數字 1、2、4、9、5。表演前把這塊板反扣在桌上，用一些零碎東西擋著，不讓觀眾發現。

表演中，小魔術師把木板上的 5 個數字分別抄在 5 塊黑板上，然後放到桌上，這樣 5 塊板都壓到第 6 塊板上隨即它們被一起拿起來放入盒中，第 6 塊板就這樣混在 5 塊板之中。後來小魔術師把第 6 塊板拿起來，拿在手裡，現在無論觀眾選黑板上的哪一個數字，小魔術師都可以用手上這一塊和它取得一致，到時只須用手將圓板上的某個數遮起來就行，比如觀眾選 2,495，小魔術師將板上的「1」擋起來，剩下的 4 個數即 2,495。選其他數字時均可照此處理，十分方便。

468 神奇魔鐘

「菲爾你看，那邊有個大轉盤，一定是玩遊戲的，我們過去看看吧！」大衛和菲爾來到轉盤前一看，原來是個鐘面，調皮的大衛伸手想轉動鐘面，被一個大鬍子的叔叔一把抓住，「別動，這可是個魔鐘！」大衛不屑的說道：「魔鐘？你唬誰？這不就是一個鐘面嗎？」大鬍子說：「你小看這面魔鐘了，在它上面有 12 個數字，你隨便記住哪個，它都能知道！」大衛很好奇：「真有這麼神奇？讓我來試試。」大鬍子又說道：「你記住一個數字，我用小棒在鐘面上點一下，你就把你記住的數字加上 1，當你加到 20 時，舉一下手，那我小棒一定指在你所想的數字上面。」

大衛好似一位挑戰者，默默記住 11 這個數字，大鬍子則顯得很有信心，在鐘面上敲敲打打，當大衛跟著敲打聲數到 20 時，只見那小棒正好指著 11，不服輸的大衛又選了一個數字 4，跟著節奏，恰好加到 20 時，小棒不偏不倚的又指著 4。這下大衛認輸了，但他對魔鐘不感興趣，很想知道讓鐘面具有魔力的原理是什麼。你知道嗎？

答案 表面上看，魔術師用小棒隨意敲點，實際他是按照一定規律指點的。鐘面上只有 12 個數字，要加到 20 為止，則魔術師便用 20 － 12 － 1 ＝ 7。為什麼這樣呢？因為點數是從對方默記的數開始的，20 便是對方默記的數字、12、自身重複 1 次後三個數的和。魔術師在開始點數時是隨意的，當點完了 7 次後，便必須從 12 點開始，按逆時針方向點下去，當對方默數到 20 時，魔術師的小棒必然落在默記的數上。如對方默記「4」。魔術師隨意點 7 次，4 ＋ 7 ＝ 11，到此，魔術師必須從 12 開始，按逆時針順序往下點。當小棒指到 4 時，自然便是對方所默記的數了。

469 神探 667

寒假剛剛開始，大衛和菲爾相約來到了數學魔術城，遠遠望去，魔術城就像童話中的城堡一樣，走近一看，一個個造型奇特的展廳，把魔術城裝扮得像一個虛幻世界。大衛好奇的問道：「數學怎麼也會變成魔術呢？」菲爾：「我也不太清楚，我們找個展廳進去看看吧！」突然他們聽到：「我是神探 667 ！我就是神奇！」

他倆跑過去一看，只見一位魔術師身穿黑衣，胸口上寫著「神探 667」。大衛迫不及待的問道：「神探 667，你有什麼神奇？」只見魔術師答道：「當然是推理數字嘍！三位以內的自然數，只要尾巴被我接觸到，我就能推理出這個數字的全部！」大衛對菲爾說：「我們悄悄的寫幾個數字，看看他能不能都推理出來。」於是他們寫了：6、25、342 三個數字。魔術師：

「寫好後，請把你寫的數字與我胸口寫的數字 667 相乘，如果你寫的是一位數，就把積的最後一個數字告訴我；如果你寫的是兩位數，就告訴我積的最後兩位數；如果你寫的是三位數，就告訴我積的最後三位數。」大衛算好積後說：「最後一位是 2。」魔術師答道：「你寫的是 6。」大衛又說：「最後兩位是 75。」魔術師答道：「你寫的是 25。」大衛又說：「最後三位是 114。」魔術師脫口而出：「你寫的是 342。」大衛信服了，說道：「數學魔術太神奇了！你能告訴我是什麼原理嗎？」你知道嗎？

答案 因為 $667 \times 3 = 2{,}001$，任何三位以內的數字與 2,001 相乘，積的尾數必定仍是原數。所以要求用對方所想的數與 667 相乘，他只要將對方告知的尾數再乘以 3，則必然是原數了！比如，對方想的是 6，那積就是 $667 \times 6 = 4{,}002$，告知尾數是 2，$2 \times 3 = 6$，可知對方想的數是 6。再如，對方想的數是 25，那 $667 \times 25 = 16{,}675$，告知最後兩位 75，$75 \times 3 = 225$，可知對方想的是 25。如果對方想的是 342，那 $667 \times 342 = 228{,}114$，告知最後三位是 114，$114 \times 3 = 342$。

470 奇特的計算機

大衛和菲爾看了魔術大揭祕，興奮的叫道：「哈哈，我們也能當數字神探了！」「站住！」突然從大廳的角落裡傳來聲音，他倆循聲望去，只見一位頭髮和鬍子都白了的老爺爺臉帶怒色，攔住他們責問道：「你們不知道在公眾場合不准大聲喧譁嗎？你們是哪所學校的？今年多少歲了？」菲爾害怕極了，躲在大衛身後，大衛挺起胸脯說：「不告訴你，除非你能教我們學魔術。」老爺爺哈哈笑道：「不告訴我，我也能猜出你多大，還能猜出你是哪月出生的。」大衛不信：「不可能！」老爺爺遞給他一臺計算機說道：「你按我的要求輸入，我就能猜出！你把你的出生月份輸入計算機，乘以 2 再加上 3，然後再乘以 50 加上你的年齡。」

大衛按要求輸入完後把計算機遞給了老爺爺，老爺爺一看結果是 562，說：「小朋友今年 12 歲，生日在 4 月，我說得對嗎？」大衛一下子怔住了，心想：「太神奇了！計算機也能猜出年齡。」菲爾拿過老爺爺手中的計算機，仔細查看了一下，就是一個普通的計算機，他倆纏著老爺爺教他們魔術，老爺爺樂呵呵的說：「只要你們今後不在公共場所大聲喧譁，我就教你們。」大衛和菲爾異口同聲：「一言為定！」你知道老爺爺魔術中的奧祕嗎？

答案 首先請對方將出生月份輸入計算機，乘以 2 再加上 3，用所得結果再乘以 50，然後再加上他目前的年齡，把這個結果告訴你，而你只須用這個結果減去 150，即可得到一個包含他月份和年齡的數值，例如，(4 月出生，目前 17 歲) $4\times2+3=11$；$11\times50+17=567$；$567-150=417$。就可得知他是 4 月出生。今年 17 歲了。

471 出生日期

魔術師說：「不論誰，只要按我的要求做，我就可以具體猜到他的出生日期。」

有人急不可耐，忙問：「什麼要求？快說。」

「好！」魔術師說，「①將出生的月份乘以 100，再把出生的日期加上去。②將得數乘以 2，再加 8。③再將得數乘以 5，加上 4。④再將得數乘以 10，加上 4。⑤再加上你的歲數，最後減去 444。」

亮亮按照要求算了好一下子，說：「最後得數是 121,311，你知道我是哪月哪日生的嗎？」

魔術師不假思索的說：「你 11 歲，12 月 13 日生。」

眾人奇怪，他是怎麼猜中的呢？為什麼要經過那麼多的運算呢？

答案 根據魔術師的要求，列成算式如下。

$\{[(\text{月份}\times100+\text{日期})\times2+8]\times5+4\}\times10+4+\text{歲數}-444$

化簡後為

10,000 月＋ 100 日＋歲數

這個算式顯示：對方告知的計算結果，萬位以前數是出生月份，百位以前萬位以後的數是出生日期，十位和個位上的數是年齡數。因此，魔術師可以迅速猜出。

472 出生年月

魔術師說：「我不僅能知道各位的年齡，還能算出出生月份。」

有人問：「你能猜出我是哪月出生的嗎？」

「請將你的年齡用 5 乘，再加 6，得數再乘以 20，再把出生月份加上去，最後減去 365。」魔術師交代了要求。

那人算了一會說：「最後得數是 764 ！」

魔術師略一思索，說：「你今年 10 歲，9 月出生！」

那位小朋友連聲說：「沒錯沒錯，我今年剛剛過了十歲生日。」

眾人非常驚奇。

接著猜了許多人，一個個都被猜中了。

魔術師是根據什麼猜的呢？

答案 根據魔術師提出的要求，列成算式如下。

(年齡 ×5 ＋ 6)×20 ＋月份－ 365

將此算式化簡後，得：

年齡 ×100 ＋月份－ 245

認真分析一下這個算式，可知，百位以上的數是年齡數。十位、個位數便是出生月份，但必須加 245，才能還原。因為算式中的「－

365」只是個迷魂陣而已！

如上例：

$(10\times5+6)\times20+9-365$
$=56\times20+9-365$
$=764$
$764+245=1{,}009$

魔術師將對方告知的得數 764，再暗暗的加上 245，得 1,009，百位前是 10，便知對方為 10 歲，十位、個位是 9，便知對方為 9 月生。

473 無言有數

魔術師手裡拿著一疊卡片，笑嘻嘻的說：「每次猜數字，結果都是從我嘴裡說出來，這一回我讓卡片自己說。」

「卡片怎麼能說話呢？」大家好奇的問。

魔術師將卡片一張一張亮了出來：「卡片雖然說不出話，但它可以用自己身上的數字來表達呀！」

眾人聚精會神的看著魔術師亮出的一張張卡片：一共 10 張，每張的正面都寫了數字：1、2、3、4、5、6、7、8、9、10。

「我把這些卡片數字向下擺在桌上。」說著，魔術師把卡片一張接著一張，在桌上排成了一個橫行，「你們把這些卡片，從左端一張一張移到右端。當然嘍，不能超過 10 張這個總數，儘管我沒有看到你們是怎麼移的，我的卡片卻能用數字，告訴我你移動的張數。」

魔術師講得神乎其神，大家聽得似信非信，難道卡片也長了眼睛？大家躍躍欲試。於是魔術師轉過身，說：「開始吧！」大家悄悄的把卡片從左端依次向右端移動了 4 張，便說了聲：「好啦！」

魔術師轉過身，口裡叨唸著：「卡片無言，數在其中。」說著，翻開了左端第二張。大家一看那卡片上的「4」字，一個個驚得目瞪口呆！有人懷疑卡片上有暗號，可是每一張大小、顏色，都完全一樣，看不出一點差異。於是眾人讓他重新擺好，又試了許多次，每一次移動的張數，總是與魔術師翻開的卡片上的數字相符，卡片用無聲的語言說出了移動的張數。

真是玄妙！你知道其中的奧妙嗎？

答案 原來魔術師把 10 張卡片排列成如下樣式。

10、9、1、2、3、4、5、6、7、8

這樣，不論對方從左端移幾張到右端，魔術師只要翻開移動後的卡片左端第二張，卡片上的數字必是被移動的張數。

如移兩張到右端後，卡片就排列為 1、2、3、4、5、6、7、8、9、10，翻開左端第二張，數字便正是「2」字，以此類推。

474 數字吉祥語

魔術師說：「新學期開始，大家都喜歡一些吉祥話語，互相祝賀，是吧？」

眾人齊聲說：「當然啦！吉利話讓人聽起來愉快、舒暢！」

「我可以用數學語言把大家喜歡的吉祥語呼喚出來！」魔術師說。

有人說：「我想在新的一年裡『萬事如意』！你能招來嗎？」

「萬事如意！好！」魔術師說，「數學語言就叫做 3,451 吧！」

接著魔術師要求：「凡是要求這個祝賀語的人，都把自己年齡告訴俐俐，由俐俐算出大家年齡的和。」

一下子，俐俐說：「算好了！」

魔術師說：「請男同學將這個和用 3 乘，再加上自己的出生年數、月數、日數，比如 1982 年 7 月 5 日生，便在年齡和上加 1,982、7 和 5，再將自己身高的整公分數（零頭不計）也加上。

「女同學將年齡和用 2 乘，也加上自己的出生年數、月數、日數和身高的整公分數。」

沒多久，各人都說：「也算好啦！」

魔術師接著說：「因為數字 9 最大，9 本身就是吉祥數，請各人將自己的得數用 9 乘，最後把積的各位數字加起來，直到得出一位數為止。」

按照要求，俐俐的計算過程是：

1. 全部參加者的年齡和是：67 歲。
2. 用 2 乘這個和（俐俐是女的），再加自己的出生年、月、日和身高：$67 \times 1983 + 6 + 13 + 143 = 2{,}279$。
3. 乘以 9：$2279 \times 9 = 20{,}511$。
4. 積的各位數字和：$2 + 0 + 5 + 1 + 1 = 9$。

魔術師說：「算好了，我們便請『萬事如意』出來：請各人將得數再乘以 300，加上 751 ！算好的，請報結果！」

俐俐計算得最快：

5. $9 \times 300 + 751 = 3{,}451$。

緊接著，人人都異口同聲的說：「得數是 3,451 ！」

於是大家手舞足蹈，高聲呼喊：「3,451 —— 萬事如意！」

你知道其中的奧妙嗎？

答案 這仍是根據被 9 整除的數的特徵設計出來的。在得出「9」之前的各種運算如下。年齡和，出生年、月、日……都是魔術師故意設計的迷魂陣，實質是要把得數乘以 9，再求積的數字和。一旦求出了積的數字和（也必然最終得 9），便可根據需求，隨心所欲的安排算式，直至使它得出預定的數字。如可以要各人用加得的 9 去除 27,000，得到的商再加 451，這樣，同樣可以得到 3,451。

475 難湊的和

看了許多猜數字遊戲，該換換花樣了。

魔術師說：「我們來做湊和遊戲吧！先確定一個最高位是 2 的五位數，把它當作和，然後每兩人一組，輪流說出五個四位數，使它加起來的和恰好是預先確定的那個五位數，能在半分鐘內完成的，就算及格。」

「半分鐘太短了！」大家說，「你先做給我們瞧瞧！」

魔術師也不推辭，並且請俐俐與他做一組。兩人商定：預定的和是 27,636（最高位是 2，五位數）。

俐俐先說了個「4,321」。

魔術師說了個「5,678」。

俐俐接著說：「6,235 ！」

魔術師接著說：「3,764。」

又輪到俐俐報數了，可是她直皺眉頭，漲紅了臉也說不出。誰都知道，這最後一個四位數最為關鍵，它必須與前面已經報出的四個四位數相加的和是 27,636，既不能多，也不能少。俐俐一時難住了。

魔術師見狀，再不幫俐俐，時間就要超出半分鐘了，便隨口報了個「7,638」！

辦得到嗎？大家將信將疑，便將他倆報的數全部加起來進行檢驗：

$$4,321 + 5,678 + 6,235 + 3,764 + 7,638 = 27,636$$

果然正確！

可是輪到大家湊和時，才知道難度很大，一開始時能隨便報數，到最後一個便卡住了，再也快不起來了！有的不得不動起紙筆，五分鐘也完成不了。

然而，不論是誰，只要與魔術師結成一組，幾秒鐘便完成了，而且準確無誤。

這使大家十分驚奇，紛紛問魔術師：這麼熟練的計算是怎麼練成的？

魔術師笑著說：「這裡面有個訣竅，你們都沒有找到。」

究竟是什麼訣竅呢？

答案 魔術師前兩次報的數，都與對方報的數合成9,999，這樣9,999＋9,999＝19,998，比20,000少2。魔術師只要在最後一次湊零頭數時多加2，便可以了。如題中：

(4,321 ＋ 5,678) ＋ (6,235 ＋ 3,764) ＋ (7,636 ＋ 2)
＝ 9,999 ＋ 9,999 ＋ 7,636 ＋ 2
＝ (9,999 ＋ 9,999 ＋ 2) ＋ 7,636
＝ 20,000 ＋ 7,636 ＝ 27,636

476 彈珠告密

魔術師拿出 10 個玻璃球說：「你們拿去把它任分兩組，這球便會向我告密：甲組幾個，乙組幾個。」

大家看那些球並沒有什麼特殊，只是顏色有紅、有綠。於是，大家悄悄的將它們分成 4 個和 6 個兩組。便說：「讓你的寶貝球告密吧！」

魔術師說：「別忙，請把甲組數乘以 8，乙組數乘以 2，將和告訴我。」

大家按照要求，很快的心算出來了：

$$4\times8 + 6\times2 = 44$$

便大聲說：「和是 44。」

只見魔術師口中不停的喃喃自語：「紅彈珠、綠彈珠，快告密！」一會又說：「知道了，知道了！甲組 4 個，乙組 6 個。」

大家都非常驚詫。又重新做幾次分組，魔術師仍然猜得準確無誤。

玻璃彈珠是怎樣告密的呢？

答案 可用方程式求解。

設甲組為 x 個，乙組便是 (10 − x) 個。

根據題意可列如下方程式：

$$x \times 8 + (10 - x) \times 2 = 44$$
$$8x + 20 - 2x = 44$$
$$6x = 44 - 20$$
$$6x = 24$$
$$x = 4$$

即，甲組 4 個。乙組的個數是：10 − 4 = 6（個）。

477 連猜兩數

魔術師說：「以往每次我們都只猜一個數字，現在我來表演一次連猜兩個數字。」

每次猜一個數字已經很不容易，連猜兩個數字就更玄了。可能嗎？

只見魔術師從容的說：「你們各人可以任寫一個比 1 大的一位數。」

話音剛落，眾人說：「寫好啦！」

「將你寫的數字減去 1，再乘以 5，再減去 2，再乘以 2。」魔術師一句一頓的交代方法。

瑤瑤寫的是 9，按照要求，她不停的計算：

$$9 - 1 = 8 \quad 8 \times 5 = 40 \quad 40 - 2 = 38 \quad 38 \times 2 = 76$$

魔術師接著說：「在得數上再隨意加上一個自然數。將結果告訴我。」

瑤瑤加上 4：76 ＋ 4 ＝ 80，便大聲報告：「我的得數是 80 ！」

魔術師沉著的說：「妳先寫的數字是 9，後加的數字是 4。」

果然連猜兩數！

接著，其他人也報告了結果。儘管各人開始寫的數字和最後加上的數字，都各不相同，但是一個個都被魔術師準確的猜中了。

大家非常奇怪，魔術師是怎麼知道的呢？

答案 根據魔術師確定的規則，設參加者先後寫的兩個數字為 x 和 y，可列為：

$$[(x-1)\times5-2]\times2+y$$

化簡後為

$$10x-14+y$$

其中，x 為十位數；y 為個位數，當對方報出的數加上 14 之後，便恢復了原數。

如對方報出結果是 80，魔術師便在心中算出 $80+14=94$，十位數 9 便是原先寫的數字，個位數 4 便是後加的數字。

若對方原先寫的是兩位數，魔術師計算後，個位是其後加的數，去掉個位，餘下的數便是原先寫的數字。

如對方寫 15，依規則，運算過程便是：

$15-1=14$　$14\times5=70$　$70-2=68$

$68\times2=136$　$136+7=143$

魔術師的算法是：$143+14=157$，便知對方後加的數字是 7，原先寫的數字是 15。

478 後取難逃

魔術師說：「把一批硬幣放在一起，你們三個人輪流取，儘管我沒有看到，但是最後一人取多少，卻難逃脫我的預料。」

「好！我們現在就開始。」有人急不可耐。

「我還有話說：①第一個人取走的個數不能超過 11。②第二個取的數必須是剩下來的數的十位數與個位數的和。③第三個人取的數不准超過 7。」

儘管有這麼多的條件，能知道最後的人取走多少，也是不容易的。於是大家便三人一組試取起來。魔術師自覺的轉身不看。

沒多久，一堆有二、三十枚的硬幣每人都取了一次。

「誰最後取的？」魔術師問。

「我！」一人應聲回答，並握緊了取幣的手。

魔術師轉過臉，目光掃了一下取剩下的硬幣堆，迅速說：「你取了 4 枚！」

那人攤開手掌，大家一看果然 4 枚。

魔術師根據什麼道理猜中的？

答案 按照規定的取法，第二個人取後剩下的枚數必定是 9 的倍數。因為總數是二、三十枚，第一人取後餘數只有 20 左右。第二人再取餘下數的十位數與個位數的和，任何一個兩位數減去它的數字和，餘數都是 9 的倍數。這樣，當第三人取後，魔術師只要瞄一眼堆中剩餘的數比 9 的倍數少幾，便知道所少的數是被取走的了。

★ 第 8 章　騙術揭祕 ★

近年來，「電信詐騙」儼然已經成為一個熱門現象，不絕於耳，成為利用高科技手段行騙的代名詞。其實，在科學技術高速發展的今天，我們還時常隱隱約約的看到舊時騙術，比如，赤手空拳伸進滾滾油鍋、燒而不斷的棉線、白紙突現血手印……這些都是騙子用來欺騙大眾的小把戲，他們就是透過這些看似違背常理的現象，讓一些人相信他們擁有某種神祕力量，能為人消災避禍。這些江湖騙術究竟暗藏哪些「隱情」呢？我們將用科學知識一一為你破解。

科學知識可以給你一把解剖刀，用來剝開騙子的畫皮，淋漓盡致的揭露騙子騙人的伎倆。儘管騙術不斷變換包裝，花樣不斷翻新，但其基本手法仍然沒有改變，萬變不離其宗，即利用人們不懂科學的弱點，矇蔽你的眼睛，誘你入套。科學知識將借你一雙慧眼，識破騙子的伎倆，讓善良的人們避免遭受損失，讓原形畢露，騙子失去市場，得到應有的下場，讓誠信重新歸位，建立一個和諧社會。

479 燈煙化蛇

「術士」在民間迷信中指有法術的人。這類人透過一些看似違背常理的現象，讓一些有病亂投醫的人相信他們擁有某種神祕力量，能為人消災避禍。無辜的人不僅被騙去錢財，甚至還賠上了性命。其實這些神祕現象都是可以解釋的，並非什麼超自然現象，更不是什麼仙人傳授的法術。比如，在一個偏僻的鄉村，一個術士讓病人取些煤油放入燈中，然後術士把一根燈草放入油中並點燃，燈煙裊裊升起，一條煙蛇搖搖擺擺，冉冉騰空藉煙而遁。你能識破這個騙局嗎？

答案 找一條小蛇打死，用燈草蘸滿蛇血，然後陰乾，用此燈草點燈，則出現蛇形。

480 蛇妖現身

一張普通的黃紙就能讓蛇妖現形？這本是十分荒謬的事情，可是卻騙了很多人。術士通常都會先說你已經被鬼纏身，比如，蛇妖之類，只有他能讓蛇妖現形，不過這自然少不了錢的作用，一旦拿到錢，術士拿出一張黃紙放在香火頭上開始燒，黃紙首先被燙出了一個洞。隨著黑洞不斷的擴大，黃紙上真的就如術士所言出現了一條蛇的樣子，也就是他所謂的蛇妖現身了。你能識破這個騙局嗎？

答案 我們看到那張紙遇到香火頭，就神奇般的出現了蛇的形狀，其實是術士事先在那張紙上，用一種化學藥品畫出來的，那化學藥品通常是硝酸鉀，因為硝酸鉀是製造火藥的一種成分，在化學上是一種強氧化劑，也是一種助燃劑，它比較易溶於水，術士可能就是用硝酸鉀溶液在紙上面畫出那條蛇的形狀，然後把它晾乾。在晾乾後，硝酸鉀顆粒就附著在紙上了，這樣的紙一旦遇火，附著硝酸鉀的那一部分就特別容易燃燒。

481抽籤占卜

在許多貧困地區，由於受到傳統思想的影響，有的人生病以後不是急著找醫生而是去相信術士，這些所謂的術士不僅能治病替人消災，還在道場、神壇等各種場合出現，表演各種令人瞠目結舌的把戲，做出許多常人無法做到的事情，並歸為神明附體或神蹟顯現，許多人藉機以騙術招搖撞騙。其實這些騙術的存在，並不是神明真正的旨意，而是騙子為了獲取更高的利益，藉此以博取信徒們的信任。因此我們唯有堅定自己的信仰，不要對神明有過高或不健康心態的期待，才不會被這些令人眼花繚亂的手法迷惑了心智，甚至人財兩空。比如，術士讓病人或其家屬恭心製作外形相同的36根竹籤。竹籤類似於現在的毛衣織針，36取其為天罡之數。術士在其中一根頭上書「吉」，其餘皆書「凶」，接著將籤頭下尾上放入竹筒中搖動，然後術士信手拈出一籤，觀之，竟為書「吉」之籤，術士連說：「好！好！神家顯示，此妖可降，大可放心，下面就請神家顯靈。」你能識破這個騙局嗎？

術士在病人製籤時，做隨意狀口中含一塊糖，當籤製成後左手做無意狀蘸口中糖汁塗於「吉」籤，然後抽籤時用右手，摸到黏澀者抽出即是。

482牌定吉凶

術士讓病人或其家屬恭心製作72張外觀相同的紙牌，術士在其中的兩張上書「吉」，其餘的皆書「凶」。72取其為地煞之數，紙牌與現在撲克牌相仿，也可讓病人買副撲克牌代替，兩張鬼牌做成「吉」牌。然後將牌攏在一起讓病人虔誠的洗牌，洗畢交予術士，術士錯動牌，抽出兩張，視之皆「吉」。便說：「今日看來，神君法力足可降妖，你病不足為慮。」你能識破這個騙局嗎？

答案 當病人製牌時，術士在桌面一處偷偷打上蠟，當牌製好後術士將「吉」牌做無意狀在打過蠟的桌面上來回滑動幾次，使牌打上蠟。術士錯牌時，應將牌壓緊，這樣打蠟的牌由於摩擦力小，故牌被錯成三疊，由此而摸出兩張「吉」牌。只是注意：字面打蠟，摸上面兩疊各自的下面一牌；背面打蠟，摸下面兩疊各自的上面一牌，即為「吉」牌。

483旋針定位

術士拿出一圓盤，上書兩個「吉」字、多個「凶」字，然後讓病人任意撥動指針讓其旋轉，針指「吉」位，術士便說：「針占『吉』位，鬼可捉，妖可降，如針指『凶』位我便無此法力了，你只得另請高明，但現在占『吉』位，你病可立癒。」你能識破這個騙局嗎？

答案 此盤製作特殊，旋針為鐵針，而在「吉」處的下方都各在背面挖空，在空處藏有磁石，然後封孔，故旋針始終占「吉」位。

484意念動筆

術士把原子筆橫架在透明玻璃杯上，然後發功，原子筆忽然失去平衡，豎直落入杯中。其實這根本不是什麼特異功能，也跟氣功沒有關係，純屬騙人的把戲。你能識破這個騙局嗎？

答案 原子筆裡塞了一隻蚯蚓，蚯蚓爬動使原子筆失去平衡，就掉落下來了。牛頓力學定律早就說過，力與物體沒有接觸面，就不會做功，所謂的意念無非就是故弄玄虛的東西。

485木狗自行

術士將一小木狗放在地上，手掌在其頭部拍喚，小狗即動，並手移到哪裡，小狗就走向哪裡，與真狗無異。術士藉此證明自己有仙氣。你能識破這個騙局嗎？

答案 小木狗頭部包有鐵屑，術士手裡或指縫夾有磁石，由於磁石與鐵相吸，因此小木狗能動。

486筷立盤中

術士拿起早已準備好的四根筷子，讓病人撫摸一遍，摸時暗禱：「××神靈保佑！」然後術士接過筷子邊唸咒，邊將筷子大頭朝下併在一起放在靈位前的空盤上，並含口水朝筷子中下部噴去，然後手離筷子，筷子竟立於盤中，接著，術士恭恭敬敬的把香插在筷子上面小頭的縫隙中，並點燃香頭。你能識破這個騙局嗎？

當筷子的平面噴上水，筷子相互間便產生一種吸附作用。而當筷子豎起時，重心落在四根筷子的中心，故能立於盤中不倒。

487點石成金

一術士取觀眾假戒指、耳環（鐵、鋅、銅製品）於手中，對其發功後放入桌上水碗中，運劍指於碗面連點數指後取之。即見假戒指、耳環變成燦燦如真金一般，眾人皆讚嘆其法術之深也。你能識破這個騙局嗎？

答案 取硫酸銅於水中溶解後，將假戒指、耳環置入其內，數分鐘後取出即可成鍍金之貨。

488 神仙顯靈

術士在替一個婦女治病，旁邊的人介紹說，他會用「神仙顯靈」來驅除「霉運」和治病。只見術士讓婦女手心握緊一張菸盒錫箔紙後，他嘰嘰咕咕一陣咒語，問婦女：「妳手心發熱發燙了嗎？」婦女答：「真的好燙喲！」這時，術士便說：「神已為妳驅除了疾病。」你能識破這個騙局嗎？

答案 這個術士是事先在錫箔紙上滴抹上溶於二氧化碳的紅磷，受騙者捏在手心，磷在人的體溫下發生反應，引起手心發熱發燙而已。

489 鬼下油鍋

術士將手臂放在了「滾開」的油鍋中，試了試說：「此油已開，可以炸鬼了。」說著，將附有鬼體的殘骨投入鍋裡。沒多久，只聽殘骨被炸得「吱吱」鬼叫，最後無聲無息了。你能識破這個騙局嗎？

答案 術士手臂從「滾開」的油鍋中出來而不受傷，其訣竅如下：一是表演前先將硼砂偷放鍋裡，硼砂遇熱產生氣體，看去猶如開鍋，其實是微溫。二是在鍋下邊放醋，醋上邊放油，由於醋密度大，受熱時向上運動，看上去也與油開無異。而骨頭被炸發生鬼叫，是因為術士事前在骨髓腔中裝入了水銀，水銀遇高溫分裂，會發出「吱吱」聲，骨頭隨著油的翻滾而上下翻動著，看上去猶如掙扎鬼叫。

490鬼破神罐

術士拿出一紅布罐，向裡吹口法氣，然後將鬼水灌入罐中，水竟不漏，人皆以為妖被捉，忽然，罐中之水又漏了出來，「鬼」趁機逃走。你能識破這個騙局嗎？

答案 紅布罐事先塗過白礬，噴氣時口中事先含有一點白芨藥粉噴後紮口倒置，即不漏水。罐中之水又漏掉，是因為術士手偷偷作弊的緣故，術士的手上在大家不注意時蘸上了麻香粉。

491腳踩燒鐵

術士在燒燙的紅鐵上，光著腳從它上面快速踩來踏去，而腳安然無恙。術士藉此證明自己有仙氣。你能識破這個騙局嗎？

答案 術士在表演「踩」燒鐵時，事先作了假。術士在自己腳板上抹了一層厚厚的硼砂水，有的還以種種藉口，把腳板稀稀的糊上一層爛泥漿，或把腳伸至酸菜水裡浸泡進行解熱，故此術表演時若動作敏捷迅速，訓練有素，自不會燙傷皮肉。

492神書萬符

術士取數十張的一疊白紙，然後用筆蘸墨在紙上書符，完畢，視之下面紙張皆有相同之符。你能識破這個騙局嗎？

答案 用蒼耳汁磨墨書符，此墨汁上下穿透力極強，而左右滲透卻很微，猶如定向爆破的炸藥。

493白紙血印

原本是一張雪白的紙，只見術士用力一拍，紙上竟然出現了一個血手印，這個時候術士往往告訴你家裡的狐狸精、妖魔鬼怪已經被他降服了。術士接下來把出現血手印的紙往水盆裡面一放，血手印又慢慢消失。術士的解釋是，鬼怪最終被驅走了。你能識破這個騙局嗎？

答案　在這個招數中，主要是一種化學試劑酚酞在發揮作用，酚酞遇鹼會變成紅色，遇酸就會自然的褪色，其實術士就是利用了這個簡單的化學反應。先把酚酞噴到一張白紙上，晾乾了，看起來還是一張好端端的白紙，然後作法的時候，手上再蘸點鹼水，往上一拍，於是反應出來之後，一個紅手印就有了，等擱到水盆裡的時候，水裡面可以兌點稀鹽酸、白醋，所以紙往裡面一放，遇酸它自然就褪色了，血手印也就沒了。

494神像醉酒

術士將一杯熱酒放在神像面前，一下子，神像之面竟由白變紅，頗似醉漢。你能識破這個騙局嗎？

硃砂一錢，焰硝三分，搗碎和勻，用陳酒調糊入壺封好，埋入向陽土中，一個月後取出。繪畫時用介殼製糊粉襯底，然後用上述硃砂粉塗畫紙作畫。當遇酒氣，畫中人面孔即變紅，酒氣去即變白。

495妖鬼現形

1. 術士把拘有妖鬼的黃紙放在燃香頭上引燃，只見紙上暗火慢慢燃進，最後終於燃出了鬼妖的原形，原來是些蛇、鼠、刺猬、黃鼠狼等。你能識破這個騙局嗎？

2. 術士揮劍斬斷已現形的妖魔，並噴一口水在妖屍上，只見妖屍個個鮮血淋漓，頭分屍殘。你能識破這個騙局嗎？

答案

1. 紙是預先處理的：用乾淨毛筆蘸硝（即硝酸鉀）溶液，在紙上一筆畫出一些動物圖案，開始處應有記號，乾燥後，卻無任何痕跡，由於硝酸鉀易燃，故由記號處觸香火，便現出「妖」形。
2. 紙事先經過處理，先用筆在紙上蘸鹼水畫出流血的鬼形，晾乾，鬼便隱去；而術士噴的水是事先準備好的薑黃水，薑黃水與鹼水起反應，生成紅色，便現出血淋淋的妖屍了。

496 火焚鬼屍

術士手舞足蹈，口中唸唸有詞，忽然其手指竟然燃燒起來，術士隨即含一口水，噴向已斬的妖屍和已燃的手指，竟然燃起一束火。你能識破這個騙局嗎？

答案 術士預先在桌面上放了樟腦粉、磷和硫磺，表演時，術士偷偷將它們都蘸於手指上。由於硫、磷易燃，樟腦易揮發，故一經接觸即燃燒，且不傷手指；術士口中所含不是水，而是酒，故出現一束火，而燃妖屍。

497 口拉汽車

術士氣運丹田，口咬繩索，拖動汽車。其實這根本不是什麼特異功

能，也跟氣功沒有關係，純屬騙人的把戲。你能識破這個騙局嗎？

答案 只要是光滑路面，汽車沒有拉手煞車，一個小孩也能推動一輛汽車。因為汽車的自重跟橫向的摩擦力是兩碼事，汽車只是有一個滑動摩擦力，只要有一個稍微大於滑動摩擦力的外力，汽車就能動了，學過高中物理力學的人都應該能夠理解的。

498口吃焦炭

術士把燒焦的黑炭從火中取出，放入口中，咀嚼過後，毫髮無傷，張嘴向大家展示，圍觀者嘖嘖稱奇，都認為他有特異功能。你能識破這個騙局嗎？

答案 把黑炭用冰箱冷凍，然後用爐火點燃，表面雖然燒焦，但是內部還未解凍，放入口中咀嚼後，黑炭溫度會中和，所以根本沒有什麼事情，也不是什麼特異功能，純屬騙人的把戲。

499口吐神火

一術士表演噴火之術。只見其口中唸唸有詞：「赤炎烈火山呼來，爍焰炙焚飛灰滅。管教魑魅魍魎鬼，遇之魂飛蹤影絕。」真乃是：能遇大師功無量，燒香拜佛菩薩王，傳吾絕世神功藝，騙爾錢財多冤枉！你能識破這個騙局嗎？

答案 取一支內裝少許高錳酸鉀的玻璃管，滴兩滴濃硫酸在裡面並攪拌。使用時兩指捏鉗其藥粉少許彈於空中，同時口中噴出預含於口的95%的酒精。注意使用得當，以免灼傷手指。如臉部因含酒精而致燒疼，速用紅花油塗擦。

500口悶火鬼

術士在鐵絲頭上綁一小團棉花，然後使棉團蘸煤油並點燃，然後，放入口中，合嘴，過一會拿出，棉團竟滅，而口無損。你能識破這個騙局嗎？

答案 表演此術，術士事先用石榴皮水或硼砂水漱口，有麻醉、收斂、耐高溫的作用；一定要蘸煤油不可蘸汽油，汽油燃燒易濺，易燒傷口腔。

501齒嚼鬼骨

術士將前面帶有鬼魂的碗摔碎，然後撿起數塊放在口中咀嚼，就像吃脆骨一樣嚼碎嚥下。你能識破這個騙局嗎？

答案 術士事先用魚鞘骨製成類似碗狀碎塊，當打碎碗時，將其混入碎碗片中，咀嚼的碗塊，當然是魚鞘骨了。

502喝熱錫水

用小鍋煮錫水，然後用勺子盛上往口中放，飲用之後，口舌無損。其實這純屬騙人的把戲，你能識破這個騙局嗎？

答案 勺子有暗槽一個，只要傾斜，熱錫水就會流入暗槽，所以術士只是佯裝飲用，只要一傾斜水流暗槽，術士馬上會把勺子放入鍋中。這根本不是什麼特異功能，也跟氣功沒有關係。

503火煉水鬼

術士裝一盆水，然後繞盆作法，口中唸唸有詞，忽然，水中火起，且有火球繞盆旋轉，少頃方熄。然後術士在水中又滴入幾滴水，水中竟現出鬼的鮮血。你能識破這個騙局嗎？

答案 水中起火，是因為偷偷在水裡放一塊鈉，鈉為活性元素，遇水反應，生成氫氣和大量的熱，故能燃燒。後面術士滴的所謂水，其實是酚酞液，酚酞遇鹼溶液變紅，而硝與水反應後恰生成鹼溶液，故出現「鬼血」。很多時候，鬼妖占宅、求籤問神、請神尋鬼、捉鬼殺鬼、鎮鬼送神為一套完整的迷信騙錢方法。

504金針浮水

術士讓病人端一盆水放於地，然後，術士繞水盆走八卦步，同時口中唸唸有詞，並且讓病人遞給他一根針（農家做針線活之針），少頃，術士止步將針慢慢的放於水面上，針竟然浮而不沉。術士便說：「看！你家水中有水鬼存在。」你能識破這個騙局嗎？

答案 水碗擺上後，術士邊繞步邊手舞足蹈，弄得烏煙瘴氣，這樣水面上便浮起一層微塵；術士把針放在水上前，偷偷把頭屑填滿針孔，這樣把針再輕輕的放在水面上，針便在浮塵和頭屑的浮力下浮而不沉了。

505清水爆炸

術士手中拿著一根針，唸唸有詞的繞著一盆水轉著，一會那根針竟然在水面上漂浮起來。術士這個時候往往都說這是因為水鬼把針托了起來。

證明有水鬼，術士自然要拿錢消災了，聲稱可以除掉水鬼。只見術士的手指在水盆中慢慢的轉，水盆中突然冒出來一個東西，難道水裡真的有水鬼？這時，水盆竟然爆炸了，冒出一股濃煙。你能識破這個騙局嗎？

答案 其實針可以浮在水面上，並不是因為神或者鬼的作用，這其實主要是因為水具有一定的表面張力，當我們把針或者是平常認為一定會沉入水底的硬幣，輕輕的平放在水面上的時候，我們就會看到水面會凹陷下去一部分，凹陷下去的水面就會產生一個向上的力來托著這根針或者是硬幣，讓它不至於沉入水底，這其實是一個很簡單的物理現象，所謂的術士們只是利用了他的這個知識，矇騙了當事人，達到了他騙錢的目的。而水又怎麼會爆炸呢？其實是偷偷的往水盆裡扔了一塊鈉。金屬鈉個性是非常活潑的，遇到了水就會迅速的燃燒，並且產生劇烈的化學反應，甚至會出現這種爆炸的場面，第一次扔塊小的，第二次扔塊大一點的，一旦爆開了就說，鬼被除掉了。

506百步熄燈

百步熄燈又稱隔山打牛、百步推山掌，術士將油燈點著燃燒，讓一人來檢查其油燈，自己遠離油燈，開始運氣。等運足氣後，成馬步站立，大喝「一、二、三」口令，當喝「三」時，油燈即滅。術士藉此證明自己有仙氣。你能識破這個騙局嗎？

答案 此術「門道」為藥用燈芯草一根，以鹽滷浸泡燈芯草下半部，讓太陽晒乾做上記號，置放在油燈內，點燃未經鹽滷浸泡燈芯草上半部，待火苗燒至有鹽滷處即滅，這時術士趁機出掌，無一不成功。

507燃帕不毀

術士從身上掏出一塊手帕，然後折起四周，使中間凹下，在凹處注入水，水竟然不漏下，術士說：「看這水鬼道行不小，看我用火剋它！」說著，術士把手帕放入酒中浸搓並稍擰一下，然後，用火柴點燃手帕一會後，火熄滅，而手帕竟完好無損，術士便說；「你家中不但有水鬼煉到見縫不漏，而且你家中的火妖也修到了燃物不壞的境界，可見魔力不小！」你能識破這個騙局嗎？

答案 手帕事先處理過：用雞蛋清調白礬末塗於手帕上，再烘乾，故水不漏。而燃帕不毀是因為燃燒時燃的是酒精，而水不會燃燒只能變成蒸汽，蒸汽帶走大量的熱，手帕溫度達不到燃點，故燃而不毀。

508線灰懸幣

術士向病人索一銅幣，然後從身上取下一根棉線，繫在銅幣上並使銅幣懸空，接著用火柴點燃這根線，而棉線燃後成灰線，銅幣竟不落於地，術士便說：「你家金鬼可畏，竟然已修到騰空的境界了！」你能識破這個騙局嗎？

答案 此線為在鹽滷中浸後又晒乾的絲線，線燃後雖成灰燼，但由於化學作用有很強的凝聚力，因此不斷。

509火柴相搏

術士讓病人取過一盒火柴，從盒中取出兩根火柴，然後左手持盒，將其中一根放於盒上，右手拇指、食指持另一火柴尾部，並將其放在中指指甲上慢慢滑動，且讓火柴頭靠近並接觸盒上的火柴頭，當兩根火柴頭接觸的瞬間，盒上火柴飛起，術士便說：「看，你家的木精竟如此猖狂！」你能識破這個騙局嗎？

答案 火柴在手指上滑動時，由於火柴與指甲間有一定的摩擦力，因此火柴肉眼看上去雖是慢慢接近另一根火柴，但實際上卻是間歇運動，故另一根火柴是被「阻塞」時所積聚的力爆發擊飛的。

510 死灰復燃

術士對某人說：「你家土怪真是可惡，竟跑到糖裡隱身，你豈能不病！看我讓它現形。」說著，把病人的糖放在一鐵鍋裡在火上加熱，直至成為黑碳，術士說：「你家土怪完蛋了。」話猶未了，黑碳竟然又起火光，術士大驚道：「看來土怪也非等閒之輩啊！」你能識破這個騙局嗎？

答案 術士在施術時，先吸燃一根菸，當糖碳化後，做無意狀把菸灰掉進糖碳裡，碳雖不易燃燒，但香菸灰中含有少量稀有元素的金屬離子，在加熱時產生了催化作用，故變黑的碳也能重燃。

511 墨裡顯符

術士拿出一張白紙，然後用墨塗整個紙面，紙上竟在墨裡顯出一道白符，而符處無墨。你能識破這個騙局嗎？

答案 書符之紙被做了手腳，術士事先用蠟在紙上書符，而蠟與紙色同，不易看出，但墨又不與蠟相吸附，故塗墨後，顯出白色神符。

512 水托神符

術士掏出一道符紙，輕輕的鋪在水面上。稍候，慢慢的撤去紙，符竟浮於水面。你能識破這個騙局嗎？

答案 紙上立符是用明礬二錢、黃芩五分搗末書寫的，放入水中，去紙，則符浮於水面。

513 天降甘露

術士讓助手端來一玻璃杯墨汁，然後用一塊黑布蓋在杯上。繼而，口唸咒語數聲，腳一跺地，揭去黑布，墨汁竟變成了糖水。然後術士讓患者喝下。你能識破這個騙局嗎？

答案 助手所端非墨汁杯，為表演方便，助手事先在玻璃杯內壁附上一與杯內徑相同的黑布筒，看上去似墨。當術士揭去杯上黑巾時一併取走了黑布筒，故此墨汁變成糖水了。

514 鬼火隱蹤

術士手持桃木劍，踏到光線幽暗的灶間、廁所內或牆角裡，口唸咒語，讓「鬼」現形，果然沒多久，只見點點磷火飄忽晃動，繼而向門縫處飄去，從門縫處逃走。你能識破這個騙局嗎？

答案 有鬼火處是術士或其助手暗拋下的磷粉，因為磷的燃點很低，只有攝氏幾十度；而鬼火飄動是遇到了風。

515 老君用餐

術士對眾人說：「仙人已經下凡，我們為神備好酒飯，以利仙家飽後降妖捉鬼，說著便用紙撕出一人，然後將紙人放在碗後，並連人帶碗放於牆壁之上，只見紙人竟貼於牆壁，碗竟懸於半空，紙人像是活了，只見他雙臂慢慢的將碗抱攏在懷裡，頭慢慢的低下，像在吃飯。餐桌上放一酒杯，斟上酒，酒高出杯口好多，竟滿而不溢，術士用箸子在杯中一劃，酒竟一分為二，中間空無，術士便說：「看！神家不但吃，而且喝呢！」你能識破這個騙局嗎？

答案 實際上，術士轉身時在紙人身後放了一鐵卡，然後將鐵卡銳部按入牆裡，故碗能懸於半空；紙人由特殊紙撕成，紙分兩層，裡層遇熱伸縮性小，外層遇熱伸縮性大，故紙人在熱氣熏蒸下抱碗、低頭如用餐狀。酒不溢出是因為在杯口塗上了中藥沒藥粉，而箸可分酒，是由於箸上塗過水獺膽之故。

516 老君尋鬼

術士手托圓盤慢慢的進入附體通靈狀態，只聽術士說：「東方甲乙木，木精在東方。」果見其手中圓盤指針竟自動指向東方；術士又說；「南方丙丁火，火妖在南方。」果又見其手中圓盤指針轉向南………如此術士一一找到了鬼妖的所在地，旁觀者以為奇。你能識破這個騙局嗎？

答案 施此術時，術士一手拿盤，一手托盤，而托盤之手中夾有磁石，故術士報何方，磁便至何方，鐵針當然便指向何方了。注意：此盤不可太厚，以防減弱磁力。

517 老君歸天

術士拿出一紙紮的立體小人，放在一堆燃著的火上空，少傾，鬆手，小人竟騰空而起，飄飄而去。若是白日，陽光充足，術士也可用紙撕個小人，放手掌心，低吟送神咒，一下子紙人也可飄起。你能識破這個騙局嗎？

答案 其實立體紙人升空的原理與熱氣球原理相類似，古代也曾有孔明燈傳世。紙人在陽光下升空，是因為紙上預先塗了石蠟末。

518 氣功提物

術士先丹田運氣，然後發功，用手掌按住臉盆的盆底，對圍觀者說，要用氣功把臉盆提起。嘗試了幾次都未成功，又雙手握拳，重新運氣，再次用手掌按住臉盆的盆底，成功了！臉盆被提起來了。其實這根本不是什麼特異功能，也跟氣功沒有關係，純屬騙人的把戲。你能識破這個騙局嗎？

答案 「大師」實際上是先用左手嘗試提起，然後實際用右手提起的，這是一個魔術障眼法，當他試探用左手提物時雙手張開，的確手裡什麼東西也沒有，但是嘗試了幾次都未成功，於是觀眾就把注意力放在了左手與臉盆上。此刻術士已經用右手將暗藏的吸附衣鉤握在手中，然後雙手握拳，表現出發功已經到極點的架勢，然後用右手的吸附衣鉤一吸，臉盆就起來了。

519 鐵指鑽磚

術士左手握著一塊磚，右手食指衝著磚頭往裡鑽，眨眼工夫就把堅硬的磚頭鑽出一個大洞眼。術士扯開嗓子在喊：「快看呀，我使用的這是硬氣功『一指禪』……」其實揭開祕密後，人人都會「鑽磚」。你能識破這個騙局嗎？

答案 術士在磚頭上鑽洞的地方，事先早已鑽了一個洞，用磚末回填進去，洞口邊用稀米湯封好，乾後堅硬，一捅即開。至於鑽眼時，你看他又咬牙、又流汗、做起來很費力又有板有眼的樣子，那只不過是虛張聲勢、掩人耳目罷了。

520 徒手劈磚

術士徒手就能劈斷紅磚，觀看者無不被他的高強功力震撼。其實這純屬騙人的把戲，你能識破這個騙局嗎？

答案 其實，當過建築工人的人都知道，這是常年體力勞動累積的掌力，劈磚一定要用手掌外側肉多的地方，跟掌力無關，能劈磚的人照樣會被流氓毆打致殘，所以這種掌力根本與武術的實戰是兩碼事。很多武術習練者以此表演來說明自己如果一掌下去打到人身上會如何，真正有實戰經驗的人都明白，這個實戰意義不大。不然能劈磚的跆拳道早就無敵於天下了。為了表演成功，紅磚還可以先用鋸條，簡單的做些處理。

521胸口碎石

術士仰躺，胸上鋪放大石，然後由配合者掄錘砸碎，術士毫髮無損。其實這根本不是什麼特異功能，也跟氣功沒有關係，純屬騙人的把戲。你能識破這個騙局嗎？

答案 配合者用的是「點錘」力道，這裡面有一個力的傳導問題，人體只是間接受力，當力的作用時間不足時，力就不會做任何功，也不會傳導到下面，下面的人體受到的只是一個衝擊力帶來的震動力。這種表演石板越厚越安全，因為增加了力的傳導距離。

522滾刀割肉

術士將一把鋒利的殺豬刀向自己的大腿「砍」去，刀鋒處鮮血直流。他立即將一張「烏金紙」往傷口上一貼，不但血被止住了，而且大腿上連傷口都沒有了。這時，術士就兜售起他那個「烏金紙」和「神藥」來。你能識破這個騙局嗎？

答案 術士事先在大腿上抹上了一種中藥——薑黃粉，和皮膚顏色一樣，而刀口上蘸的是鹼水，薑黃粉遇到鹼水產生化學反應就會變成血水一樣的紅色，而那「烏金紙」卻是用去汙劑浸泡的廢報紙。

523利劍刺喉

術士背著大石然後喉頂利劍，配合者掄錘砸下，大石碎裂，術士喉嚨絲毫無損。其實這根本不是什麼特異功能，也跟氣功沒有關係，純屬騙人的把戲。你能識破這個騙局嗎？

答案 這樣的姿態背大石，使大腿與腹背受力，利劍只是一個擺設，大錘砸下，受力的是腹背與大腿，所以喉嚨根本沒有什麼事。

524紙幣劈筷

很多術士能用紙幣劈斷筷子，讓圍觀者嘖嘖稱奇。其實這根本不是什麼特異功能，也跟氣功沒有關係，純屬騙人的把戲，你能識破這個騙局嗎？

答案 只要有速度，紙幣就能斷筷子，這種表演要多加練習，紙幣要豎直劈下，筷子就斷了，就這麼簡單。跟小鳥把高速飛行的飛機撞個大洞原理一樣，速度能帶來摧毀力。

525紅花變白

術士拿一大口玻璃瓶，去蓋，將瓶罩在紅花之上，半個時辰後，撤去瓶，花竟變為白色，見者稱奇，以為他有神奇的法術。你能識破這個騙局嗎？

答案 瓶內裝有硫燃燒後的煙霧，起反應而使紅花變白。

526群鼠入籠

術士作法，然後在一鐵籠中燃起煙火，沒多久，房中或周圍的耗子竟呼朋引伴，結群而至，直入牢籠，人來而不驚。術士藉此證明自己有仙氣。你能識破這個騙局嗎？

答案 用螃蟹殼磨碎拌生漆，放籠中點燃，鼠聞味即至。或用鬧羊花 3.5 兩，安息香 3.5 兩，研末，再取 3 隻螃蟹的肚內黃水調拌，製成香。然後插入米碗點燃，鼠聞香即來吃米，慢慢昏倒。

527 聚蛇驅蛇

術士在群蛇出沒的洞旁，作法唸咒，沒多久，蛇即出洞聚來。術士掏出一手帕，連連揮舞，口中唸唸有詞，群蛇見之不一會散去。術士藉此證明自己有仙氣。你能識破這個騙局嗎？

答案 將青蛙焙乾研末，用鼠油拌勻，陰乾為末，撒於蛇洞旁，蛇嗅之即到。手帕被雄黃燒煙蒸過，蛇不敢近。

528 半夜鬼敲門

術士說某人將陰間某鬼得罪了，需要花錢請神來鎮鬼。某人不信，沒搭理這個術士。誰知從那以後，半夜時分，正當他熟睡之時，總能聽到院子外有敲門聲。當他邊罵邊爬起來開門的時候，會發現外面根本沒人。起初他以為有小孩惡作劇，但如此反覆十幾次、幾十次，讓他惱怒不已。於是，他索性半夜躲在門後，看看到底是怎麼回事。然而，敲門聲依舊，卻不見人的蹤跡。這讓他不禁害怕起來，以為是所謂的「半夜鬼敲門」。你能識破這個騙局嗎？

答案 術士把黃鱔的血塗在了大門上。這種伎倆一般夏天用。傍晚的時候，把黃鱔血從外面均勻的塗在大門上。黃鱔血能讓方圓一里的蝙蝠聞腥而來，而且不停的撞擊大門。守在門後也沒有用，因為蝙蝠的動作永遠比人快。

529 意念動菸頭

術士把煙捲用透明玻璃杯倒扣，然後向觀看者發功，被發過功的觀眾只要往杯中吹氣，菸頭就會舞動起來。其實這根本不是什麼特異功能，也跟氣功沒有關係，純屬騙人的把戲，你能識破這個騙局嗎？

答案 提前將煙捲裡塞上大頭針，然後假裝為觀眾發功，當被發過功的觀眾往杯裡吹氣的時候，術士桌子下面拿有吸鐵石的手就會移動，這樣菸頭就舞動起來了。

有時候是術士來親自吹氣，他提前把吸鐵石藏在了衣服膝蓋部位的褲子的夾層裡，然後一邊神魂顛倒的發功，一邊扭動身軀，雙手在空中舞動，嘴中唸唸有詞。由於全身大幅度擺動，所以一般人很難發現奧祕。奧祕就是膝蓋上提，緊貼桌底也隨身體大幅度擺動。

530 隔空打物

術士在遠處發功，磚就被氣推倒，讓圍觀者嘖嘖稱奇。其實這根本不是什麼特異功能，也跟氣功沒有關係，純屬騙人的把戲，你能識破這個騙局嗎？

答案 所使用的桌子有各種裝置，磚豎立的位置底下有綳簧，術士經過熟練的演練，就能表演了。一般是底下有一個類似於鐘錶上弦的裝置，只要有物體壓在綳簧上，就會倒數計時。

531 氣功斷鐵

一位術士自稱自己有神奇的氣功，只見將手指粗的鐵環連成一根長長

的鏈子，纏繞在自己的腰上，讓眾人用力向兩邊拉緊。只見他一發功，大喊一聲：「嘿！」就能將鐵鏈掙斷，使拉鐵鏈的眾人摔倒在地。這種拉斷鐵鏈的氣功表演，裡面動過祕密手腳。你能識破這個騙局嗎？

答案 在鐵鏈中間的一環，事先用鋸鋸成一個活口，用錫或鉛焊上，用銼磨平，再用與鐵鏈同色的染料一抹，就看不出來了。

532刀槍不入

有的術士表演刀槍不入的「硬氣功」，把一柄鍘刀朝下，貼著肉放在左手臂上，刀把握在左手中拿穩。然後右手掄起另一柄鍘刀，用力向左臂上的鍘刀砍去，砍打數次，沒有傷破一點皮。一標銀槍兩頭尖，寒光閃閃，由兩人表演，面對面各抓一頭，將槍尖放在各自的喉嚨外皮處。然後兩人運氣發功，身向前挺，硬把槍桿頂彎，也不見扎進肉內。最後只聽咔嚓一聲響，將槍桿頂斷，而兩人喉皮處只有一道白印而已。這叫「外氣功」的「槍扎不入」。你也許會問，這難道也是假的？但也不能說全是真的，你知道為什麼嗎？請你動腦思考一下，但不要去模仿。

答案 鍘刀砍手臂是一種力學原理。人們常在肉販前買肉，看賣肉者將肉割下，帶骨肉割不動，便用刀砍。人身上的肉也一樣，要想將刀入肉，只需要兩種方法，一是用刀拉割；一是用刀砍剁。而剁肉必須下面墊實，才能將肉剁開。如果將肉懸空是剁不下來的。表演者是根據這一原理，把鍘刀放在懸空的手臂上，再用另一柄鍘刀去砍，由於手臂懸空，以自己砍自己的力量是砍不進去的。只要刀握得穩，不滑動，一點也傷不著皮肉。這裡面既用不著什麼氣功，也沒有什麼特殊的祕密。

也有的人把刀橫放在肚皮上，在刀刃和肚皮之間放著幾根竹木棍，由另一人掄刀打去，只見竹條斷裂，肚皮不傷，人們以為是氣功之力，其實不然：竹條是脆硬的，肚皮是軟的，刀和竹是硬碰硬，當然是竹斷了。這也不是什麼氣功，這種表演法，任何人都可以練，只要不怕，不需要太長的時間就能練成。

關於銀槍刺喉，既靠功夫也靠竅門。槍尖不要太利，以免刺破喉皮。一開始用木製槍尖練，慢慢把喉皮處磨練出一層繭，而後再用真槍刺練。表演時將槍尖頂卡在喉根部上，慢慢將槍桿頂彎，只要槍桿一彎，衝刺力就轉移到槍桿上去了，槍桿的彎度越大，槍尖偏斜，對喉皮的扎刺力就越小。

這種刺喉功夫，雖然不是氣功，但也需要長期苦練才能成功。表演的關鍵在於兩點：一是需要把喉皮磨練成老繭，減輕刺痛之感。二是不能硬頂著直刺，要用喉骨把槍桿壓彎，使扎刺力轉移到槍桿上去。如表演將槍桿頂斷一招，須用薄鋸將槍桿橫鋸一半，再在鋸印對過半尺處橫鋸一半，到時一用力，自然就會折斷。

533臥釘板

桌上有一塊茶几大小的木板，板上釘著密密麻麻的大鐵釘。只見術士裸露著上半身，仰臥在釘板上，背部的皮肉直接扎在釘尖上。幾個年輕力壯的人抬著一塊長方形石板條，放在術士的肚皮上。這時，術士處在下有板釘扎，上有石板壓的險惡狀態下。又有一個大力士，手提大鐵錘，甩開手向石板條打去。石板條被砸斷開來，而術士翻身站起，竟然安然無恙。你知道其中的奧妙嗎？

答案 拿釘板來說，因為釘子又多又密，把人體的承受力給分散開了，多一根釘子多承擔一份重量，重量一分散，就扎不進肉裡面去了。假如板上只有兩三個釘子，肯定會扎個皮破血流。打錘也有竅門，一是石板條的形狀必須是窄而長的，石質要堅脆，這樣才容易被擊

斷。二是下錘的方法有兩種：一種是畫圓圈式的打法，即斜著打，既無壓力又冒火花，效果很好。另一種是要想砸斷時，這一錘需要向下直打，但不能死往下砸，擊力不能過石，只打得石開，像有彈性一樣立即將錘收回，這一招需要助演者多番練習才能掌握。這項表演，公平的說，應該是由氣功、均衡力和竅門三者組成的。

讓你的腦子動起來！科學思維訓練遊戲

魔術師的精彩魔術 × 科學大師的經典實驗 × 不法分子的神祕騙術，透過遊戲訓練你的思考力

主　　編：張祥斌

發 行 人：黃振庭

出 版 者：崧燁文化事業有限公司

發 行 者：崧燁文化事業有限公司

E-mail：sonbookservice@gmail.com

粉 絲 頁：https://www.facebook.com/sonbookss/

網　　址：https://sonbook.net/

地　　址：台北市中正區重慶南路一段六十一號八樓 815 室

Rm. 815, 8F., No.61, Sec. 1, Chongqing S. Rd., Zhongzheng Dist., Taipei City 100, Taiwan

電　　話：(02)2370-3310

傳　　真：(02)2388-1990

印　　刷：京峯彩色印刷有限公司（京峰數位）

法律顧問：廣華律師事務所 張佩琦律師

定　　價：480 元

發行日期：2022 年 11 月第一版

◎本書以 POD 印製

國家圖書館出版品預行編目資料

讓你的腦子動起來！科學思維訓練遊戲：魔術師的精彩魔術 × 科學大師的經典實驗 × 不法分子的神祕騙術，透過遊戲訓練你的思考力 / 張祥斌 主編 . -- 第一版 . -- 臺北市 : 崧燁文化事業有限公司 , 2022.11

面；　公分

POD 版

ISBN 978-626-332-839-6(平裝)

1.CST: 科學 2.CST: 通俗作品

300　　111016652

官網

臉書